U0263890

"十四五"国家重点出版物出版规划项目

智能机器人基础理论与关键技术丛书

工业机器人可靠性设计
理论与方法

韩　旭　王　嘉　著

科学出版社

北　京

内 容 简 介

本书围绕工业机器人设计和服役中常面临的整机可靠性与精度保持性不足、定位精度低、核心部件测评方法准确度不高等关键科学与技术难题，系统阐述工业机器人可靠性设计理论与方法。全书共5章。第1章介绍工业机器人及核心部件在可靠性设计与测评方面存在的问题、研究进展及未来发展趋势；第2章介绍整机故障影响、可靠性预测与分配方法；第3章讨论精密减速器在服役工况下的精度可靠性测评技术，以及关节机电耦合建模和寿命可靠性评估方法；第4章介绍伺服电机在机-电-热多应力下的故障机理、绝缘状态评估与检测技术；第5章分析工业机器人定位精度可靠性及考虑不确定因素的参数鲁棒性优化设计方法。

本书可作为机械工程、电气工程等专业高年级本科生或研究生的教材，也可供从事机器人、自动化装备和可靠性研究及应用的科技人员参考。

图书在版编目(CIP)数据

工业机器人可靠性设计理论与方法 / 韩旭，王嘉著. —北京：科学出版社，2024.11

(智能机器人基础理论与关键技术丛书)

"十四五"国家重点出版物出版规划项目

ISBN 978-7-03-078156-7

Ⅰ. ①工… Ⅱ. ①韩… ②王… Ⅲ. ①工业机器人–可靠性设计 Ⅳ. ①TP242.2

中国国家版本馆CIP数据核字(2024)第052399号

责任编辑：朱英彪 / 责任校对：任苗苗
责任印制：吴兆东 / 封面设计：有道文化

科学出版社 出版

北京东黄城根北街 16 号
邮政编码：100717
http://www.sciencep.com

北京中科印刷有限公司印刷
科学出版社发行　各地新华书店经销

*

2024年11月第 一 版　开本：720×1000 1/16
2025年 4 月第二次印刷　印张：14 1/2
字数：292 000

定价：139.00 元

(如有印装质量问题，我社负责调换)

前　　言

当前机器人产业蓬勃发展，极大地改变了人类的生产和生活方式，为社会经济发展注入了强劲动力。作为智能制造的关键支撑装备，工业机器人能否安全可靠地工作是首先要考虑的问题，而准确高效的可靠性分析与设计方法则是保障其高质量、高稳定性服役的必要手段。若想提升工业机器人的可靠性和寿命，需系统、深入地对机器人服役数据、运维数据进行挖掘，找出整机薄弱点予以改进和提升，并将可靠性的指标要求融入机器人制造、装配、服役、维护的各个环节，以确保整机达到理想的性能状态。由于工业机器人是由控制器、伺服电机、减速器等核心部件组成的机电系统，整机可靠性的提升离不开核心部件性能与寿命的提升，故需利用可靠性设计理论、测试方法与评估技术等手段，对故障率较高的核心部件进行重点攻关，从根本上提升机器人的质量可靠性。除此之外，工业机器人在全域运动空间的定位精度能否始终保持在误差允许范围之内是其可靠性研究的重要方面，同时也是机器人厂家和用户最关注的问题。

我国机器人研发起步于 20 世纪 70 年代。近年来，在一系列政策支持及市场需求拉动下，国内机器人产业的发展取得了长足进步，但与工业发达国家相比，还存在一些差距，如核心部件中的精密减速器、伺服电机等依赖进口，关键技术创新能力薄弱，高端产品质量可靠性低、市场占有率不足，机器人标准、检测认证体系亟待健全。围绕工业机器人在实际应用中暴露出来的可靠性问题，本书作者团队承担了国家重点研发计划"智能机器人"重点专项项目"基于数据驱动的工业机器人可靠性质量保障与增长技术"，以及其他若干项机器人企业委托项目。团队结合多年可靠性研究与工程经验，在广泛调研与实践基础上，开展了工业机器人整机与核心部件的可靠性设计、测评与提升工作，并将部分成果整理成此书。全书共 5 章。第 1 章介绍工业机器人在可靠性设计、测评方面存在的问题，相关研究进展以及未来的发展趋势等；第 2 章介绍工业机器人故障影响与可靠性设计，以及适用于工业机器人服役特点和结构特征的可靠性预测与分配技术；第 3 章讨论工业机器人 RV（rotary vector，旋转矢量）减速器和谐波减速器在服役工况下的精度可靠性测试与评估技术，以及关节机电耦合建模和寿命可靠性评估方法；第 4 章介绍工业机器人伺服电机在机-电-热多种应力作用下的故障机理，以及电机绝缘状态评估与故障鲁棒性检测方法；第 5 章介绍工业机器人多种运动形式下定位精度可靠性评估以及考虑不确定参数影响的鲁棒性优化设计方法。

本书得到了国家重点研发计划项目(2017YFB1301300, 2022YFB4702100)、国家自然科学基金重点项目(11832011)等项目的资助。

感谢重庆凯瑞机器人技术有限公司、南京埃斯顿机器人工程有限公司、杭州新松机器人自动化有限公司、重庆华数机器人有限公司、东莞市李群自动化技术有限公司、电子科技大学、杭州电子科技大学等项目合作单位在本书部分成果研究过程中给予的支持和帮助。

在本书近两年的撰写过程中,陶友瑞和叶楠参与了工业机器人减速器可靠性测试与评估部分章节的工作;张德权和吴锦辉参与了工业机器人定位精度可靠性评估与优化部分章节的整理;牛峰参与了工业机器人伺服电机故障分析与检测部分章节的整理;白斌参与了工业机器人故障影响与可靠性分析部分章节的整理。感谢参与过本书讨论的毕业和在读的研究生,他们的创新性工作以及有益的讨论和建议,对本书的反复修改及定稿帮助很大。

限于作者水平,书中难免存在不足之处,敬请读者批评和指正。

目　　录

第1章 绪 论

1.1 工业机器人可靠性研究背景

工业机器人是面向工业领域的机电一体化装备，它融合了机械、电子、计算机、人工智能等领域的先进技术，是国家科技水平和国民经济现代化、信息化的重要标志。典型工业机器人主要由伺服电机、精密减速器、控制器、驱动器、本体等核心部件组成，各部分功能特点如图 1-1 所示。

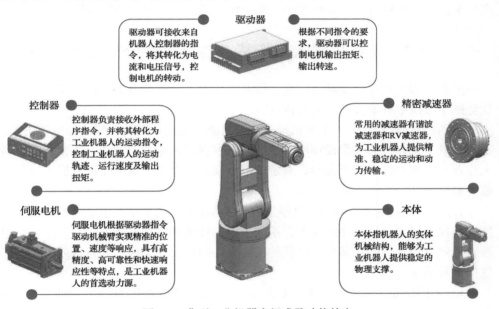

驱动器

驱动器可接收来自机器人控制器的指令，将其转化为电流和电压信号，控制电机的转动。

根据不同指令的要求，驱动器可以控制电机输出扭矩、输出转速。

控制器

控制器负责接收外部程序指令，并将其转化为工业机器人的运动指令，控制工业机器人的运动轨迹、运行速度及输出扭矩。

精密减速器

常用的减速器有谐波减速器和RV减速器，为工业机器人提供精准、稳定的运动和动力传输。

伺服电机

伺服电机根据驱动器指令驱动机械臂实现精准的位置、速度等响应，具有高精度、高可靠性和快速响应性等特点，是工业机器人的首选动力源。

本体

本体指机器人的实体机械结构，能够为工业机器人提供稳定的物理支撑。

图 1-1 典型工业机器人组成及功能特点

近几十年，各国学者对机器人相关技术进行了深入研究，在前沿探索、基础理论和关键技术攻关等方面均取得了重要创新进展。机器人标准化、模块化、智能化程度越来越高，在高端制造、航空航天、深海探测、康复医疗等领域发挥了积极作用[1]。我国机器人技术研究虽起步较晚，但在国家政策指引与国内市场需求带动下，机器人技术在研究和产业化方面取得了迅猛发展，机器人产量持续增长，本体与核心部件也形成了较为完善的产业体系，性能得到极大提升，在保证产品质量、提高生产效率、降低成本等方面成效显著。

随着制造业转型升级和机器人应用场景的扩展,工业机器人亟须满足高速度、高精度、重载化、智能化等要求[2],同时工业机器人的工作环境从结构化、单一化的工作站,延伸到机器人与人、机器人与机器人紧密协作的开放式环境,安全性问题和人机共融成为机器人应用研究的热点[3]。此外,作业环境和作业任务复杂度急剧增加,对工业机器人稳定性与可靠性也提出了新的要求[4]。尽管国产工业机器人的市场占有率持续增长,但主要集中在中低端应用领域,自主研发能力和整体性能不强,在整机可靠性和精度保持性、核心部件寿命和可靠性测试评估方法、多位姿定位精度等方面与国外同类产品还存在一定差距,尚无法满足复杂高端领域的应用需求,成为亟待突破的瓶颈问题。本书是作者课题组近年来针对服役工况下工业机器人整机及核心部件,在故障机理分析、可靠性设计、测试与评估、定位精度可靠性评估与优化等基础理论及应用技术的部分研究成果总结,期望为提升国产机器人可靠性水平、推动核心部件国产化起到积极作用。

1.2　工业机器人工作特点与可靠性分析难点

工业机器人具有运动灵活度高、作业空间大、并行协调能力强等优势,这些优势赋予服役中机器人一些独有特点:

(1)应用场景跨度大。工业机器人涉及打磨、装配、搬运、焊接等应用场景,不同场景下工业机器人服役环境、性能要求存在很大差异,例如,精密装配机器人作业环境相对洁净甚至无尘,对定位精度要求较高,而重型搬运机器人对负载能力要求更高。

(2)频繁变载变速、周期性急停急启。自动化生产线上单台工业机器人通常周期性地执行包含多道工序的任务,不同工序的转速和负载可能不同,工序切换也涉及急停急启,例如,装配生产线的机器人必须按次序完成不同重量或尺寸的工件抓取和装配。

(3)不同位姿下精度差异大。工业机器人各关节相互配合完成特定任务,其在不同位姿下完成同一任务往往存在精度差异,严重影响加工产品的一致性,例如,不同位姿下焊接机器人的末端可能存在不同程度的抖动,导致焊接效果存在很大差别。这些特点对工业机器人整机及核心部件的可靠性分析提出了更高要求。

总体而言,服役工况下的工业机器人在整机可靠性设计、核心部件可靠性测试与评估,以及定位精度可靠性评估与提升等方面均面临着技术难点,具体体现在以下几个方面:

(1)工业机器人整机故障影响与可靠性分析。故障影响及可靠性分析能够及时发现工业机器人故障原因和薄弱环节,尤其在设计初期,需要对潜在故障的后果进行评估,预测其对整机功能和性能的影响并提出改进方案,防止故障发生或减轻故障后果。此外,生产线上的机器人在长时间、高负载条件下运行,容易出现定位精度降低、轨迹偏差大等问题,但由于历史数据不足、子系统与零件数目多、失效类型多样且差异性大等原因,传统可靠性分析方法难以保证机器人可靠性预测结果的准确性。

(2)核心部件服役可靠性测试与评估。①精密减速器在工业机器人频繁启停、变载变速工况下承受较强的随机载荷,加之恶劣服役环境影响,极易出现齿轮磨损、断裂等故障,造成整机传动精度降低或不平稳运转;②伺服电机是工业机器人的核心动力单元,实际运行中,工业机器人频繁启停瞬间往往产生较大电流,使得电机绕组绝缘退化,或引发涡流损耗,严重影响电机的安全与寿命;③控制器与驱动器组成的电驱控制系统是机器人的控制中心,由于机械臂运行惯量较大,关节谐波减速器、传动轴等柔性部件在启停瞬间容易产生机械谐振,影响整机控制精度与平稳性。常规可靠性测试方法成本高、效率低,且未考虑真实服役工况影响,导致可靠性测试与评估的准确度不高。

(3)工业机器人定位精度可靠性评估与优化。定位精度是评估工业机器人工作性能的关键指标,在服役环境、加工误差、装配误差等不确定性因素影响下,工业机器人实际定位精度和理论设计模型之间存在一定偏差,这种偏差在不同位姿下的表征及其对机器人定位精度的影响程度存在差异,且定位精度对各种不确定参数的敏感性也不相同,严重影响加工产品质量和性能的一致性。

此外,智能化、柔性化生产线要求协作型工业机器人在非结构动态环境中与人类共同完成任务[3]。由于机器人工作空间范围大,且部分机器人具有高速、高刚度、高负载等特点,在发生碰撞时很难通过人工采取急停措施,易引发安全事故。因此,工业机器人在非结构、动态环境中能否安全工作已成为重要性能之一,同时也是机器人在人类生产生活领域应用的首要问题和强制性约束。

1.3　工业机器人可靠性研究现状

工业机器人技术进步对于高端制造业发展具有重要的推动作用。《"十四五"机器人产业发展规划》[5]提出:加快解决技术积累不足、高端供给缺乏等问题,加强核心技术攻关,确保整机综合指标达到国际先进水平,关键零部件性能和可靠性达到国际同类产品水平。可靠性是其在规定条件下和规定时间内完成规定功能的能力,是反映产品质量水平的核心指标,贯穿于产品的研发设计、生产制造和使用全过程[6],是机器人高水平设计的重要依据。随着人类对机器人需求持续增加,机器人应用范围不断扩大,逐渐向高端技术领域如空间机器人、医疗机器人、人形机器人等延伸,而高安全性、高可靠性、高质量是各类机器人均需要满足的通用基本要求[7,8]。近年来,针对机器人整机及核心部件可靠性设计与测评方面的关键问题和难点，许多学者在相关领域进行了深入研究，取得了一系列重要进展。下面针对该领域若干理论与技术基础及研究现状进行概述。

1.3.1　工业机器人故障模式与可靠性分析

机器人商品化和规模化的关键在于其具备较高的可靠性、维修性和安全性。基于当前工业机器人研发和应用现状，在设计阶段开展合理的可靠性分析有助于挖掘机器人故障影响因素及失效机理，发现故障频发部位和薄弱点，有针对性地提出改进措施，为机器人可靠性优化与性能提升提供指导。平均无故障工作时间（mean time between failures, MTBF）是最常用的可靠性评价指标，它能够直观反映机器人的工作时长，即服役寿命[9]，但无法进一步体现故障发生原因与故障机理。通常采用故障模式、影响及危害性分析（failure mode, effects and criticality analysis, FMECA），故障树分析（fault tree analysis, FTA），可靠性预测与分配等方法对机器人进行故障机理挖掘与可靠性设计[10,11]。其中，FMECA 可操作性强，是机器人厂家和用户最常用的可靠性分析方法，它对历史运行数据进行深入挖掘和处理，获取影响机器人可靠性和性能的关键信息；而 FTA 能够定量分析工业机器人的服役寿命和各核心部件、零件的故障率，为设计和运维提供支撑；可靠性预测与分配作为工业机器人研发过程的关键环节，综合考虑多种影响因素如技术复杂度、维修性、故障危害性等，将机器人整机可靠性指标合理分配到各核心部件，对权衡整机研制方案具有重要意义。

目前，已有学者针对工业机器人工作空间范围、灵活性、动态响应等性能开展机器人整体优化设计研究[12]。一些学者考虑机器人组成、人为影响、工作环境等因素，构建整机可靠性分配的层次结构，并将模糊理论和可靠性理论相结合，提出了适用于工业机器人的可靠性预测与分配方法[13,14]。由于工业机器人寿命相对较长，发生故障失效的概率不高，短时间内难以获得大量的历史失效数据和故障数据，加之工业机器人个体差异性较大，应用场景和服役工况随机性较高，性能劣化过程具有较强的不确定性和时变性，因此，基于随机过程和性能退化数据构建整机可靠性评估指标和性能退化模型的方法逐渐成为趋势[15]。考虑到混合不确定信息引入导致计算复杂度增加，一些学者应用代理模型开展工业机器人时变可靠性分析与设计研究，有效提升了可靠性优化效率[16]。

融合工业机器人物理模型、数学模型与服役数据，开展模型-数据混合驱动的整机可靠性预测与评估，能够提高机器人健康管理工作效率并降低运维成本[17]。考虑到复杂任务工况以及加工制造环境的影响，机器人关节磨损、疲劳等物理模型存在较高的不确定性，而大数据、人工智能和数字孪生等技术的深度融合，使机器人全寿命周期健康状态实时监测和预测性维护成为可能[18,19]。已有学者利用传统仿真/云架构方法，针对多机器人协作、人机交互、自动化产线智能运维等情景开展机器人数字孪生建模研究[20]。除此之外，在柔性化生产、航空航天、医疗等领域，人机协作共融的应用场景愈发常见。人机协作要求人类和机器人在共同空间工作，如何保障机器人与人的安全性、提高碰撞检测精度和灵敏度是当前亟须攻克的难题[21]。并且，随着 5G、物联网、传感器等技术的快速发展，远程操作、自主导航等也成为共融机器人亟待突破的技术瓶颈。

1.3.2　工业机器人核心部件可靠性测试与评估

精密减速器、伺服电机和电驱控制系统作为工业机器人的核心部件，应具有较高的瞬时过载能力、稳定性、可靠性和精度。由于机器人常处于循环往复的启停变载工况，各组成部件承受较强的交变与冲击载荷，此时，减速器容易发生磨损、裂纹等故障，伺服电机在急停急启、过载情况下易出现高温，破坏其绝缘性能或导致内部轴承失效，电驱控制系统的跟踪和响应能力也将受到影响。国内外学者针对精密减速器、伺服电机、电驱控制系统开展了一系列可靠性测试与评估工作，下面分别对其研究现状进行归纳。

1. 精密减速器可靠性测试与评估

减速器作为工业机器人核心部件之一，其传动精度与承载能力直接影响整机的操作性能[22]。机器人常用的减速器主要包括 RV 减速器和谐波减速器两种，其中，RV 减速器传递转矩大、传动平稳、疲劳强度与刚度高，通常用于大中型机器人的第一、二、三关节；谐波减速器体积小、重量轻、运行精度高，常用于小型机器人或大中型机器人的第四、五、六关节。在实际现场测试中，绝大多数工业机器人故障均由减速器故障引起[23]。因此，开展减速器可靠性测试与评估，对于提升整机可靠性与稳定性具有重要作用。

随着制造、装配等技术的发展，减速器寿命得到有效提升。传统针对减速器开展额定转矩加载的可靠性测试方法难以兼顾准确性和效率，部分学者通过加速寿命试验获得减速器失效数据和退化数据以进行寿命预测与可靠性评估[24,25]。一些研究通过构建减速器动力学模型，挖掘减速器润滑性能和疲劳磨损等对其可靠性和寿命的影响，基于振动、噪声等监测信号开展减速器可靠性评估、故障检测与诊断[26,27]。由于机器人通过控制电机电流产生转矩驱动减速器完成特定工作，减速器发生诸如磨损等故障均会导致轴受力不均产生异常振动，引起负载转矩波动并使电机电流中出现故障引起的谐波成分[28]，因此，可通过减速器直连电机的电流信号对其进行在线故障检测与可靠性评估，这种分析手段广泛应用于轴承、齿轮箱等机械部件的健康管理与监测[29]。然而，工业机器人实际服役工况下存在周期性、多工序任务引起的交变载荷以及频繁启停产生的冲击载荷，交变载荷使得电流幅值周期性大幅度变化，而冲击载荷极易与电流中的故障信息发生交叠，造成减速器故障误判、可靠性评估不准确、寿命预测误差大等问题。因此，需考虑机器人实际服役工况对减速器性能的影响，以服役工况为驱动研究机器人减速器加速寿命测试理论、故障建模及可靠性评估方法。

2. 伺服电机故障检测与可靠性评估

通常情况下，工业机器人伺服电机需要具备高功率密度、低转矩脉动、高过载和高动态响应能力，并满足体积小、重量轻、结构紧凑的要求，以适应整机外形结构。这些约束条件使电机内部零件易发生干涉。在机器人频繁启停换向、超载等实际工况影响下，关节处的伺服电机容易发生转子偏心、永磁体退磁、转子损耗、轴承磨损等故障，超载产生的高温也易引发电机绝缘失效或绕组短路。因此，需要开展服役工况下工业机器人伺服电机可靠性评估与故障分析方法研究，以提升机器人整机服役性能。

工业机器人伺服电机故障按发生部位和特点可分为电气类故障和机械类故障[30]。针对伺服电机定子绕组故障、永磁体退磁、转矩脉动过大等电气类故障，一些研究利用先进控制技术如磁场定向控制和直接转矩控制等削弱电机转矩脉动影响并提高其响应速度，进而提升整机工作性能[31]。部分研究通过构建电机数学模型、开展负序分量分析等对伺服电机进行故障检测与诊断[32]。在打磨、喷涂等恶劣服役环境下，工业机器人伺服电机易出现轴承磨损、主轴断裂等机械类故障，此类故障可基于振动、温度、电流等监测信号进行特征提取，通过分析电机正常运行和发生故障时信号特征的差异性，结合随机过程、深度学习等方法实现伺服电机故障诊断、剩余寿命预测及可靠性评估[33]。随着工业机器人在重型焊接、压铸等行业的广泛应用，重载机器人关节伺服电机经常面临高温、超载等极端工况影响，再加上机器人频繁启停变速，伺服电机内部结构与绕组之间容易发生摩擦，进而引发绝缘层磨损与失效[34,35]。常规的信号处理与建模方法无法准确检测出电机在复杂运行状态下的绝缘情况，需深入挖掘伺服电机绝缘故障机理与表征方法，在此基础上，开展机器人伺服电机状态评估和故障检测研究。

3. 电驱控制系统高效控制与末端振动抑制

机器人电驱控制系统的控制效率、控制精度和控制带宽直接影响整机的运动平稳性和响应速度。根据执行任务不同，机器人的控制方法主要可分为基于模型的控制方法与无模型或弱模型的控制方法[36]。由于工业机器人构型空间和工作环境复杂，在交变载荷和不确定因素干扰下，基于模型的控制方法往往牺牲控制精度来增强鲁棒性，而无模型或弱模型的控制方法则需大量的学习样本进行训练，且难以在有限时间内求解出最优策略[37]。此外，机器人通常具有较高的最大轴速及重复定位精度，但是高速运行时其稳定性欠佳，各轴的有效速度难以得到充分发挥,如何在高速、高精度的同时保持高稳定性,是提高工业机器人整机性能和多场景适用性的首要问题[38]。

由于工业机器人运动惯量大,关节谐波减速器等传动部件刚度较低,机器人在高速运动、频繁启停时关节和末端会产生阻尼振动或残余抖动[39],影响整机的控制性能和定位精度,制约加工产品的质量。已有部分学者针对工业机器人振动抑制开展了研究工作,这些工作可分为被动抑制和主动抑制两类[40],其中,被动抑制是从本质上改变构件的几何参数或材料属性,对机械结构进行优化设计以提高其刚度和固有频率来抑制振动;而主动抑制则是在机器人关节模型基础上,分析机器人的柔性特点与动力学特性,考虑关节运动参数、结构参数等,利用奇异摄动、反馈线性化等控制技术进行参数优化以获得最优控制策略,从而达到振动抑制效果[41]。随着机器人运动精度、速度的提高以及多种传感器的应用,在不同服役场景下有效实现末端振动抑制,是电驱控制系统面临的重要挑战。

1.3.3 工业机器人定位精度可靠性评估与提升

在制造、装配、传动误差等诸多因素影响下,工业机器人执行机构的实际运动结果和理想结果之间存在一定偏差,这种偏差可用绝对定位精度和重复定位精度来衡量。前者反映机器人实际位置与理论位置的偏差程度,后者则体现机器人到达同一位置的准确度。机器人重复定位精度通常较高,而绝对定位精度是其技术瓶颈[42]。标定技术可以降低工业机器人位姿误差,提高其绝对定位精度,它以机器人运动学模型为基础,利用高效、精确的测量系统获得并求解机器人的运动误差模型,以补偿机器人的运动学参数偏差。标定技术通常包含运动学建模与参数辨识、定位精度可靠性评估及精度误差补偿三部分,下面分别对其研究现状进行总结。

1. 运动学建模与参数辨识

机器人运动学包括正向运动学和逆向运动学。其中,正向运动学即给定机器人连杆几何参数和关节变量,计算其末端执行器相对于参考坐标系的位置和姿态,正向运动学建模是机器人运动参数辨识的基础[43]。1955 年 Denavit 和 Hartenberg[44] 提出一种机器人正向运动学描述方法,即 D-H 模型,将正向运动学计算转化成齐次变换矩阵的运算问题。此后,国内外学者基于 D-H 模型及其改进模型,逐步完善了机器人正向运动学建模理论和方法[42]。逆向运动学即已知机器人连杆几何参数、末端执行器的期望位置和姿态,求解机器人能够达到预期位姿的关节变量。逆向运动学是机器人运动控制的基础,当机器人执行任务时,控制器根据加工指令规划位姿数据,实时基于逆向运动学算法计算出关节参数来驱动关节运动,使末端执行器按预定位姿工作。逆向运动学通常涉及非线性方程组求解,常用的方法包括几何法、代数法和迭代法[45]。

运动参数辨识是从外部干扰下的测量数据中找出运动参数的误差信息，利用优化算法对模型参数进行优化的过程。参数辨识是工业机器人标定技术的关键环节[46]，主要包括误差建模与误差辨识两部分。机器人定位误差来源较多，误差建模过程通常考虑连杆参数与关节转角参数等几何参数误差，以及关节柔性、间隙等非几何参数误差。误差辨识是求解误差模型的过程，常用的辨识方法有最小二乘法、遗传算法、粒子滤波算法等[47]。实际应用中，工业机器人自身连杆重力以及关节力矩使其在标定中产生随机性变形，影响标定精度，服役环境中的噪声也会影响标定结果，故需要提高模型精度，从而更准确地反映机器人参数误差。此外，机器人标定大多基于静态条件进行，但在实际应用中，工业机器人在动态位姿下进行定位和控制，而动态标定需要考虑机器人运动过程的动力学和惯性以满足机器人的控制和响应性能。随着服役工况日趋复杂，如何兼顾准确度和效率仍是参数辨识亟待解决的难题。

2. 定位精度可靠性评估

工业机器人定位精度可靠性定义为机器人末端执行器位置误差落在允许范围内的概率。定位精度可靠性评估能够获得服役工况下工业机器人末端执行器的具体定位效果，为误差补偿提供指导。按应用场景需求和服役工况特点，定位精度可靠性评估包括单坐标定位精度、单点定位精度、多点定位精度以及轨迹精度，准确评估机器人在不同位姿下的定位精度是其运动精度提升的关键。

工业机器人定位精度可靠性研究可分为两类，即基于虚拟样机模型和基于数学模型的分析方法。前者主要基于三维建模软件建立工业机器人虚拟样机模拟机器人运动过程，后者通常从运动学特性与误差特点入手，建立机器人运动学模型以及各关节和连杆坐标系，利用矩估计、蒙特卡罗、代理模型、神经网络等方法近似计算机器人实际末端定位点超出许用范围的概率，以评估机器人定位精度可靠性[48,49]。由于工业机器人应用场景与工况复杂多变，服役中高温、振动等环境因素，以及机器人连杆尺寸误差、关节间隙等对其定位精度影响较大[50]，需要将各不确定性因素一并纳入定位精度可靠性求解模型。此外，单个定位点各坐标之间、多个定位点之间的定位误差存在一定程度的相关性，该相关性也会影响定位精度可靠性评估的准确性。实际应用中，工业机器人定位精度可靠性计算涉及大量高维积分，常用的蒙特卡罗、重要性抽样等方法在求解高维问题时计算效率低，故需要研究高效、高精的机器人定位精度可靠性分析方法。

3. 定位精度误差补偿

误差补偿是在误差辨识、定位精度可靠性评估基础上修正工业机器人运动学模型以减小末端误差[51]。影响机器人定位精度的因素主要包括机器人各零部件的加工与制造误差、机器人本体装配误差、机械结构连接点间的传动误差、环境温度变化引起的传动精度下降等。若要实现准确高效的定位精度误差补偿，需要深入研究各影响因素对整机定位精度的作用规律并建立准确的定位误差模型，以制定相应的补偿策略和机制[52]。

工业机器人误差补偿方法主要分为离线补偿和在线补偿两大类[53]。离线补偿是通过建立离线的位姿误差模型或空间误差库，将补偿数据预先配置到控制算法中实现误差补偿，常用的方法有运动学模型参数补偿法、基于神经网络的误差补偿法等[54]。离线补偿适用于在复杂场所进行误差补偿，需大量时间进行计算，补偿精度较低。而在线补偿则通过立体视觉测量系统、空间测量定位系统等设备对工业机器人的运动情况进行实时高精度测量与反馈，并基于此不断调整机器人的位姿直至理想状态，最常用的方法是关节空间补偿法，即在参数辨识基础上对机器人运动学模型进行在线修正，并利用计算得到的关节运动数据修正控制系统。随着工业机器人服役场景不断精细化、复杂化，单一误差补偿算法很难同时满足多种工况的精度要求，需要研究面向多种服役工况的机器人定位误差自适应补偿方法，通过自主判断误差变化、工况变化，自适应优化位姿映射模型以确保误差补偿精度能够满足服役性能要求。

1.4　本书主要内容

工业机器人的服役工况具有多环境应力耦合和多工序频繁切换等特点，如何实现机器人整机及核心部件高可靠性设计、高效性能测试与准确评估，是国产机器人质量提升与规模化应用的核心问题。为此，本书从工业机器人可靠性基础理论出发，系统地介绍整机可靠性设计、核心部件可靠性测试与评估、定位精度可靠性评估与优化等理论方法，以期为提升国产工业机器人质量竞争力并为高端机器人研发提供支撑。本书后续四章结构如图 1-2 所示，具体研究内容如下。

第 2 章介绍工业机器人故障影响与可靠性设计，主要针对机器人整机开展故障影响及危害性分析，通过具体故障现象确定主要故障模式，结合工业机器人环境、制造、服役及维修等影响因素，确定故障发生原因，并对故障率较高的部件提出相应的可靠性改进与优化措施；在此基础上，分别对工业机器人可靠性预测与分配技术进行介绍，为工业机器人可靠性与性能提升提供重要参考。

第 3 章介绍工业机器人减速器可靠性测试与评估，主要针对工业机器人 RV减速器和谐波减速器，构建服役工况下的载荷谱，以此为输入研究减速器磨损与传动精度的映射关系；研究减速器加速退化试验方法，基于传动精度退化数据开展减速器精度可靠性评估与寿命预测；进一步从关节机电耦合机理出发，研究基于直连电机电流信号的减速器故障检测与可靠性测评方法，为工业机器人减速器

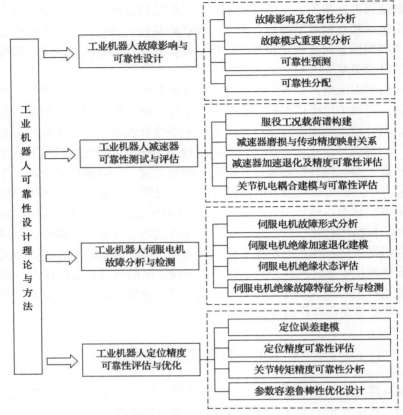

图 1-2　本书主要内容及结构

可靠性测试与评估提供了新的思路。

　　第 4 章介绍工业机器人伺服电机故障分析与检测，针对机-电-热等复合应力下大负载工业机器人的伺服电机，开展电机绝缘退化试验和寿命预测研究，分析电机绝缘故障机理及状态表征方法，实现电机绝缘状态评估；进一步基于伺服电机绝缘故障的多维特征变化规律研究绝缘故障鲁棒性检测，为伺服电机国产化提供了理论和技术支撑。

　　第 5 章介绍工业机器人定位精度可靠性评估与优化，在建立机器人运动学误差模型和动力学模型基础上，分别研究工业机器人单点定位精度、多点定位精度、轨迹精度的可靠性评估方法，以及多源不确定参数影响下关节转矩精度可靠性分析方法；在此基础上，介绍一种机器人参数容差鲁棒性优化设计方法，有效降低机器人精度对不确定参数的敏感性。

　　本书通过讨论工业机器人故障影响与可靠性设计、工业机器人减速器可靠性测试与评估、工业机器人伺服电机故障分析与检测、工业机器人定位精度可靠性评估与优化四个部分, 较为完整地形成了工业机器人可靠性设计理论与方法体系, 为国产工业机器人质量提升和高端产业应用奠定了基础, 也为其他类型机器人可靠性测试、评估与优化提供重要参考。

参 考 文 献

[1] 国家自然科学基金委员会. 机械工程学科发展战略报告(2021~2035). 北京: 科学出版社, 2022.

[2] 谭建荣, 刘达新, 刘振宇, 等. 从数字制造到智能制造的关键技术途径研究. 中国工程科学, 2017, (3): 39-44.

[3] Ding H, Yang X, Zheng N, et al. Tri-Co Robot: A Chinese robotic research initiative for enhanced robot interaction capabilities. National Science Review, 2018, 5(6): 799-801.

[4] 赖一楠, 叶鑫, 丁汉. 共融机器人重大研究计划研究进展. 机械工程学报, 2021, 57(23): 1-12.

[5] 工业和信息化部, 国家发展和改革委员会, 科学技术部, 等. "十四五"机器人产业发展规划. (2021-12-21). https://www.gov.cn/zhengce/zhengceku/2021-12/28/content_5664988.htm.

[6] 工业和信息化部, 教育部, 科学技术部, 等. 制造业可靠性提升实施意见. (2023-06-02). https://www.gov.cn/zhengce/zhengceku/202307/content_6889718.htm.

[7] 工业和信息化部. 人形机器人创新发展指导意见. (2023-10-20). https://wap.miit.gov.cn/zwgk/zcwj/wjfb/tz/art/2023/art_48fe01d562644aedb7ea3f4256df8190.html.

[8] 中国信息通信研究院. 人工智能医疗器械产业发展白皮书(2023 年). (2024-04-01). http://www.caict.ac.cn/sytj/202404/t20240401_474827.htm.

[9] 中国机械工业联合会. 工业机器人平均无故障工作时间计算方法: GB/T 42982—2023. 北京: 中国标准出版社, 2023.

[10] Kordestani M, Saif M, Orchard M E, et al. Failure prognosis and applications—A survey of recent literature. IEEE Transactions on Reliability, 2019, 70(2): 728-748.

[11] Korayem M, Iravani A. Improvement of 3P and 6R mechanical robots reliability and quality applying FMEA and QFD approaches. Robotics and Computer-Integrated Manufacturing, 2008, 24(3): 472-487.

[12] Bowling A, Khatib O. The dynamic capability equations: A new tool for analyzing robotic manipulator performance. IEEE Transactions on Robotics, 2005, 21(1): 115-123.

[13] Wu W, Rao S. Uncertainty analysis and allocation of joint tolerances in robot manipulators based on interval analysis. Reliability Engineering and System Safety, 2007, 92(1): 54-64.

[14] Bai B, Li Z, Zhang J, et al. Research on multiple-state industrial robot system with epistemic uncertainty reliability allocation method. Quality and Reliability Engineering International, 2020(2): 632-637.

[15] 雷亚国, 贾峰, 孔德同, 等. 大数据下机械智能故障诊断的机遇与挑战. 机械工程学报, 2018, 54(5): 94-104.

[16] Wu J, Tao Y, Han X. Polynomial chaos expansion approximation for dimension-reduction model-based reliability analysis method and application to industrial robots. Reliability Engineering and System Safety, 2023, 234: 109145.

[17] Halder B, Sarkar N. Robust fault detection of a robotic manipulator. The International Journal of Robotics Research, 2007, 26(3): 273-285.

[18] Mnih V, Kavukcuoglu K, Silver D, et al. Human-level control through deep reinforcement learning. Nature, 2015, 518(7540): 529.

[19] Daigle M J, Koutsoukos X D, Biswas G. Distributed diagnosis in formations of mobile robots. IEEE Transactions on Robotics, 2007, 23(2): 353-369.

[20] Kassanos P. Analog-digital computing let robots go through the motions. Science Robotics, 2020, 5(47): 1-2.

[21] Cini F, Banfi T, Ciuti G, et al. The relevance of signal timing in human-robot collaborative manipulation. Science Robotics, 2021, 6(58): 1-11.

[22] 熊有伦, 李文龙, 陈文斌, 等. 机器人学建模、控制与视觉. 武汉: 华中科技大学出版社, 2018.

[23] Zhi Z, Liu L, Liu D, et al. Fault detection of the harmonic reducer based on CNN-LSTM with a novel de-noising algorithm. IEEE Sensors Journal, 2022, 22(3): 2572-2581.

[24] 王巧, 杜雪松, 宋朝省, 等. 谐波减速器加速寿命试验方法研究. 中国机械工程, 2022, 33(19): 2317-2324.

[25] 李俊阳, 王家序, 范凯杰, 等. 谐波减速器黏着磨损失效加速寿命模型研究. 摩擦学学报, 2016, (3): 297-303.

[26] He Y, Chen J, Zhou X, et al. In-situ fault diagnosis for the harmonic reducer of industrial robots via multi-scale mixed convolutional neural networks. Journal of Manufacturing Systems, 2023, 66: 233-247.

[27] Qian H, Li Y, Huang H. Time-variant reliability analysis for industrial robot RV reducer under multiple failure modes using Kriging model. Reliability Engineering and System Safety, 2020, 199: 106936.

[28] Chen X, Feng Z. Induction motor stator current analysis for planetary gearbox fault diagnosis under time-varying speed conditions. Mechanical Systems and Signal Processing, 2020, 140: 106691.

[29] Blödt M, Granjon P, Raison B, et al. Models for bearing damage detection in induction motors using stator current monitoring. IEEE Transactions on Industrial Electronics, 2008, 55(4): 1813-1822.

[30] Ebrahimi B, Faiz J, Roshtkhari M. Static-, dynamic-, and mixed-eccentricity fault diagnoses in permanent-magnet synchronous motors. IEEE Transactions on Industrial Electronics, 2009, 56(11): 4727-4739.

[31] Piccoli M, Yim M. Anticogging: Torque ripple suppression, modeling, and parameter selection. The International Journal of Robotics Research, 2016, 35(1-3): 148-160.

[32] Sarikhani A, Mohammed O A. Inter-turn fault detection in PM synchronous machines by physics-based back electromotive force estimation. IEEE Transactions on Industrial Electronics, 2012, 60(8): 3472-3484.

[33] Park C H, Kim H, Suh C, et al. A health image for deep learning-based fault diagnosis of a permanent magnet synchronous motor under variable operating conditions: Instantaneous current residual map. Reliability Engineering & System Safety, 2022, 226: 108715.

[34] Niu F, Feng W, Huang S, et al. Robust inter-turn short-circuit fault detection in PMSGs with respect to the bandwidths of current and voltage controllers. IEEE Transactions on Power Electronics, 2023, 38(8): 1-11.

[35] Niu F, Wang Y, Huang S, et al. An online ground wall insulation monitoring method based on transient characteristics of leakage current for inverter-fed motors. IEEE Transactions on Power Electronics, 2022, 37(8): 9745-9753.

[36] Albu-Schäffer A, Ott C, Hirzinger G. A unified passivity-based control framework for position, torque and impedance control of flexible joint robots. The International Journal of Robotics Research, 2007, 26(1): 23-39.

[37] Islam M J, Hong J, Sattar J. Person-following by autonomous robots: A categorical overview. The International Journal of Robotics Research, 2019, 38(14): 1581-1618.

[38] Pettersson M, Ölvander J. Drive train optimization for industrial robots. IEEE Transactions on Robotics, 2009, 25(6): 1419-1424.

[39] Konno A, Uchiyama M, Murakami M. Configuration-dependent vibration controllability of flexible-link manipulators. The International Journal of Robotics Research, 1997, 16(4): 567-576.

[40] Shan J, Sun D, Liu D. Design for robust component synthesis vibration suppression of flexible structures with on-off actuators. IEEE Transactions on Robotics and Automation, 2004, 20(3): 512-525.

[41] Nguyen V, Johnson J, Melkote S. Active vibration suppression in robotic milling using optimal control. International Journal of Machine Tools and Manufacture, 2020, 152: 103541.

[42] Li Z, Li S, Luo X. An Overview of calibration technology of industrial robots. IEEE/CAA Journal of Automatica Sinica, 2021, 8(1): 23-36.

[43] 蔡自兴, 谢斌. 机器人学. 北京: 清华大学出版社, 2022.

[44] Denavit J, Hartenberg R. A kinematic notation for Lower-Pair mechanisms based on matrices. Journal of Applied Mechanics, 1955, 22(2): 215-221.

[45] Qu Z, Dawson D M. Robust Tracking Control of Robot Manipulators. New York: IEEE Press, 1995.

[46] He R, Zhao Y, Yang S, et al. Kinematic-parameter identification for serial-robot calibration based on POE formula. IEEE Transactions on Robotics, 2010, 26(3): 411-423.

[47] Luo G, Zou L, Wang Z, et al. A novel kinematic parameters calibration method for industrial robot based on Levenberg-Marquardt and differential evolution hybrid algorithm. Robotics & Computer-Integrated Manufacturing, 2021, 71: 102165.

[48] Rao S, Bhatti P. Probabilistic approach to manipulator kinematics and dynamics. Reliability Engineering & System Safety, 2001, 72(1): 47-58.

[49] Wu J, Zhang D, Liu J, et al. A moment approach to positioning accuracy reliability analysis for industrial robots. IEEE Transactions on Reliability, 2020, 69(2): 699-714.

[50] Zhang D, Liu S, Wu J, et al. An active learning hybrid reliability method for positioning accuracy of industrial robots. Journal of Mechanical Science and Technology, 2020, 34(8): 3363-3372.

[51] Roth Z, Mooring B, Ravani B. An overview of robot calibration. IEEE Journal on Robotics and Automation, 1987, 3(5): 377-385.

[52] Mooring B W, Roth Z S, Driels M R. Fundamentals of Manipulator Calibration. New York: Wiley, 1991.

[53] Siciliano B, Khatib O E. Springer Handbook of Robotics. Berlin: Springer-Verlag, 2008.

[54] Fines J M, Agah A. Machine tool positioning error compensation using artificial neural networks. Engineering Applications of Artificial Intelligence, 2008, 21(7): 1013-1026.

第2章 工业机器人故障影响与可靠性设计

本章通过对工业机器人历史服役数据进行故障信息挖掘，开展故障影响及危害性分析，并针对故障率较高的环节提出可靠性改进与优化措施；在此基础上，介绍适用于工业机器人服役工况的可靠性指标评估、预测与分配方法，为整机可靠性提升提供重要参考。

2.1 工业机器人故障影响及危害性分析

2.1.1 故障模式影响及危害性分析流程

工业机器人 FMECA 主要包含故障模式与影响分析(failure mode and effects analysis, FMEA)和危害性分析(criticality analysis, CA)两部分，其中，FMEA 能够为 CA 提供故障现象、原因、发生概率等信息，而 CA 在 FMEA 基础上进一步确定故障程度和优先级，为工业机器人运维策略的制定奠定基础。

1. 工业机器人故障模式与影响分析

在进行 FMEA 分析前，需要收集工业机器人整机、子系统及零部件的设计信息、运行维护信息和环境信息，确定 FMEA 的对象层次与范围。定义最顶层为工业机器人整机，最底层为驱动器、控制器、伺服电机、减速器等。以六轴机器人为例，描述机器人的功能和任务，并绘制工业机器人的功能部分与结构部分对应关系如图 2-1 所示。FMEA 具体步骤如下。

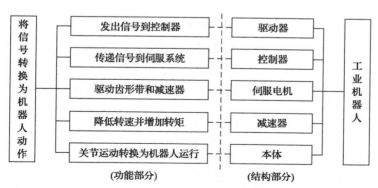

图 2-1 工业机器人的功能部分与结构部分对应关系

步骤 1：初始准备工作。主要包括系统定义、故障模式与故障原因分析。在系统定义阶段，需对工业机器人的功能进行详细分析，绘制任务可靠性框图和功能框图；在故障模式分析阶段，列举出工业机器人所有可能发生的故障，如减速器磨损、伺服电机绝缘击穿等；而在故障原因分析阶段，需要对每个故障模式进行深入分析，尽可能溯源工业机器人故障原因，如工作环境导致材料化学腐蚀、设计缺陷、工艺水平低、装配不当或者人员操作有误等。

步骤 2：故障影响及严酷度分析。确定工业机器人及其子系统每种可能的故障模式将会产生的影响，故障影响的级别按约定层次进行划分，根据《故障模式、影响及危害性分析指南》[1]中的"三级故障影响"（见附录 A 中表 A-1），即局部影响、高一层次影响和最终影响确定故障等级。对影响结果的严酷度（见附录 A 中表 A-2）进行分析，以评估各故障模式的严重程度，为 CA 提供初步故障分类。

步骤 3：故障模式发生概率等级评定。综合工业机器人历史数据、专家意见、经验知识等，评估故障模式的发生概率，以识别潜在的高风险故障模式，并采取相应的预防措施来降低其发生概率。工业机器人故障模式发生概率等级划分准则见附录 A 中表 A-3。

将上述步骤获得的工业机器人各子系统和零部件的功能信息、故障模式、故障原因、不同约定层次的影响效果、不同故障模式的改进措施等进行分析总结，制定工业机器人各零部件的 FMEA 表。

2. 工业机器人危害性分析

CA 是在工业机器人 FMEA 基础上对其故障影响进行综合评价。本节采用风险优先数方法对工业机器人进行危害性分析，分别对各种故障模式的严酷度 S（故障对整机影响程度）、发生度 O（故障发生频率）、检测度 D（故障检测难易程度）进行评分，并基于下式计算综合危害度等级（也称风险顺序数（risk priority number, RPN））：

$$RPN = S \times O \times D \tag{2-1}$$

针对工业机器人特点，制定严酷度 S、发生度 O、检测度 D 的评分依据，见附录 A 中表 A-2～表 A-4[1]。为避免危险性分析可能出现 RPN 值相同的情况，本节采用模糊综合评判法[2]对工业机器人各种故障的危害性进行评价，其具体步骤如下。

步骤 1：建立因素集。将严酷度、发生度、检测度作为因素集，即 $U=\{$严酷度 S，发生度 O，检测度 $D\}$。

步骤 2：建立故障模式因素的权重集。采用层次分析法计算每种故障模式严酷度、发生度和检测度的权重集，通过专家组对每种故障模式进行评分。不失一般性，假设有 n 个比较因素，可形成因素判断矩阵 A 如式（2-2）所示。

$$A = \begin{bmatrix} a_{11} & \cdots & a_{1j} & \cdots & a_{1n} \\ \vdots & & \vdots & & \vdots \\ a_{i1} & \cdots & a_{ij} & \cdots & a_{in} \\ \vdots & & \vdots & & \vdots \\ a_{n1} & \cdots & a_{nj} & \cdots & a_{nn} \end{bmatrix} \tag{2-2}$$

式中，$a_{ij}(i, j = 1, 2, \cdots, n)$ 表示因素 i 相对于因素 j 的相对重要程度，其取值准则见附录 A 中表 A-5。采用如下方根法求解判断矩阵，得出各因素的权重。

（1）计算判断矩阵 A 各行元素乘积的 n 次方根：

$$M_i = \sqrt[n]{\prod_{j=1}^{n} a_{ij}}, \quad i, j = 1, 2, \cdots, n \tag{2-3}$$

（2）对式 (2-3) 中每个 M_i 进行归一化处理：

$$w_i = \frac{M_i}{\sum_{j=1}^{n} M_j}, \quad i, j = 1, 2, \cdots, n \tag{2-4}$$

（3）近似计算判断矩阵 A 的最大特征根：

$$\lambda_{\max} = 1 \Bigg/ \left(n \sum_{i=1}^{n} \frac{\left(A w_x^{\mathrm{T}} \right)_i}{w_i} \right) \tag{2-5}$$

式中，$w_x = [w_1, w_2, \cdots, w_n]$ 为权重向量；$\left(A w_x^{\mathrm{T}} \right)_i$ 为 $A w_x^{\mathrm{T}}$ 的第 i 个元素。

（4）计算一致性比率 R_C：

$$R_C = I_C / I_R \tag{2-6}$$

式中，$I_C = (\lambda_{\max} - n)/(n-1)$。本节考虑因素集包含严酷度、发生度、检测度 3 个因素，参照附录 A 中表 A-6 一致性指标标准值，当 $n=3$ 时可得 $I_R = 0.58$，代入式 (2-6) 求解 R_C，若 $R_C < 0.1$，则通过一致性检验。

步骤 3：建立评价集。通常每种因素的影响效果可划分为 5 个等级，记评价集向量为 $g = [1, 2, 3, 4, 5]$，具体划分准则见附录 A 中表 A-7[1]。

步骤 4：建立模糊综合评价矩阵。由专家组对故障模式的严酷度、发生度、检测度等级进行评定，并计算每种故障模式的危害度等级隶属度，其公式为

$$r_{Sk}^x = p_{Sk}^x / p_S$$
$$r_{Ok}^x = p_{Ok}^x / p_O \qquad (2\text{-}7)$$
$$r_{Dk}^x = p_{Dk}^x / p_D$$

式中，r_{Sk}^x、r_{Ok}^x 和 r_{Dk}^x 分别为第 x 种故障模式对严酷度、发生度、检测度等级为 k 的隶属度；p_{Sk}^x、p_{Ok}^x 和 p_{Dk}^x 分别为判断故障模式 x 隶属于严酷度、发生度、检测度等级 k 的专家人数；p_S、p_O 和 p_D 分别表示各因素下进行评判的专家人数，一般情况下有 $p_S = p_O = p_D$。其中，$k=1, 2, \cdots, 5$；$x=1, 2, \cdots, m$，m 为故障模式总数。基于专家评定结果及危害度等级隶属度，可获得第 x 种故障模式的模糊综合评价矩阵 $\boldsymbol{R}_x$ 为

$$\boldsymbol{R}_x = \begin{bmatrix} \boldsymbol{r}_S^x \\ \boldsymbol{r}_O^x \\ \boldsymbol{r}_D^x \end{bmatrix} = \begin{bmatrix} r_{S1}^x & r_{S2}^x & \cdots & r_{Sk}^x & \cdots \\ r_{O1}^x & r_{O2}^x & \cdots & r_{Ok}^x & \cdots \\ r_{D1}^x & r_{D2}^x & \cdots & r_{Dk}^x & \cdots \end{bmatrix} \qquad (2\text{-}8)$$

式中，$\boldsymbol{r}_S^x$、$\boldsymbol{r}_O^x$ 和 $\boldsymbol{r}_D^x$ 分别为故障模式 x 对应的严酷度、发生度和检测度的模糊集向量，分别由该故障模式的危害度等级隶属度组成。

步骤 5：计算模糊综合评价向量。计算第 x 种故障模式的模糊综合评价向量 $\boldsymbol{b}_x$ 为

$$\boldsymbol{b}_x = \boldsymbol{w}_x \boldsymbol{R}_x \qquad (2\text{-}9)$$

步骤 6：计算综合危害度等级。计算第 x 种故障模式的综合危害度等级 RPN_x：

$$\mathrm{RPN}_x = \boldsymbol{b}_x \boldsymbol{g}^{\mathrm{T}}, \quad x = 1, 2, \cdots, m \qquad (2\text{-}10)$$

式中，$\boldsymbol{g}$ 为步骤 3 中所建评价集向量。

综上，工业机器人 FMECA 流程如图 2-2 所示。

2.1.2　实例分析

基于某型工业机器人故障数据，分析零部件的故障现象并确定具体故障模式。结合工业机器人设计、制造、使用及维修等影响因素，确定故障发生的原因。根据大量历史服役数据，总结出该型工业机器人整机、子系统和零部件的故障模式及原因如表 2-1 所示。对表 2-1 中的 18 种故障模式进行编号，如表 2-2 所示。根据各种故障模式的原因和影响确定相应的检测方法，如法兰螺栓断裂磨损等故障模式可直接目测，而对于无法直接目测的故障模式如伺服电机异常振动等，可通过传感器来检测。根据 2.1.1 节中工业机器人 FMEA 步骤，制定该型工业机器人

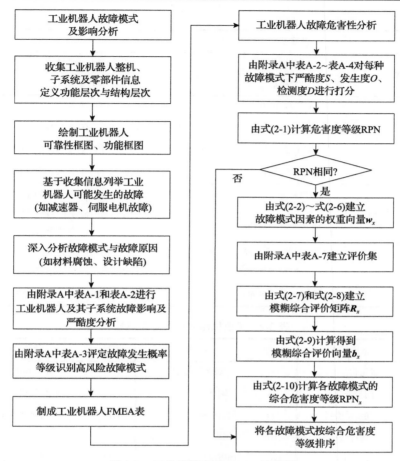

图 2-2　工业机器人 FMECA 流程图

FMEA 表（见附录 B 中表 B-1），在此基础上，应用模糊综合评判法对工业机器人各种故障的危害性进行评价。

表 2-1　某型工业机器人故障模式及原因

故障类型	故障模式	故障原因
	示教器显示异常	电源板损坏
	控制器无法下发程序	电源板损坏
	法兰断裂	疲劳过载、强度差
损坏型	减速器断齿	疲劳过载、润滑失效
	轴承保持架破坏	疲劳或受力过大
	同步带断裂	疲劳过载
	伺服电机编码器损坏	电压或电流过载、冲击振动

故障类型	故障模式	故障原因
松动型	法兰松动	法兰破损、螺栓松动
	螺栓松动	螺栓损坏
失调型	轴承间隙增大	轴承磨损
	带轮轮齿磨损	同步带张紧力过大、有异物侵入、载荷过大
	同步带磨损	同步带张紧力过大、两轴平行度不合格、承受载荷过大
	减速器磨损	急停急启、运行载荷过大、润滑不良
功能型	伺服电机绝缘老化	电机过热、化学腐蚀、电压或电流过载
	伺服电机异常振动	轴承间隙过大、联轴器同轴度不合格、转子不平衡、气隙不均匀、转轴变弯
	伺服电机制动器故障	制动器损坏
	定位精度下降	传动装置松动、磨损严重、电机跟随误差大
	减速器输入输出轴异常	有异物侵入、轴承损坏、键连接失效

表 2-2 工业机器人故障模式编号

编号	故障模式	编号	故障模式	编号	故障模式
D1	带轮轮齿磨损	D7	轴承间隙增大	D13	定位精度下降
D2	同步带断裂	D8	轴承保持架破坏	D14	减速器输入输出轴异常
D3	同步带磨损	D9	伺服电机制动器故障	D15	减速器磨损
D4	螺栓松动	D10	伺服电机异常振动	D16	减速器断齿
D5	法兰断裂	D11	伺服电机编码器损坏	D17	示教器显示异常
D6	法兰松动	D12	伺服电机绝缘老化	D18	控制器无法下发程序

采用层次分析法计算每种故障模式严酷度、发生度和检测度的权重集，结合专家组评分获得每种故障模式的判断矩阵。以故障模式 D1 为例，由式(2-2)计算其因素判断矩阵为

$$A = \begin{bmatrix} 1 & 3 & 7 \\ 1/3 & 1 & 5 \\ 1/7 & 1/5 & 1 \end{bmatrix} \tag{2-11}$$

由式(2-3)～式(2-4)计算其对应权重向量 w_1=[0.649, 0.279, 0.072]，并由式(2-5)～式(2-6)计算一致性比率可得 R_C=0.032<0.1，故通过一致性检验，因此 w_1=[0.649, 0.279, 0.072]可作为故障模式 D1 的因素权重向量。同理可得其他 17

种故障模式的因素权重向量。

专家组根据表 A-7 对故障模式的严酷度、发生度、检测度等级进行评定，计算每种故障模式的危害度等级隶属度。以故障模式 D1 为例，邀请 8 位专家对故障模式 D1 的严酷度、发生度、检测度等级进行评定。假设其中判定严酷度等级为 1 级的有 1 位专家，判定严酷度等级为 2 级的有 6 位专家，判定严酷度等级为 3 级的有 1 位专家，判定严酷度等级为 4 级、5 级的有 0 位专家，由式(2-7)得出故障模式 D1 的严酷度模糊集为 $r_S^1 = \{1/8, 6/8, 1/8, 0, 0\}$，同理可得，发生度模糊集为 $r_O^1 = \{2/8, 2/8, 4/8, 0, 0\}$，检测度模糊集为 $r_D^1 = \{3/8, 2/8, 2/8, 1/8, 0\}$。基于式(2-8)可得故障模式 D1 的模糊评价矩阵 $\boldsymbol{R}_1$ 为

$$\boldsymbol{R}_1 = \begin{bmatrix} 1/8 & 6/8 & 1/8 & 0 & 0 \\ 2/8 & 2/8 & 4/8 & 0 & 0 \\ 3/8 & 2/8 & 2/8 & 1/8 & 0 \end{bmatrix} \tag{2-12}$$

按上述步骤可求出其他故障模式的模糊评价矩阵，并进一步由式(2-9)计算出故障模式 D1 的模糊综合评价向量为

$$b_1 = w_1 \boldsymbol{R}_1 = [0.1779, 0.5745, 0.2386, 0.0090, 0] \tag{2-13}$$

同理可求出其余故障模式的模糊综合评价向量。结合式(2-10)计算各种故障模式综合危害度等级如表 2-3 所示。

表 2-3　工业机器人各故障模式综合危害度等级

编号	数值	编号	数值	编号	数值
D1	2.0787	D7	2.4064	D13	1.9626
D2	2.2076	D8	2.1110	D14	1.8186
D3	1.8498	D9	2.0663	D15	1.4709
D4	2.2738	D10	2.1159	D16	1.8039
D5	1.9502	D11	2.0100	D17	1.3284
D6	2.4391	D12	1.9933	D18	1.5725

将各故障模式按综合危害度等级排序，其结果为：D6>D7>D4>D2>D10>D8>D1>D9>D11>D12>D13>D5>D3>D14>D16>D18>D15>D17。

由此可知，综合危害度等级最大的是法兰松动，随后依次为轴承间隙增大、螺栓松动、同步带断裂、伺服电机异常振动、轴承保持架破坏、带轮轮齿磨损、伺服电机制动器故障、伺服电机编码器损坏、伺服电机绝缘老化、定位精度下降、法兰断裂、同步带磨损、减速器输入输出轴异常、减速器断齿、控制器无法下发程序、减速器磨损、示教器显示异常。机器人厂家研发或维修人员可根据故障综合危害度等级排序结果确定故障模式危害度高的零部件，从而采取有效的改进或

补偿措施以减少此类零部件的故障次数，提高整机可靠性。

由上述分析结果可知，故障模式 D6 综合危害度等级最高，其故障原因是法兰破损或螺栓松动。进一步分析发现，法兰连接肘部与小臂以及腕部与末端执行器，特别是手腕部位，法兰故障使末端执行器发生剧烈振动、整体定位精度下降并出现轨迹偏差，甚至导致移动中抓取的物件脱落。相关技术人员需要高度关注这一故障模式，严格地对工业机器人关键零部件进行检测，以保证其安全性。

另外，伺服电机和减速器在工业机器人中数量较多且故障模式多样，若发生故障或损坏，对整机性能和生产成本影响最大。在工业机器人研发设计或生产使用过程中，需要严格保证伺服电机和减速器的寿命和可靠性水平，以满足工业机器人整机可靠性设计要求。

2.2　工业机器人故障模式的重要度分析

本节采用 T-S 模糊故障树对工业机器人进行可靠性指标评估，并对整机故障树开展重要度和灵敏度分析，从不同层面量化故障树底事件与顶事件之间的关系，找出影响工业机器人可靠性的薄弱与关键环节。

2.2.1　T-S 模糊故障树与重要度分析

将故障树顶事件设定为整机故障，分析引起整机故障的各种原因及相关因素。基于大量工业机器人厂家运维及售后数据建立如图 2-3 所示的整机故障树。设定第二级事件为核心部件故障，分析造成机器人各核心部件故障的原因及相关因素，依次类推逐层分析，直至事件不能细分为止[3]。其中，减速器进一步分为 RV 减速器和谐波减速器，各核心部件故障树如图 2-4~图 2-9 所示。

由工业机器人整机及子系统故障树可知，工业机器人子系统常见故障类型(中间事件)为 37 种，子系统零部件故障类型(底事件)为 104 种。

结合上述故障树对机器人薄弱环节进行分析，其零部件故障率可由历史数据获得。由于数据量有限和认识偏差，采用[0,1]区间内的模糊数描述故障程度，以梯形隶属函数作为模糊数的隶属函数，其表达式为[4]

$$\mu_F = \begin{cases} 0, & 0 \leqslant F \leqslant F_0 - s_1 - m_1 \\ \dfrac{F - (F_0 - s_1 - m_1)}{m_1}, & F_0 - s_1 - m_1 < F \leqslant F_0 - s_1 \\ 1, & F_0 - s_1 < F \leqslant F_0 + s_r \\ \dfrac{F_0 + s_1 + m_1 - F}{m_r}, & F_0 + s_r < F \leqslant F_0 + s_r + m_r \\ 0, & F > F_0 + s_r + m_r \end{cases} \quad (2\text{-}14)$$

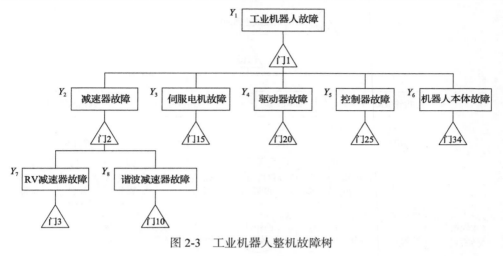

图 2-3　工业机器人整机故障树

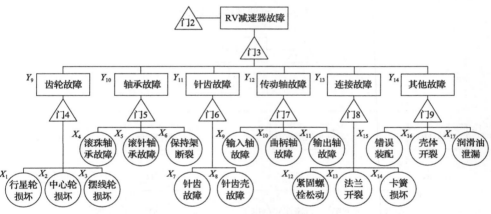

图 2-4　RV 减速器故障树

式中，F_0 为模糊数支撑集中心；s_l 和 s_r 为左右支撑半径；m_l 和 m_r 为左右模糊区。

分别用模糊数 $(x_1^1, x_1^2, \cdots, x_1^{k_1})$，$(x_2^1, x_2^2, \cdots, x_2^{k_2})$，$\cdots$，$(x_n^1, x_n^2, \cdots, x_n^{k_n})$ 和 $(y^1, y^2, \cdots, y^{k_y})$ 表示工业机器人底事件 $X = (X_1, X_2, \cdots, X_n)$ 和中间事件 Y 的故障程度，其中故障程度模糊数的取值范围为

$$\begin{cases} 0 \leqslant x_1^1 < x_1^2 < \cdots < x_1^{k_1} \leqslant 1 \\ 0 \leqslant x_2^1 < x_2^2 < \cdots < x_2^{k_2} \leqslant 1 \\ \quad \vdots \\ 0 \leqslant x_n^1 < x_n^2 < \cdots < x_n^{k_n} \leqslant 1 \\ 0 \leqslant y^1 < y^2 < \cdots < y^{k_y} \leqslant 1 \end{cases} \tag{2-15}$$

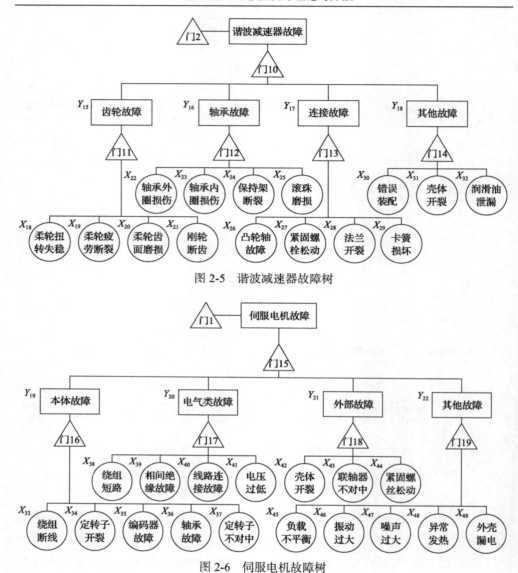

图 2-5　谐波减速器故障树

图 2-6　伺服电机故障树

设基本事件各种故障程度的模糊概率为 $P(x_1^{i_1})$，$P(x_2^{i_2})$，$\cdots$，$P(x_n^{i_n})$，则规则 l 执行概率 P_0^l 为

$$P_0^l = P(x_1^{i_1})P(x_2^{i_2})\cdots P(x_n^{i_n}) \tag{2-16}$$

中间事件的模糊概率为

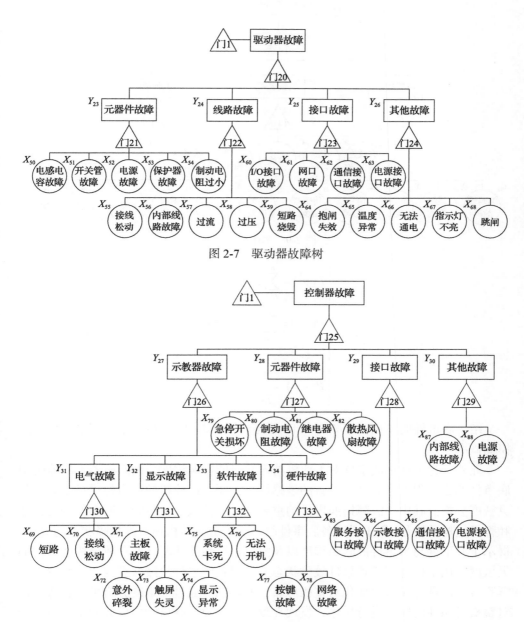

图 2-7　驱动器故障树

图 2-8　控制器故障树

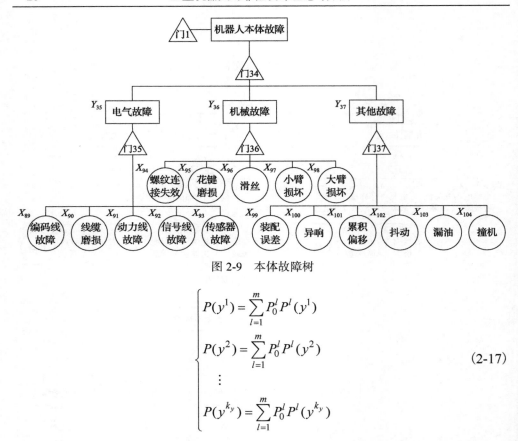

图 2-9 本体故障树

$$
\begin{cases}
P(y^1) = \sum_{l=1}^{m} P_0^l P^l(y^1) \\
P(y^2) = \sum_{l=1}^{m} P_0^l P^l(y^2) \\
\quad\vdots \\
P(y^{k_y}) = \sum_{l=1}^{m} P_0^l P^l(y^{k_y})
\end{cases}
\tag{2-17}
$$

结合底事件的模糊概率和 T-S 门规则，利用式(2-17)可求出中间事件发生的模糊概率。

此外，为了评估底事件对工业机器人整机的影响程度，确定机器人故障树中底事件的重要程度和对系统参数的敏感性，需要对故障树的底事件进行重要度与灵敏度分析。其中，故障树底事件的重要度是机器人服役时间、底事件相关参数和整机结构的函数，用于描述各底事件故障状态造成整机顶事件故障状态的概率，揭示了底事件与顶事件的联系程度以及整机可靠性的薄弱环节；故障树底事件的灵敏度则用于描述整机顶事件故障状态变化对各底事件故障状态变化的敏感性，考察各零部件分布参数变化对整机可靠性的影响。通过灵敏度分析可将各底事件对整机可靠性的影响进行排序，发现导致整机故障的高风险事件并制定相应安全措施。重要度和灵敏度定义如下。

重要度：规定故障状态为 $x_j^{(i_j)}$ 的底事件 X_j 对故障状态为 y_q 的顶事件 Y 的概率重要度为

$$I_{y_q}\left(X_j = x_j^{(i_j)}\right) = P\left(Y = y_q \mid X_j = x_j^{(i_j)}\right) - P\left(Y = y_q \mid X_j = 0\right) \tag{2-18}$$

式中，X_j 表示第 j 个底事件；i_j 表示第 j 个底事件的状态模糊数；$P(Y=y_q|X_j=0)$ 表示底事件 X_j 等于零(此类故障没有发生)的条件下，顶事件 Y 处于状态 y_q 的概率。式(2-18)表示底事件 X_j 处于状态 $x_j^{(i_j)}$ 时单独造成顶事件 Y 故障状态为 y_q 的概率。由此可知，工业机器人故障树底事件 X_j 对顶事件 Y 在故障状态为 y_q 的概率重要度为

$$I_{y_q}\left(X_j\right) = \frac{1}{k_j - 1} \sum_{i_j=1}^{k_j} I_{y_q}^{\text{Pr}}\left(X_j = x_j^{(i_j)}\right) \tag{2-19}$$

式中，k_j 表示底事件 X_j 故障状态的数量。

灵敏度: 定义故障状态为 $x_j^{(i_j)}$ 的底事件 X_j 对故障状态 y_q 顶事件 Y 的灵敏度为

$$\begin{aligned} S_{y_q}\left(X_j = x_j^{(i_j)}\right) &= \frac{P\left(Y = y_q \mid X_j = x_j^{(i_j)}\right) - P\left(Y = y_q \mid X_j = 0\right)}{P\left(Y = y_q \mid X_j = 0\right)} \\ &= \frac{I_{y_q}\left(X_j = x_j^{(i_j)}\right)}{P\left(Y = y_q \mid X_j = 0\right)} \end{aligned} \tag{2-20}$$

则故障树底事件 X_j 对顶事件 Y 为 y_q 时的灵敏度为

$$S_{y_q}\left(X_j\right) = \frac{1}{k_j - 1} \sum_{i_j=1}^{k_j} S_{y_q}\left(X_j = x_j^{(i_j)}\right) \tag{2-21}$$

2.2.2 实例分析

将某型工业机器人故障程度划分为无故障、轻微故障、严重故障三级，分别用模糊数 0、0.5、1 来描述。根据故障模式规定事件 $X_1 \sim X_{11}$、$X_{18} \sim X_{25}$、$X_{33} \sim X_{37}$、$X_{94} \sim X_{98}$、$Y_1 \sim Y_3$、$Y_6 \sim Y_{12}$、$Y_{15} \sim Y_{16}$、Y_{19}、Y_{36} 的状态用 {0, 0.5, 1} 描述，基于式(2-14)选择隶属函数 $s_l=s_r=0.1$，$m_l=m_r=0.3$；其余事件的状态用 {0, 1} 进行描述，隶属函数中选择 $s_l=s_r=0.25$，$m_l=m_r=0.5$。设定 T-S 门规则如附录 C 中表 C-1 ~ 表 C-9 所示，假设底事件故障程度为 0.5 的故障率与故障程度为 1 的故障率相同，基于该型工业机器人的运维数据可得底事件故障率如表 2-4 所示。

表 2-4　底事件故障率　　　　　　　　（单位：$10^{-6}h^{-1}$）

编号	故障率	编号	故障率	编号	故障率
X_1	0.6684	X_{36}	4.0103	X_{71}	1.1140
X_2	0.2228	X_{37}	0.8912	X_{72}	2.0052
X_3	0.6684	X_{38}	0.4456	X_{73}	6.6839
X_4	0.6684	X_{39}	8.9118	X_{74}	5.1243
X_5	1.3368	X_{40}	1.3368	X_{75}	11.585
X_6	1.7824	X_{41}	0.2228	X_{76}	3.7875
X_7	1.7824	X_{42}	5.7927	X_{77}	2.2280
X_8	0.2228	X_{43}	3.1191	X_{78}	0.6684
X_9	0.2228	X_{44}	3.5647	X_{79}	1.3368
X_{10}	1.1140	X_{45}	2.2280	X_{80}	7.7978
X_{11}	0.2228	X_{46}	2.2280	X_{81}	2.0052
X_{12}	0.6684	X_{47}	3.1191	X_{82}	0.2228
X_{13}	0.6684	X_{48}	5.3471	X_{83}	0.6684
X_{14}	0.4456	X_{49}	1.3368	X_{84}	0.2228
X_{15}	0.2228	X_{50}	4.4559	X_{85}	0.4456
X_{16}	0.6684	X_{51}	2.2280	X_{86}	0.8912
X_{17}	1.5596	X_{52}	5.7927	X_{87}	0.6684
X_{18}	1.3368	X_{53}	1.1140	X_{88}	0.6684
X_{19}	1.7824	X_{54}	0.8912	X_{89}	1.3368
X_{20}	0.2228	X_{55}	2.4507	X_{90}	1.5596
X_{21}	0.6684	X_{56}	1.7824	X_{91}	0.6684
X_{22}	0.6684	X_{57}	1.1140	X_{92}	0.8912
X_{23}	0.2228	X_{58}	1.1140	X_{93}	1.1140
X_{24}	0.2228	X_{59}	4.0103	X_{94}	0.6684
X_{25}	1.1140	X_{60}	1.3368	X_{95}	0.4456
X_{26}	0.8912	X_{61}	5.5699	X_{96}	0.6684
X_{27}	2.2280	X_{62}	2.2280	X_{97}	0.2228
X_{28}	0.6684	X_{63}	0.4456	X_{98}	0.2228
X_{29}	1.1140	X_{64}	0.6684	X_{99}	0.8912
X_{30}	1.3368	X_{65}	1.1140	X_{100}	2.2280
X_{31}	0.4456	X_{66}	1.7824	X_{101}	0.4456
X_{32}	0.4456	X_{67}	0.6684	X_{102}	0.6684
X_{33}	0.4456	X_{68}	3.3419	X_{103}	0.6684
X_{34}	0.4456	X_{69}	0.4456	X_{104}	0.6684
X_{35}	0.4456	X_{70}	2.4507		

根据建立的工业机器人故障树及 T-S 门规则，结合式(2-16)和式(2-17)可计算顶事件及中间事件故障率如表 2-5 所示。

表 2-5　顶事件及中间事件故障率　　　　　　　　　　（单位：h^{-1}）

编号	轻微故障(0.5)	严重故障(1)	编号	轻微故障(0.5)	严重故障(1)	编号	轻微故障(0.5)	严重故障(1)
Y_1	$2.3612×10^{-5}$	$1.7689×10^{-4}$	Y_{14}	—	$1.5596×10^{-6}$	Y_{27}	—	$1.3590×10^{-5}$
Y_2	$1.5150×10^{-5}$	$2.6512×10^{-5}$	Y_{15}	$4.6787×10^{-6}$	$4.6787×10^{-6}$	Y_{28}	—	$4.7232×10^{-5}$
Y_3	$6.2380×10^{-6}$	$4.3890×10^{-5}$	Y_{16}	$1.5596×10^{-6}$	$1.5596×10^{-6}$	Y_{29}	—	$6.0155×10^{-6}$
Y_4	—	$4.2107×10^{-5}$	Y_{17}	—	$3.7875×10^{-6}$	Y_{30}	—	$2.3393×10^{-5}$
Y_5	—	$5.1020×10^{-5}$	Y_{18}	—	$3.3419×10^{-6}$	Y_{31}	—	$6.6838×10^{-6}$
Y_6	$2.2280×10^{-6}$	$1.3368×10^{-5}$	Y_{19}	$6.2382×10^{-6}$	$6.2383×10^{-6}$	Y_{32}	—	$1.1140×10^{-5}$
Y_7	$8.9117×10^{-6}$	$1.3145×10^{-5}$	Y_{20}	—	$1.0917×10^{-5}$	Y_{33}	—	$8.9118×10^{-7}$
Y_8	$6.2382×10^{-6}$	$1.3368×10^{-5}$	Y_{21}	—	$1.2476×10^{-5}$	Y_{34}	—	$2.8963×10^{-6}$
Y_9	$8.9117×10^{-6}$	$8.9118×10^{-6}$	Y_{22}	—	$1.4259×10^{-5}$	Y_{35}	—	$5.5699×10^{-6}$
Y_{10}	$4.2331×10^{-6}$	$4.2331×10^{-6}$	Y_{23}	—	$1.3590×10^{-5}$	Y_{36}	$2.2279×10^{-6}$	$2.2280×10^{-6}$
Y_{11}	$1.5596×10^{-6}$	$1.5596×10^{-6}$	Y_{24}	—	$5.1243×10^{-6}$	Y_{37}	—	$5.5699×10^{-6}$
Y_{12}	$3.7875×10^{-6}$	$3.7875×10^{-6}$	Y_{25}	—	$2.2280×10^{-6}$			
Y_{13}	—	$2.0052×10^{-6}$	Y_{26}	—	$1.3590×10^{-5}$			

由表 2-5 可知，顶事件 Y_1 在故障程度为 0.5 的故障率为 $P(Y_1=0.5)=2.3612×10^{-5}h^{-1}$，在故障程度为 1 的故障率为 $P(Y_1=1)=1.7689×10^{-4}h^{-1}$。将系统发生轻微故障和严重故障的故障率相加，可求得该型工业机器人的故障率为 $\lambda=2.005×10^{-4}h^{-1}$。同理可计算出工业机器人各子系统故障率由大到小依次为：伺服电机>驱动器>减速器>本体>控制器，该结果与实际情况相符：伺服电机、驱动器和减速器在实际应用中故障率较高，后续章节将进一步研究减速器和伺服系统的可靠性测试与评估方法。

根据建立的工业机器人 T-S 模糊故障树，结合式(2-18)和式(2-19)可计算各底事件对其顶事件的重要度。对其顶事件 Y_1 不同故障程度概率重要度最高的 10 个底事件如表 2-6 所示。

表 2-6　影响最高的部分底事件的概率重要度

排序	$I_{0.5}(X_j)$	编号	排序	$I_1(X_j)$	编号
1	0.499901800451184	X_{36}	1	0.9998346977	X_{75}
2	0.499899350245032	X_{19}	2	0.9998320250	X_{39}
3	0.499899350244897	X_6	3	0.9998309110	X_{80}
4	0.499899350244803	X_7	4	0.9998297970	X_{73}

排序	$I_{0.5}(X_j)$	编号	排序	$I_1(X_j)$	编号
5	0.499898860182572	X_{18}	5	0.9998289060	X_{42}
6	0.499898860182445	X_5	6	0.9998289060	X_{52}
7	0.499898739476526	X_{25}	7	0.9998286840	X_{61}
8	0.499898615126193	X_{10}	8	0.9998284610	X_{48}
9	0.499898449864404	X_{21}	9	0.9998282840	X_{74}
10	0.499898449864404	X_{22}	10	0.9998275700	X_{50}

由表 2-6 可知，基本事件中轴承故障、柔轮疲劳断裂、保持架疲劳断裂、针齿故障、柔轮扭转失稳、滚针轴承故障、滚珠磨损、曲柄轴故障、刚轮断齿和轴承外圈损伤等故障类型对系统轻微故障的概率重要度最高；基本事件中示教器系统卡死、相间绝缘故障、控制器制动电阻故障、示教器触屏失灵、伺服电机壳体开裂、驱动器电源故障、网口故障、伺服电机异常发热、示教器显示异常和驱动器电感电容故障等故障类型对系统严重故障的概率重要度最高。因此上述部件分别为该型工业机器人在不同故障程度时所对应的薄弱环节，在已知工业机器人整机故障程度的情况下，即当整机处于轻微故障或严重故障时，应首先对上述零部件进行故障排查。

在求得概率重要度后，结合式(2-20)和式(2-21)，可进一步得出各个底事件对顶事件的灵敏度如表 2-7 所示。由该表可知，基本事件中柔轮疲劳断裂、保持架疲劳断裂、针齿故障、滚珠磨损、柔轮扭转失稳、滚针轴承故障、刚轮断齿、轴承外圈损伤、曲柄轴故障、滚珠轴承故障等故障类型对系统轻微故障的灵敏度较大；基本事件中示教器系统卡死、相间绝缘故障、控制器制动电阻故障、示教器触屏失灵、伺服电机壳体开裂、驱动器电源故障、网口故障、伺服电机异常发热、示教器显示异常和驱动器电感电容故障等故障类型对整机严重故障的灵敏度较大。因此上述部件为整机不同故障程度所对应的关键环节，对整机可靠性指标有较大影响，应在可靠性设计时予以重点考虑，并对各种故障模式制定相应的安全措施。

表 2-7　影响最高的部分底事件的灵敏度

排序	$S_{0.5}(X_j)$	编号	排序	$S_1(X_j)$	编号
1	22899.4397781528	X_{19}	1	6048.52260192387	X_{75}
2	22899.4397781467	X_6	2	5952.26685518678	X_{39}
3	22899.4397781424	X_7	3	5913.04526610247	X_{80}
4	22467.5610332015	X_{25}	4	5874.33709746597	X_{73}
5	22441.4433747344	X_{18}	5	5843.74031818766	X_{42}

续表

排序	$S_{0.5}(X_j)$	编号	排序	$S_1(X_j)$	编号
6	22441.4433747287	X_5	6	5843.74031818766	X_{52}
7	22422.6016337916	X_{21}	7	5836.16640593990	X_{61}
8	22422.6016337916	X_{22}	8	5828.57811343193	X_{48}
9	22219.1975076647	X_{10}	9	5822.56914906008	X_{74}
10	21787.7495233738	X_4	10	5798.45485124398	X_{50}

　　通过对工业机器人各种故障模式的概率重要度和灵敏度分析可知，减速器故障、示教器屏幕故障以及驱动器和电机中某些电子元器件损坏等故障模式对工业机器人的概率重要度和灵敏度较高，是工业机器人可靠性设计的薄弱和关键环节。由于减速器、驱动器和电机内部结构复杂，工作环境恶劣，元器件更容易出现故障，因此故障率较高，对整机的可靠性影响较大。此外，示教器的硬件和软件故障均会直接影响机器人的正常工作，并且相对于其他核心部件更容易受到外界环境因素、运行维护以及操作规范性的影响。因此，在工业机器人的设计、选材、制造以及运行维护的过程中需要重点关注处于薄弱环节和关键环节的零部件，不断提高其可靠性，尽可能降低故障率，以提升工业机器人整机可靠性和寿命。

2.3　工业机器人可靠性预测

　　本节基于相似产品法，结合专家经验知识和机器人历史数据对工业机器人进行可靠性预测。

2.3.1　可靠性预测方法与流程

　　相似产品法是将新产品和类似的现有产品进行比较，通过分析二者在组成结构、设计水平、制造工艺水平、原材料、原零件水平、使用环境等方面的差异，基于相似产品的可靠性数据，得出新产品可靠性预测结果的方法[5]。应用相似产品法预测工业机器人可靠性，需要构建机器人故障率预测模型，求解工业机器人故障率曲线，分析现有工业机器人和新款工业机器人在整机结构、性能、设计水平、制造工艺、使用环境等方面的差异，获得修正系数，最终预测新款工业机器人故障率。以六轴机器人为例，具体步骤如下。

　　步骤 1：建立工业机器人故障率预测模型。六轴机器人的可靠度用如下公式表示：

$$R_S = \prod_{x=1}^{5} R_x, \quad x = 1, 2, \cdots, 5 \tag{2-22}$$

式中，R_s 为机器人整机可靠度；R_1、R_2、R_3、R_4 和 R_5 分别为子系统控制器、驱动器、伺服电机、减速器和机器人本体的可靠度。设子系统 x 寿命的概率密度函数（probability density function, PDF）为 $f_x(t)$，则其可靠度函数 $R_x(t)$ 与故障率函数 $\lambda_x(t)$ 分别为

$$R_x(t) = 1 - \int_0^t f_x(t)\mathrm{d}t \tag{2-23}$$

$$\lambda_x(t) = \frac{f_x(t)}{1 - \int_0^t f_x(t)\mathrm{d}t} \tag{2-24}$$

通常情况下，可认为电子元器件寿命服从指数分布，而机械系统和机电系统的寿命服从威布尔分布[6]。因此，假设控制器和驱动器的寿命服从指数分布，其寿命概率密度函数可表示为

$$f_x^e(t) = \begin{cases} \lambda_x \mathrm{e}^{-\lambda_x t}, & t \geqslant 0, \lambda_x > 0 \\ 0, & t < 0 \end{cases}, \quad x = 1, 2 \tag{2-25}$$

式中，$x=1$ 和 $x=2$ 分别表示机器人控制器和驱动器。减速器、机器人本体和伺服电机作为机械或机电系统，假设其寿命服从二参数的威布尔分布，则寿命概率密度函数为

$$f_x^w(t) = \begin{cases} \dfrac{m_x}{\eta_x}\left(\dfrac{t}{\eta_x}\right)^{m_x-1} \mathrm{e}^{-\left(\frac{t}{\eta_x}\right)^{m_x}}, & t \geqslant 0, m_x, \eta_x > 0 \\ 0, & t < 0 \end{cases}, \quad x = 3,\ 4,\ 5 \tag{2-26}$$

式中，$x=3$、$x=4$ 和 $x=5$ 分别表示机器人伺服电机、减速器与机器人本体；m_x 和 η_x 分别表示威布尔分布的比例参数和形状参数。

将式（2-25）与式（2-26）代入式（2-24）可获得指数和威布尔分布的故障率分别为 λ_x 和 $(m_x/\eta_x)(t/\eta_x)^{m_x-1}$。因此工业机器人故障率预测模型可表示为[7]

$$\lambda_s = \sum_{x=1}^2 \lambda_x + \sum_{x=3}^5 \frac{m_x}{\eta_x}\left(\frac{t}{\eta_x}\right)^{m_x-1} \tag{2-27}$$

该故障率预测模型考虑了不同子系统分布函数的差异性，对机电系统寿命预测和 MTBF 评估具有一定指导意义。

步骤 2：拟合故障率曲线。工业机器人子系统的故障时间由机器人厂家的统计数据确定，可用如下向量表示：

$$t^x = [t_1^x, t_2^x, \cdots, t_i^x, \cdots, t_n^x]^{\mathrm{T}} \tag{2-28}$$

式中，n 为子系统故障次数。由于收集的样本数据为故障时间，无法求出瞬时故障率，故采用平均故障率来代替。工业机器人子系统 x 在第 i 次故障的故障率 λ_i^x 可表示为

$$\lambda_i^x = \frac{N_i}{t_i^x n} \tag{2-29}$$

式中，N_i 表示第 i 次故障之前的故障次数；t_i^x 表示子系统 x 在第 i 次故障的故障时间。每个子系统 x 在采样点处的故障率可表示为

$$\boldsymbol{\lambda}^x = [\lambda_1^x, \lambda_2^x, \cdots, \lambda_i^x, \cdots, \lambda_n^x]^{\mathrm{T}}, \quad x = 1, 2, \cdots, 5 \tag{2-30}$$

采用径向基函数拟合工业机器人故障率如下[7,8]：

$$\hat{\lambda}_i^x(t) = \sum_{i=1}^{n} \beta_i f(r_{in}) \tag{2-31}$$

式中，$\hat{\lambda}_i^x(t)$ 表示子系统 x 拟合模型的第 i 个样本点在时间 t 的预测故障率；r_{in} 表示 t_i 与 t_n 差的绝对值；$f(\cdot)$ 为径向基函数；β_i 为径向基系数。本节采用高斯径向基函数 $f(r)$ 拟合故障率，即 $f(r) = \mathrm{e}^{-cr^2}$，其中，$c$ 表示形状参数，它在一定程度上会影响拟合模型的准确性，可由经验公式或其他优化方法得出。对于所有样本点满足

$$\begin{bmatrix} \hat{\lambda}_1^x \\ \hat{\lambda}_2^x \\ \vdots \\ \hat{\lambda}_n^x \end{bmatrix} = \begin{bmatrix} f(r_{11}) & f(r_{12}) & \cdots & f(r_{1n}) \\ f(r_{21}) & f(r_{22}) & \cdots & f(r_{2n}) \\ \vdots & \vdots & & \vdots \\ f(r_{n1}) & f(r_{n2}) & \cdots & f(r_{nn}) \end{bmatrix} \begin{bmatrix} \beta_1 \\ \beta_2 \\ \vdots \\ \beta_n \end{bmatrix} \tag{2-32}$$

将式(2-32)写成矩阵形式：

$$\hat{\boldsymbol{\lambda}}^x = \boldsymbol{F} \boldsymbol{\beta} \tag{2-33}$$

由于 $\boldsymbol{F} \in \mathbf{R}^{n \times n}$ 为满秩矩阵，因此式(2-33)有唯一解，即 $\boldsymbol{\beta} = \boldsymbol{F}^{-1} \boldsymbol{y}$，代入式(2-31)可得：

$$\hat{\boldsymbol{\lambda}}^x = \boldsymbol{f}^{\mathrm{T}} \boldsymbol{F}^{-1} \boldsymbol{y} \tag{2-34}$$

式中，$\boldsymbol{f}$ 仅与 t 和 t^x 有关，$\boldsymbol{F}^{-1} \boldsymbol{y}$ 与 t^x 和 $\boldsymbol{\lambda}^x$ 有关，这些变量均已知，故可求解 $\hat{\lambda}_i^x(t)$。

　　由于故障率预测在偶然故障期和耗损故障期进行，需要求解早期故障时间点并予以剔除。子系统 x 早期故障点 t_e^x 处于故障率浴盆曲线拐点位置，即 $\mathrm{d}\hat{\lambda}_i^x(t)/\mathrm{d}t = 0$ 的点。采用梯度近似求解拐点，并在 t^x 中删除早于早期故障点 t_e^x 的样本点形成新样本 t_n^x，早期故障点 t_e^x 和新样本 t_n^x 如式(2-35)和式(2-36)所示：

$$t_e^x = \arg\min_{t_i^x} \left[\frac{(\hat{\lambda}^x(t_{i+1}^x) - \hat{\lambda}^x(t_i^x))(\hat{\lambda}^x(t_i^x) - \hat{\lambda}^x(t_{i-1}^x))}{\left| t_{i+1}^x - t_i^x \right|^2} \right] \tag{2-35}$$

$$\boldsymbol{t}_n^x = \inf\{t_i^x \mid t_i^x > t_e^x\} \tag{2-36}$$

　　由于各子系统故障率分布不同，因此采用极大似然估计拟合筛选后的数据，根据子系统故障率建立似然函数进行求解，获得工业机器人整机故障率函数。

　　步骤 3：基于区间层次分析法开展工业机器人可靠性预测。传统的相似产品法是通过对比新款产品和现有原产品的相似因素得到可靠性修正因子，但专家组对差异进行判断评分时，可能出现相似因素过于笼统而难以定量分析的问题。因此，引入区间层次分析法，将相似因素拆分为更详细具体、易于量化的子因素，利用区间数对各因素下新款工业机器人与原工业机器人之间的差异程度进行评分[9]。考虑到工业机器人在生产、使用、维护过程受诸多因素影响，这些因素可分为组成结构、设计要求、制造装配、组织管理、使用环境等五类，并且将各类因素进一步划分为三级子因素，如图 2-10 所示。

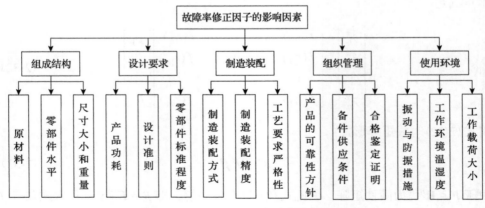

图 2-10　工业机器人影响因素层次分析图

　　基于子系统 x 的故障率修正体系进行各类二级因素、三级因素权重计算。参考表 A-5 的比较准则，同时引用如式(2-37)所示区间数来量化认知不确定性。

$$a_{kl} = \left[a_{kl}^-, a_{kl}^+ \right] \tag{2-37}$$

式中，a_{kl} 表示因素 k 与因素 l 的重要度比值，$k, l = 1, 2, \cdots, 5$。基于比较原则，构建因素 k 与因素 l 对工业机器人重要度的判断矩阵，即

$$\boldsymbol{A}_{kl} = \left(a_{kl} = \left[a_{kl}^-, a_{kl}^+ \right] \right)_{5 \times 5} \tag{2-38}$$

由于 $a_{kl} = 1/a_{lk}$，因此仅需得出比较矩阵的上三角或者下三角，采用特征根法求解比较矩阵上三角或下三角的权重向量，分别记为 $\boldsymbol{x}^-$ 和 $\boldsymbol{x}^+$，由式(2-38)可得二级因素 k 相对整个工业机器人子系统 x 的重要度区间数权重向量 $\boldsymbol{\omega}_k^x$ 为

$$\boldsymbol{\omega}_k^x = \left(\omega_k^x = \left[\alpha_k \boldsymbol{x}_k^-, \beta_k \boldsymbol{x}_k^+ \right] \right)_{1 \times 5} \tag{2-39}$$

式中，$\alpha_k = \left[\displaystyle\sum_{l=1}^{5} \frac{1}{\displaystyle\sum_{k=1}^{5} a_{kl}^+} \right]^{\frac{1}{2}}$，$\beta_k = \left[\displaystyle\sum_{l=1}^{5} \frac{1}{\displaystyle\sum_{k=1}^{5} a_{kl}^-} \right]^{\frac{1}{2}}$。

同理可确定各三级子因素 v 在所属二级因素 k 的重要程度，得到区间数权重向量，求解 k 的子因素 v 占工业机器人子系统 x 的影响权重为

$$\boldsymbol{\omega}_{kv}^x = \left(\left[\alpha_k \boldsymbol{x}_k^-, \beta_k \boldsymbol{x}_k^+ \right]^{\mathrm{T}} \right)_{5 \times 1} \times \left([\alpha_{kv} \boldsymbol{x}_{kv}^-, \beta_{kv} \boldsymbol{x}_{kv}^+] \right)_{1 \times 3} \tag{2-40}$$

对比每个三级子因素，根据新款工业机器人与原工业机器人对应子系统 x 的差异程度，选取 1~9 范围内的区间数对差异程度 $D_{kv} = \left[d_{kv}^-, d_{kv}^+ \right]$ 赋值。根据差异程度 D_{kv}，定义三级子因素 v 下的差异程度 $\boldsymbol{B}_{kv}$ 为

$$\boldsymbol{B}_{kv} = D_{kv} \boldsymbol{\omega}_{kv}^x \tag{2-41}$$

则工业机器人子系统 x 的故障率修正因子为

$$C_x = \sum_{k=1}^{5} \sum_{v=1}^{3} B_{kv} \tag{2-42}$$

通过式(2-42)可求解出故障率修正因子的区间数 $C_x = \left[C_x^-, C_x^+ \right]$。若 C_x^- 与 C_x^+ 差异较大，则采用质心法去模糊化，求得故障率修正因子 $\bar{C}_x$ 为

$$\bar{C}_x = M_x + (2g - 1) \times N_x \tag{2-43}$$

式中，g 为专家选定的权值，表示平均值与差值的重要程度；$M_x = (C_x^- + C_x^+)/2$；

$N_x = (C_x^- - C_x^+)/2$。根据工业机器人子系统 x 的故障率修正因子 $\overline{C}_x$ 以及原工业机器人的故障率可求解出新款工业机器人子系统 x 的故障率 $\overline{\lambda}_x$ 为

$$\overline{\lambda}_x = \overline{C}_x \lambda_x \tag{2-44}$$

通过现有数据对工业机器人各子系统进行数据筛选、曲线拟合等求得修正因子 $\overline{C}_x$，预测新款工业机器人故障率为

$$\overline{\lambda}_S = \overline{C}_x \lambda_S = \sum_{x=1}^{2} \overline{C}_x \lambda_x + \sum_{x=3}^{5} \overline{C}_x \frac{m_x}{\eta_x} \left(\frac{t}{\eta_x} \right)^{m_x-1} \tag{2-45}$$

2.3.2　实例分析

以某型六轴机器人为例验证所提方法的适用性。新款机器人改进了原工业机器人在应用中暴露出的问题，涉及减速器、伺服电机、控制器、本体、防振策略、维护方式等。现针对原机器人故障数据，结合改进情况对新工业机器人进行故障率预测[7]。从主机厂收集的原工业机器人各子系统 x 故障时间向量 t^1、t^2、t^3、t^4、t^5 及故障率向量 λ^1、λ^2、λ^3、λ^4、λ^5 分别见附录 D 中表 D-1 和表 D-2。

将控制器故障时间 t^1 和故障率 λ^1 代入式 (2-34) 可得控制器故障率 $\hat{\lambda}^1(t)$，绘制故障率曲线如图 2-11 所示。选取步长 $h=50$ 绘制梯度值散点图如图 2-12 所示。将梯度值代入式 (2-35)，得出控制器早期故障点 $t_e^1=1700$h。使用 t_e^1 筛选并组成新样本数据 $t_n^1 = [1920, 2013, 2016, 2376, 2568, 2880, 3264, 3984, 4656, 4800, 4848, 4944, 5016, 5184, 5400, 5616, 5832, 5904, 6096, 6480, 6720, 6912, 7344, 7680, 7752, 8040, 8184, 8424, 8760, 8808, 9816, 9888, 10200, 10205, 11016, 11040, 11616, 13392,$

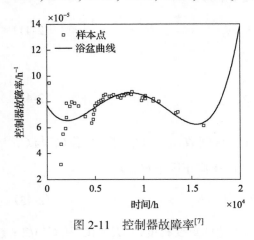

图 2-11　控制器故障率[7]

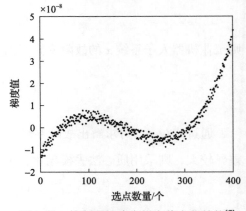

图 2-12　控制器故障率梯度值变化趋势[7]

13584, 16224]^{T}h。基于指数分布拟合控制器极大似然函数，求解控制器故障率为 $\lambda_1=1.4215\times10^{-4}h^{-1}$。

将驱动器故障时间 t^2 和故障率 λ^2 代入式 (2-34) 求解驱动器故障率 $\hat{\lambda}^2(t)$ 并绘制故障率曲线如图 2-13 所示。选取步长 $h=50$ 绘制梯度值散点图如图 2-14 所示。将梯度值代入式 (2-35) 得出驱动器早期故障点 $t_e^2=2900h$。使用 t_e^2 筛选原始数据并组成新样本数据 $t_n^2=[3096, 3984, 4608, 6096, 6792, 7512, 7572, 7752, 8184, 8664, 8760, 9168, 11256, 11600]$^{T}h。基于指数分布拟合驱动器极大似然函数，并求解驱动器故障率为 $\lambda_2=1.3328\times10^{-4}h^{-1}$。

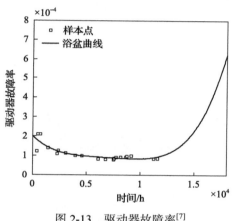

图 2-13　驱动器故障率[7]

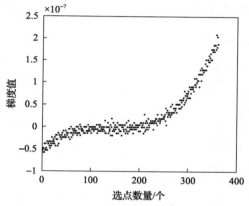

图 2-14　驱动器故障率梯度值变化趋势[7]

将伺服电机故障时间 t^3 和故障率 λ^3 代入式 (2-34) 求解电机故障率 $\hat{\lambda}^3(t)$，并绘制故障率曲线如图 2-15 所示。选取步长 $h=50$ 绘制梯度值散点图如图 2-16 所示。将梯度值代入式 (2-35) 得出电机早期故障点 $t_e^3=1500h$。使用 t_e^3 筛选并组成新样本

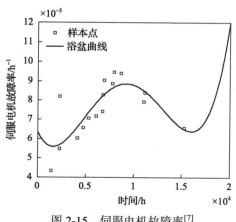

图 2-15　伺服电机故障率[7]

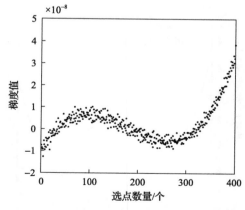

图 2-16　伺服电机故障率梯度值变化趋势[7]

数据 t_n^3 =[2280, 2285, 4152, 4752, 5304, 6096, 6744, 6792, 6912, 7752, 7920, 8640, 11040, 11160, 15240]^{T}h。基于威布尔分布拟合伺服电机极大似然函数，求解电机故障率 λ_3=2.8202$t^{1.28}$×10^{-9}h^{-1}。

　　将减速器故障时间 t^4 和故障率 λ^4 代入式(2-34)求解减速器故障率 $\hat{\lambda}^4(t)$，并绘制故障率曲线如图 2-17 所示。选取步长 h=50 绘制梯度值散点图如图 2-18 所示。将梯度值代入式(2-35)得出减速器早期故障点 t_e^4 =1500h。使用 t_e^4 筛选并组成新样本数据 t_n^4 =[2016, 2280, 3000, 4000, 4800, 5136, 5520, 5616, 6400, 6800, 7200, 8640, 8760, 8765, 8768, 8808, 9600, 9800, 11256, 12000, 12520]^{T}h。基于威布尔分布拟合减速器的极大似然函数，求解减速器故障率 λ_4=1.0535$t^{1.66}$×10^{-10}h^{-1}。

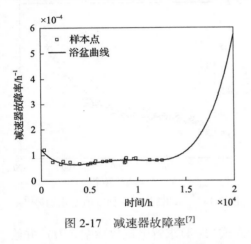

图 2-17　减速器故障率[7]

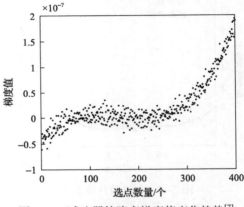

图 2-18　减速器故障率梯度值变化趋势[7]

　　将本体故障时间 t^5 和故障率 λ^5 代入式(2-34)求解本体故障率 $\hat{\lambda}^5(t)$，并绘制故障率曲线如图 2-19 所示。选取步长 h=50 绘制梯度值散点图如图 2-20 所示。将

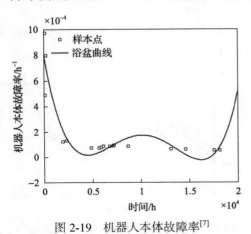

图 2-19　机器人本体故障率[7]

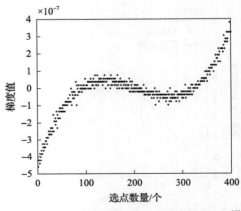

图 2-20　机器人本体故障率梯度值变化趋势[7]

梯度值代入式 (2-35) 得出本体早期故障点 t_e^5 =3450h。使用 t_e^5 筛选原始数据并组成新样本数据 t_n^5 =[2016, 2280, 3000, 4000, 4800, 5136, 5520, 5616, 6400, 6800, 7200, 8640, 8760, 8765, 8768, 8808, 9600, 9800, 11256, 12000, 12520]^{T}h。基于威布尔分布拟合本体的极大似然函数，求解本体故障率 λ_5 =1.8534$t^{1.25}$×10^{-9}h^{-1}。

将 λ_1、λ_2、λ_3、λ_4 和 λ_5 代入式 (2-27) 可得原工业机器人整机故障率如下：

$$\lambda_s(t) = 1.4215\times10^{-4} + 1.3328\times10^{-4} + 2.8202t^{1.28}\times10^{-9}$$
$$+ 1.0535t^{1.66}\times10^{-10} + 1.8534t^{1.25}\times10^{-9} \tag{2-46}$$

以控制器为例，根据故障率的层次分析图 2-10 和式 (2-38)，获得重要度的判断矩阵为

$$A = \begin{bmatrix} [1,1] & [3,5] & [2,3] & [1/6,1/4] & [1/7,1/5] \\ & [1,1] & [1/2,1] & [1/9,1/8] & [1/9,1/8] \\ & & [1,1] & [6,7] & [7,9] \\ & & & [1,1] & [2,3] \\ & & & & [1,1] \end{bmatrix} \tag{2-47}$$

基于式 (2-39) 求解重要度权重区间向量 $\boldsymbol{\omega}_{k_i}^1$ 如下：

$$\boldsymbol{\omega}_{k_i}^1 = [[0.1147,0.1453], [0.0281,0.0940], [0.0467,0.0870],$$
$$[0.2373,0.2842], [0.4200,0.5241]] \tag{2-48}$$

式中，k_i 代表子系统第 i(i=1, 2,···, 5) 个二级因素，则根据各子因素区间比较矩阵求解控制器第 j 个三级子因素占第 i 个二级因素的权重 $\boldsymbol{\omega}_{v_{ij}}^{k_i}$ 为

$$\boldsymbol{\omega}_{v_{1j}}^{k_1} = [[0.2175,0.2674], \quad [0.4671,0.5701], \quad [0.1245,0.2040]]$$
$$\boldsymbol{\omega}_{v_{2j}}^{k_2} = [[0.0631,0.0994], \quad [0.2223,0.2981], \quad [0.5961,0.6267]]$$
$$\boldsymbol{\omega}_{v_{3j}}^{k_3} = [[0.0642,0.1167], \quad [0.2367,0.2672], \quad [0.6116,0.6267]] \tag{2-49}$$
$$\boldsymbol{\omega}_{v_{4j}}^{k_4} = [[0.6584,0.7059], \quad [0.0738,0.1208], \quad [0.1929,0.1994]]$$
$$\boldsymbol{\omega}_{v_{5j}}^{k_5} = [[0.1821,0.2349], \quad [0.6924,0.7627], \quad [0.0507,0.0638]]$$

根据式 (2-40) 求解控制器各三级子因素 v 占控制器故障率的权重区间向量如下：

$$\omega_{v_{1j}}^1 = [[0.0249, 0.0389], \quad [0.0535, 0.0828], \quad [0.0142, 0.0296]]$$

$$\omega_{v_{2j}}^1 = [[0.0018, 0.0093], \quad [0.0063, 0.0280], \quad [0.0168, 0.0589]]$$

$$\omega_{v_{3j}}^1 = [[0.0030, 0.0102], \quad [0.0111, 0.0232], \quad [0.0286, 0.0545]] \quad (2\text{-}50)$$

$$\omega_{v_{4j}}^1 = [[0.1562, 0.2006], \quad [0.0175, 0.0343], \quad [0.0458, 0.0567]]$$

$$\omega_{v_{5j}}^1 = [[0.0765, 0.1231], \quad [0.2908, 0.4155], \quad [0.0213, 0.0334]]$$

原工业机器人控制器与新款机器人控制器在各三级子因素 v 的差异集合 $D_{v_{ij}}$ 为

$$D_{v_{1j}} = \{[1,1], \quad [1,1], \quad [1/4, 1/3]\}$$

$$D_{v_{2j}} = \{[1/3, 1/2], \quad [1,1], \quad [1/6, 1/5]\}$$

$$D_{v_{3j}} = \{[1/2, 1], \quad [1,1], \quad [1/5, 1/3]\} \quad (2\text{-}51)$$

$$D_{v_{4j}} = \{[1/8, 1/5], \quad [1/5, 1/3], \quad [1,1]\}$$

$$D_{v_{5j}} = \{[1/4, 1/2], \quad [1/5, 1/3], \quad [1,1]\}$$

根据式 (2-42) 和式 (2-43)，可求得控制器故障率修正系数 $\bar{C}_1 = [0.2897, 0.5523]$ 与故障率区间 $\bar{\lambda}_1 = [4.1181 \times 10^{-5}, 7.8509 \times 10^{-5}] \mathrm{h}^{-1}$。同理可得工业机器人驱动器、伺服电机、减速器及本体的故障率修正系数，分别为 $\bar{C}_2 = [1,1]$、$\bar{C}_3 = [0.6273, 0.8327]$、$\bar{C}_4 = [0.4371, 0.8032]$ 和 $\bar{C}_5 = [0.3921, 0.7541]$。结合原工业机器人各子系统故障率，将修正系数代入式 (2-45) 可获得新款工业机器人故障率如下：

$$\begin{aligned}
\bar{\lambda}_{\mathrm{s}}(t) = [\bar{\lambda}_{\mathrm{sl}}(t), \bar{\lambda}_{\mathrm{su}}(t)] = &[4.1181 \times 10^{-5} + 1.3328 \times 10^{-4} + 1.7690 t^{1.28} \times 10^{-9} \\
&+ 4.6048 t^{1.66} \times 10^{-11} + 7.2670 t^{1.25} \times 10^{-10}, 7.8509 \times 10^{-5} \\
&+ 1.3328 \times 10^{-4} + 2.3483 t^{1.28} \times 10^{-9} + 8.4614 t^{1.66} \times 10^{-11} \\
&+ 1.3976 t^{1.25} \times 10^{-9}]
\end{aligned}$$

$$(2\text{-}52)$$

新款工业机器人与原工业机器人整机及子系统故障率如图 2-21 所示。控制器和驱动器发生故障服从指数分布，其故障率为固定值，由于驱动器没有得到改进和完善，因此原工业机器人和新款工业机器人驱动器的故障率一致。另外可以看出，伺服电机、减速器、本体和整机的故障率随时间而增加，新款工业机器人相对于原工业机器人故障率更低，即与原工业机器人相比，新款工业机器人的控制器、伺服电机、减速器、本体和整机的故障率均有明显的降低，说明修正后的预测模型对新款工业机器人具有较好的预测效果。

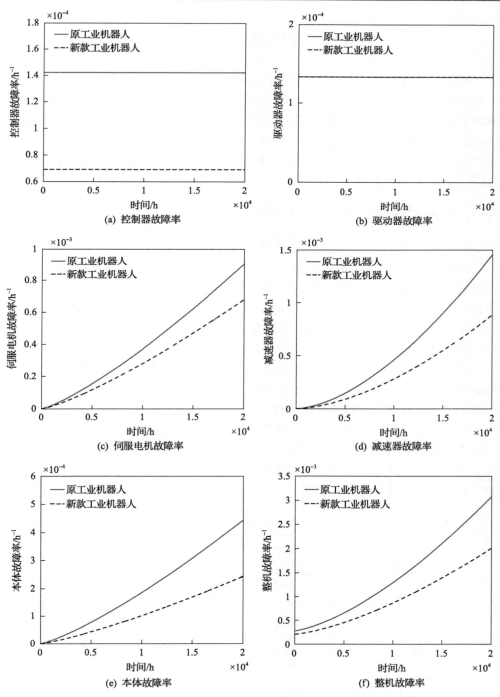

图 2-21　新款工业机器人与原工业机器人整机及子系统故障率[7]

2.4　工业机器人可靠性分配

鉴于工业机器人零部件数量较多且不同服役环境的影响因素存在交叉，本节介绍两种针对工业机器人的可靠性指标分配方法：考虑工业机器人退化过程受多种因素影响，提出一种综合因子-层次分析-故障树(integrating factor method-analytic hierarchy process-fault tree analysis, IFM-AHP-FTA)的可靠性分配方法[10]；针对工业机器人退化过程的多态性，提出一种基于证据理论的时变可靠性指标分配方法[11]。下面分别介绍两种方法。

2.4.1　考虑综合因素影响的可靠性分配

1. 基于 IFM-AHP-FTA 方法的可靠性指标分配

IFM-AHP-FTA 方法是将综合因子法 IFM、层次分析法 AHP 和故障树分析法 FTA 相结合形成的可靠性分配方法，该方法考虑影响机器人可靠性的多级因素，并在一定程度上降低专家评分的主观性，获取较客观的分配结果。具体步骤如下。

步骤 1：明确目标系统，划分系统单元。

步骤 2：确定目标可靠度要求和任务时间。

步骤 3：分析可能影响工业机器人整机可靠度的因素，完善可靠性分配过程的评价指标。考虑工业机器人中机械部件和电子元器件之间的差异性，基于 IFM 分析影响工业机器人整机可靠性的因素[12]。

如图 2-22 所示，将技术水平、危害度、复杂度、工作条件作为一级影响因素，并针对一级影响因素做进一步划分，将设计水平、制造水平、故障后果、故障损失、零件数量、维修难易度、拆装难度、运行环境、运行时间比作为二级影响因素，建立二级影响因素评价模型。

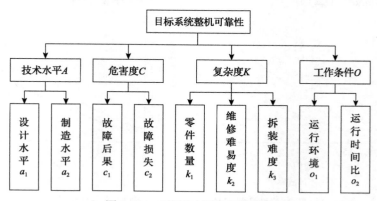

图 2-22　二级影响因素评价模型

根据可靠度分配原则，二级因素中 a_1、a_2、k_1、k_2、k_3、o_1、o_2 的数值越大，表明该子系统的技术水平和复杂性越高、工作条件越恶劣，其分配的可靠度应当越小；二级因素中 c_1、c_2 的数值越大，表明该子系统故障的危害性越强，其分配的可靠度应当越大。由此可以得出二级影响因素评价模型的可靠度分配全局指标为

$$\text{GI}_x = (a_{x1} a_{x2})^{A_x} \left(\frac{1}{c_{x1} c_{x2}} \right)^{C_x} (k_{x1} k_{x2} k_{x3})^{K_x} (o_{x1} o_{x2})^{O_x} \tag{2-53}$$

式中，GI_x 为第 x 个子系统的可靠度分配全局指标；A_x、C_x、K_x、O_x 为一级影响因素对第 x 个子系统的影响系数；a_{x1}、a_{x2}、k_{x1}、k_{x2}、k_{x3}、o_{x1}、o_{x2}、c_{x1}、c_{x2} 分别为第 x 个子系统的 a_1、a_2、k_1、k_2、k_3、o_1、o_2、c_1、c_2 值；$x=1, 2, \cdots, 5$。

步骤 4：对二级影响因素进行评级。为了降低专家评价的主观影响，采用犹豫模糊语言集对不同影响因素进行评级，分为非常高(VH)、高(H)、中等(M)、低(L)四个等级，具体细则见表 E-1。引入梯形隶属函数描述对应评级，VH、H、M、L 四个评级对应的隶属函数区间分别为 $(7, 8, 9, 10)$、$(5, 6, 7, 8)$、$(3, 4, 5, 6)$、$(1, 2, 3, 4)$。

根据专家经验、学历等因素对专家赋予不同的评级权重，经过模糊规则代入隶属函数计算最终模糊集 $\tilde{A} = (a, b, c, d)$ 后，利用式(2-54)进行去模糊化，从而将评级转化为确定的数值[13]：

$$C_{\tilde{A}} = \frac{c^2 + d^2 + cd - a^2 - b^2 - ab}{3(c + d - a - b)} \tag{2-54}$$

式中，$C_{\tilde{A}}$ 为模糊集 $\tilde{A}$ 去模糊化后的数值。

步骤 5：计算影响因素对不同子系统的影响系数。采用层次分析法 AHP 评判不同子系统一级影响因素的权重，通过比较不同影响因素的重要性获得比较矩阵，将其归一化作为一级影响因素的影响系数。

步骤 6：根据目标可靠度要求进行二态可靠性分配，按式(2-53)计算全局指标 GI_x，根据式(2-55)计算不同子系统的可靠度分配权重，根据式(2-56)计算各子系统的可靠度分配值：

$$\omega_x = \frac{\text{GI}_x}{\sum\limits_{x=1}^{5} \text{GI}_x} \tag{2-55}$$

$$R_x(t) = [R_S(t)]^{\omega_x} \tag{2-56}$$

式中，ω_x 为第 x 子系统的可靠度分配权重；$R_S(t)$ 为机器人整体目标可靠度；$R_x(t)$

为第 x 子系统的可靠度。

步骤 7：应用 T-S 故障树计算各子系统的轻微故障率 $\lambda_x^{0.5}$ 和严重故障率 λ_x^1，具体计算步骤见 2.2 节。

步骤 8：采用比例分配法进行多态可靠性分配[14]，根据各子系统的故障率占比计算多态可靠性分配权重。轻微故障的权重 $v_{0.5}(x)$ 和严重故障的权重 $v_1(x)$ 分别按式(2-57)和式(2-58)计算：

$$v_x^{0.5} = \frac{\lambda_x^{0.5}}{\lambda_x^{0.5} + \lambda_x^1} \tag{2-57}$$

$$v_x^1 = \frac{\lambda_x^1}{\lambda_x^{0.5} + \lambda_x^1} \tag{2-58}$$

基于式(2-59)和式(2-60)计算子系统的目标可靠度：

$$R_x^{0.5}(t) = v_x^{0.5} R_x(t) \tag{2-59}$$

$$R_x^1(t) = v_x^1 R_x(t) \tag{2-60}$$

式中，$R_x^{0.5}(t)$ 为第 x 个子系统不发生轻微故障的目标可靠度；$R_x^1(t)$ 为第 x 个子系统不发生严重故障的目标可靠度；$R_x(t)$ 为根据式(2-56)计算的第 x 个子系统的目标可靠度。

2. 实例分析

以某型六轴机器人为例，验证提出的 IFM-AHP-FTA 可靠性分配方法。假设以 MTBF 达到 80000h 为可靠度目标，采用二级影响因素评价模型对减速器、伺服电机、驱动器、控制器和本体五大子系统进行可靠性分配。针对该型工业机器人的实际服役情况，由四位专家根据评级细则对二级影响因素进行评级。假设四位专家的评级权重分别为 0.35、0.15、0.2、0.3，当专家犹豫不决时，引入模糊区间表示对应的评级。最终的专家评级结果如表 2-8 所示。

表 2-8　二级影响因素系数专家评级结果

子系统	专家	技术水平		危害度		复杂度			工作环境	
		a_1	a_2	c_1	c_2	k_1	k_2	k_3	o_1	o_2
减速器	1	M	M	H	H	VH	M	VH	H	VH
	2	VH	H	VH	VH	VH	VH	H	H	(H, VH)
	3	H	H	VH	VH	VH	VH	VH	VH	VH
	4	VH	VH	VH	VH	M	H	H	M	H

续表

子系统	专家	技术水平		危害度		复杂度			工作环境	
		a_1	a_2	c_1	c_2	k_1	k_2	k_3	o_1	o_2
伺服电机	1	M	H	H	M	H	L	VH	M	VH
	2	H	M	VH	VH	H	H	H	H	(H, VH)
	3	H	H	H	H	H	H	H	M	H
	4	H	H	H	H	M	H	M	M	H
驱动器	1	M	M	H	M	H	L	M	L	VH
	2	VH	M	VH	VH	VH	VH	VH	VH	VH
	3	H	H	H	H	VH	H	H	M	H
	4	H	H	(M, H)	M	H	(M, H)	M	M	M
控制器	1	M	M	H	M	H	L	M	L	VH
	2	VH	H	H	H	VH	H	M	M	VH
	3	H	H	H	H	VH	H	M	L	H
	4	H	H	(M, H)	M	H	(M, H)	M	M	H
本体	1	M	M	H	H	VH	M	VH	H	VH
	2	H	H	VH	M	H	H	VH	(H, VH)	H
	3	M	H	H	H	H	H	VH	H	VH
	4	(M, H)	M	H	H	(M, H)	M	(M, H)	M	M

设梯形模糊数为 $A=[a_1, a_2, a_3, a_4]$ 和 $B=[b_1, b_2, b_3, b_4]$，定义梯形模糊数的模糊运算法则如下：

$$[a_1,a_2,a_3,a_4] \oplus [b_1,b_2,b_3,b_4] = [a_1+b_1, a_2+b_2, a_3+b_3, a_4+b_4] \qquad (2\text{-}61)$$

$$[a_1,a_2,a_3,a_4] \otimes [b_1,b_2,b_3,b_4] = [a_1b_1, a_2b_2, a_3b_3, a_4b_4] \qquad (2\text{-}62)$$

根据不同专家的评级权重，将所有评级模糊区间按对应权重汇总，计算方法如下：

$$r_x = 0.35A_x + 0.15B_x + 0.2C_x + 0.3D_x \qquad (2\text{-}63)$$

式中，r_x 为二级影响因素最终评级的模糊区间；A_x、B_x、C_x、D_x 分别为四位专家评级对应的模糊数。

根据提出的犹豫模糊语言集，将二级影响因素评价模型的模糊语言转换为模糊数。根据式(2-61)和式(2-62)的模糊运算规则即可计算出式(2-63)中所需的模糊数，按上述步骤计算二级影响因素系数评级的模糊数如表 2-9 所示。经过式(2-54)去模糊化，并将结果映射到区间(0, 10)，即可求得一级影响因素的评分。各子系统一级影响因素系数评分如表 2-10 所示。

表 2-9　二级影响因素系数评级模糊数[10]

子系统	技术水平		危害度	
	a_1	a_2	c_1	c_2
减速器	(5.2,6.2,7.2,8.2)	(4.9,5.9,6.9,7.9)	(5.9.6.9,7.9,8.9)	(5.9.6.9,7.9,8.9)
伺服电机	(4.3,5.3,6.3,7.3)	(4.7,5.7,6.7,7.7)	(5.3,6.3,7.3,7.3)	(4.6,5.6,6.6,7.6)
驱动器	(4.6,5.6,6.6,7.6)	(4.3,5.3,6.3,7.3)	(5,6,7,8)	(4.6,5.6,6.6,7.6)
控制器	(4.6,5.6,6.6,7.6)	(4.3,5.3,6.3,7.3)	(5,6,7,8)	(3.7,4.7,5.7,6.7)
本体	(3.6,4.6,5.6,6.6)	(3.7,4.7,5.7,6.7)	(5.3,6.3,7.3,7.3)	(5,6,7,8)

子系统	复杂度			工作环境	
	k_1	k_2	k_3	o_1	o_2
减速器	(5.8,6.8,7.8,8.8)	(5,6,7,8)	(6.1,7.1,8.1,9.1)	(5.4,6.4,7.4,8.4)	(6.25,7.25,8.25,9.25)
伺服电机	(4.4,5.4,6.4,7.4)	(3.6,4.6,5.6,6.6)	(5.1,6.1,7.1,8.1)	(3.3,4.3,5.3,6.3)	(5.85,6.85,7.85,8.85)
驱动器	(5.7,5.7,7.7,8.7)	(3.6,4.6,5.6,6.6)	(4.4,5.4,6.4,7.4)	(2.9,3.9,4.9,5.9)	(6,7,8,9)
控制器	(5.7,5.7,7.7,8.7)	(3.9,4.9,5.9,6.9)	(3,4,5,6)	(1.9,2.9,3.9,4.9)	(6,7,8,9)
本体	(5.4,6.4,7.4,8.4)	(3.3,4.3,5.3,6.3)	(6.7,7.7,8.7,9.7)	(4.55,5.55,6.55,7.55)	(5.5,6.5,7.5,8.5)

表 2-10　一级影响因素系数评分[10]

子系统	技术水平 a_1a_2	危害度 $1/(c_1c_2)$	复杂度 $k_1k_2k_3$	工作环境 o_1o_2
减速器	4.43	1.78	3.91	5.49
伺服电机	3.74	2.48	2.24	3.67
驱动器	3.68	2.44	2.37	3.44
控制器	3.68	2.84	1.95	2.69
本体	2.79	2.31	3.00	4.38

　　根据层次分析法，比较一级影响因素，即技术水平、危害度、复杂度和工作环境对不同子系统可靠性的重要性，列出各子系统的判断矩阵 $\boldsymbol{B}_x$（控制器、驱动器、伺服电机、减速器和本体分别对应 $x=1, 2, 3, 4, 5$）：

$$\boldsymbol{B}_1 = \begin{bmatrix} 1 & 3 & 1 & 3 \\ 1/3 & 1 & 1/3 & 1/3 \\ 1 & 3 & 1 & 3 \\ 1/3 & 3 & 1/3 & 1 \end{bmatrix}, \quad \boldsymbol{B}_2 = \begin{bmatrix} 1 & 3 & 1 & 3 \\ 1/3 & 1 & 1/2 & 2 \\ 1 & 2 & 1 & 3 \\ 1/3 & 1/2 & 1/3 & 1 \end{bmatrix}, \quad \boldsymbol{B}_3 = \begin{bmatrix} 1 & 3 & 1 & 3 \\ 1/3 & 1 & 1/3 & 2 \\ 1 & 3 & 1 & 3 \\ 1/3 & 1/2 & 1/3 & 1 \end{bmatrix}$$

$$\boldsymbol{B}_4 = \begin{bmatrix} 1 & 2 & 1 & 3 \\ 1/2 & 1 & 1/3 & 2 \\ 1 & 3 & 1 & 3 \\ 1/3 & 1/2 & 1/3 & 1 \end{bmatrix}, \quad \boldsymbol{B}_5 = \begin{bmatrix} 1 & 1/3 & 1 & 1/2 \\ 3 & 1 & 3 & 5 \\ 1 & 1/3 & 1 & 2 \\ 2 & 1/5 & 1/2 & 1 \end{bmatrix} \tag{2-64}$$

将比较矩阵归一化后即可求出一级影响因素对不同子系统的影响系数，并记入表 2-11。

表 2-11　一级影响因素对不同子系统的影响系数[10]

子系统	A_x	C_x	K_x	O_x
减速器	0.3445	0.1673	0.3813	0.1069
伺服电机	0.3736	0.1481	0.3736	0.1047
驱动器	0.3813	0.1673	0.3445	0.1069
控制器	0.3715	0.0941	0.3715	0.1630
本体	0.1331	0.5394	0.1882	0.1393

在计算出不同子系统的影响因素评分以及影响系数后，根据式(2-53)计算可靠度分配全局指标。以减速器子系统为例，其可靠度分配全局指标为

$$\text{GI}_4 = 4.43^{0.3445} \times 1.78^{0.1673} \times 3.91^{0.3813} \times 5.49^{0.1069} = 3.7106 \qquad (2-65)$$

所有子系统的可靠度分配全局指标经公式(2-55)归一化后的可靠度分配权重如表 2-12 所示。

表 2-12　所有子系统的可靠度分配全局指标及可靠度分配权重[10]

子系统	全局指标	分配权重	子系统	全局指标	分配权重
减速器	3.7106	0.2427	控制器	2.6957	0.1802
伺服电机	2.9001	0.1575	本体	2.7202	0.1819
驱动器	2.9311	0.1567			

针对设定的可靠度目标 MTBF=80000h，假设工业机器人系统的故障率服从指数分布，则工业机器人整机的目标故障率为 $\lambda=1/\text{MTBF}=0.0000125\text{h}^{-1}$，例如，系统运行 1920h 时的可靠度水平应达到 $R_s(1920h) = e^{-\lambda t} = e^{-0.0000125 \times 1920} \approx 0.9763$。根据 2.2 节 T-S 模糊故障树的定量计算结果，求出减速器、伺服电机、驱动器、控制器和本体各子系统发生轻微故障的故障率和发生严重故障的故障率如表 2-13 所示。

表 2-13　工业机器人各子系统的多态故障率与可靠度分配权重[10]

子系统	轻微故障率/h^{-1}	严重故障率/h^{-1}	轻微故障分配权重	严重故障分配权重
减速器	1.51×10^{-5}	2.65×10^{-5}	0.3630	0.6370
伺服电机	6.24×10^{-6}	4.39×10^{-5}	0.1245	0.8755
驱动器	0	4.21×10^{-5}	0	1
控制器	0	3.79×10^{-5}	0	1
本体	1.78×10^{-6}	1.38×10^{-5}	0.1142	0.8858

根据式(2-56)、式(2-59)和式(2-60)即可求出工业机器人系统最终的可靠性分配结果如表 2-14 所示。

表 2-14   工业机器人系统可靠性指标分配结果[10]

子系统	分配后可靠度	分配后故障率/h^{-1}	分配后轻微故障率/h^{-1}	分配后严重故障率/h^{-1}
减速器	0.9942	$3.02×10^{-6}$	$1.10×10^{-6}$	$1.92×10^{-6}$
伺服电机	0.9954	$2.42×10^{-6}$	$3.01×10^{-7}$	$2.12×10^{-6}$
驱动器	0.9953	$2.45×10^{-6}$	0	$2.45×10^{-6}$
控制器	0.9957	$2.25×10^{-6}$	0	$2.25×10^{-6}$
本体	0.9957	$2.27×10^{-6}$	$2.59×10^{-7}$	$2.01×10^{-6}$

由以上结果可知,在工业机器人五个子系统中,减速器的精密性和技术水平最高,想要达到较高的可靠度需大量资源投入,因此应在保证工业机器人可靠性水平的前提下,对减速器分配尽可能低的可靠度;本体主要由大臂、小臂和各个关节构成,技术水平和制造水平均较低,但故障后果和故障损失非常严重,因此对本体分配尽可能高的可靠度;驱动器和控制器子系统主要由电子元器件构成,技术水平和其他子系统相近,因此应分配较高的可靠度。由表 2-14 可以看出,本节对该型工业机器人的可靠性指标分配工作满足可靠性分配原则。

2.4.2   考虑时变状态的可靠性分配

应用 IFM-AHP-FTA 方法对工业机器人进行可靠性指标分配考虑了影响机器人可靠性的多级因素,在一定程度上降低了专家评分的主观性,获取了较为客观的分配结果。但工业机器人在运行过程中,存在精度逐渐降低、运动轨迹偏离等退化现象,因此,本节介绍一种基于证据理论和多状态系统理论的可靠性分配方法,并通过具体实例进行验证。

1. 基于证据理论的可靠性指标分配流程

以六轴机器人为例,采用 Dempster-Shafer(D-S)证据理论量化认知不确定性,利用 Kolmogorov(柯尔莫哥罗夫)微分方程计算机器人五个多状态子系统处于不同状态的概率;随后计算每个子系统的重要度区间,求出各子系统的可靠度分配系数;最后根据工业机器人整机可靠度要求,得出各子系统的可靠度,具体步骤如下。

步骤 1:基于证据理论量化认知不确定性。根据 D-S 证据理论,将随机变量 Y 在单个取值和多个取值的可能性大小称为基本分配函数(basic probability assignment, BPA),用 $m(y)$ 表示,其中 y 为系统状态集合 Y 的 BPA 焦元。例如,工业机器人某子系统具有三种状态，用 $Y=\{1, 2, 3\}$ 表示，其中 $y=1$ 表示该子系统功能全部丧失，$y=2$ 表示该子系统处于退化状态，$y=3$ 表示该子系统处于完好状态。该基本分配函数焦元不仅有 $y=1$、$y=2$ 和 $y=3$，还具有 $y=[1, 2]$、$y=[1, 3]$、$y=[2, 3]$ 和 $y=[1, 2, 3]$。其中 $y=[1, 2]$、$y=[1, 3]$、$y=[2, 3]$ 和 $y=[1, 2, 3]$ 用来量化存在认知不确定性的子系统处于某个状态的可能性。

　　用信任函数 $\mathrm{Bel}(Y)$ 和似然函数 $\mathrm{Pl}(Y)$ 分别表示对焦元 y 认知不确定性量化的上界和下界，其定义为

$$\mathrm{Bel}(Y) = \sum_{y \subseteq Y} m(y) \tag{2-66}$$

$$\mathrm{Pl}(Y) = \sum_{y \cap Y \neq \varnothing} m(y) \tag{2-67}$$

式中，信任函数 $\mathrm{Bel}(Y)$ 表示焦元 y 和它的所有子集的 BPA 之和，即"焦元 y 为真"的可能性；似然函数 $\mathrm{Pl}(Y)$ 表示与焦元 y 相交不为空的所有 BPA 之和，即"焦元 y 非假"的可能性。$\mathrm{Pl}(Y) - \mathrm{Bel}(Y)$ 表示对焦元 y 认知不确定性的大小。

　　步骤 2：机器人子系统的多状态表征。由于工业机器人部分子系统存在认知不确定性，因此做如下假设：

　　(1) 工业机器人由五个多状态子系统组成，且各子系统的退化状态相互独立。

　　(2) 由于工业机器人伺服电机是机电系统，认为其存在认知不确定性；减速器在运行过程中的传动精度逐渐降低，无法准确判断出精度是否符合要求，认为其存在认知不确定性；其他子系统处于"完全失效""退化"和"完好"状态的情况比较明确，暂不考虑存在认知不确定性。

　　(3) 为了便于计算，$n_x=1$ 表示子系统 x "完全失效"状态，$n_x=2$ 表示子系统 x "退化"状态，$n_x=3$ 表示子系统 x "完好"状态。在工业机器人运行过程中，由于认知不确定性存在，无法确定各子系统所处状态，因此工业机器人各子系统的认知不确定性可表示为 $n_x=\{1, 2, 3\}$。

　　(4) 由于六轴机器人各子系统串联，考虑工业机器人整机存在三种状态："完好""退化"和"完全失效"；规定当各子系统均处于"完好"状态时，工业机器人处于"完好"状态；当有子系统存在"退化"状态时，工业机器人处于"退化"状态；当有子系统处于"完全失效"状态时，工业机器人处于"完全失效"状态。

　　(5) 工业机器人多状态子系统 x 从状态 i 到状态 j 的转移强度用区间数 $\left[\gamma_{i,j}^{\mathrm{l},x}, \gamma_{i,j}^{\mathrm{u},x}\right]$ 来表示，其中 $\gamma_{i,j}^{\mathrm{l},x}$ 表示子系统 x 从 i 到 j 的转移强度下界，$\gamma_{i,j}^{\mathrm{u},x}$ 表示子系统 x 从 i 到 j 的转移强度上界，以此量化认知不确定性。

　　步骤 3：计算工业机器人子系统重要度区间。在证据理论辨识框架下，采用似然函数作为上界、信任函数作为下界来表示置信区间。假设工业机器人存在"完

全失效""退化"和"完好"三种认知不确定性状态,且分别对应系统初值 1、2、3。基于 Birnbaum 重要度区间计算方法可得工业机器人各子系统重要度区间的上界与下界分别为[15]

$$I_x^{l} = \frac{\sum_{i=1}^{3} \left| \mathrm{Bel}(S \geqslant 3 \mid C_x = b_{x_i}) - \mathrm{Bel}(S \geqslant 3) \right|}{|N_x| - 1} \tag{2-68}$$

$$I_x^{u} = \frac{\sum_{i=1}^{3} \left| \mathrm{Pl}(S \geqslant 3 \mid C_x = b_{x_i}) - \mathrm{Pl}(S \geqslant 3) \right|}{|N_x| - 1} \tag{2-69}$$

式中,$S \geqslant 3$ 表示整机系统处于完好状态;$C_x = b_{x_i}$ 表示子系统 $x(x=1,2,\cdots,5)$ 处于状态 x_i;N_x 为子系统的确定状态与不确定状态组成的矢量,$|N_x|$ 为矢量维数即子系统状态数。上下界公式可表示子系统 x 从"完好"状态到"完全失效"状态,体现工业机器人整机可靠度变化。

当子系统失效或退化时,即工业机器人整机失效或退化。因此提出一种适用于六轴工业机器人的条件概率表如表 2-15 所示。

表 2-15　六轴工业机器人条件概率表[11]

子系统 x 状态					系统状态($S \geqslant 3$)	
C_1	C_2	C_3	C_4	C_5	Bel	Pl
3	3	3	3	3	1	1
3	3	[1, 2, 3]	3	3	0	1
3	3	3	[1, 2, 3]	3	0	1
3	3	[1, 2, 3]	[1, 2, 3]	3	0	1

步骤 4:计算子系统可靠度分配系数。在确定工业机器人各子系统重要度区间基础上,进一步基于 Birnbaum 重要度区间对各子系统进行可靠性分配,求解子系统 x 的可靠性分配系数 ω_x。首先确定工业机器人可靠度分配系数区间,区间上下界可分别由式(2-70)和式(2-71)获得:

$$\omega_x^{l} = \frac{I_x^{l}}{\sum_{i=1}^{5} I_i^{l}} \tag{2-70}$$

$$\omega_x^{u} = \frac{I_x^{u}}{\sum_{i=1}^{5} I_i^{u}} \tag{2-71}$$

结合 Birnbaum 方法与式(2-70)和式(2-71)，可以得出工业机器人各子系统 x 的可靠度分配系数 ω_x 为

$$\omega_x = \left| \frac{\omega_x^{\mathrm{l}} + \omega_x^{\mathrm{u}}}{2} \right| + (2l - 1)\left| \frac{\omega_x^{\mathrm{l}} - \omega_x^{\mathrm{u}}}{2} \right| \tag{2-72}$$

式中，l 表示上下界之和与上下界之差绝对值的权重占比，其取值范围为$[0,1]$。

2. 实例分析

以某型六轴机器人为例，验证提出的基于证据理论的可靠度分配方法。基于该机器人主机厂数据量化认知不确定性，根据步骤 2 机器人子系统多状态表征中的方法获得各子系统状态转移强度如表 2-16 所示。

表 2-16　各子系统状态转移强度　　　　　（单位：$10^{-4}\mathrm{h}^{-1}$）

子系统	$\gamma_{3,2}^x$	$\gamma_{2,1}^x$
控制器	0.8	0.4
驱动器	0.7	0.5
伺服电机	[0.8,1.2]	[5.8,6.2]
减速器	[0.9,1.1]	[4.9,5.1]
本体	0.1	0.2

表 2-16 中，$\gamma_{3,2}^x$ 表示子系统 x 从"完好"状态转移到"退化"状态的转移强度，$\gamma_{2,1}^x$ 表示子系统 x 从"退化"状态转移到"完全失效"状态的转移强度。

为了凸显工业机器人的薄弱子系统，得到可供参考的可靠度分配系数，本节不考虑工业机器人维修情况。在文献[16]的基础上，针对工业机器人子系统多状态特点，采用如式(2-73)所示 Kolmogorov 微分方程求得子系统 x 在任意时刻 t 处于各状态的概率值：

$$\begin{cases} \dot{P}_3^x(t) = -\gamma_{3,2}^{\mathrm{u},x} P_3^x(t) \\ \dot{P}_2^x(t) = \gamma_{3,2}^{\mathrm{l},x} P_3^x(t) - \gamma_{2,1}^{\mathrm{u},x} P_2^x(t) \\ \dot{P}_1^x(t) = \gamma_{2,1}^{\mathrm{l},x} P_2^x(t) \end{cases} \tag{2-73}$$

利用龙格-库塔法求解各状态的概率[17]，多状态子系统所处状态概率区间和所处状态的 BPA 之间的关系如下：

$$m^x(i) = \begin{cases} P_i^x, & i = 1, 2, 3 \\ 1 - \sum\limits_{i=1}^{3} P_i^x, & i = [1, 2, 3] \\ 0, & 其他 \end{cases} \qquad (2\text{-}74)$$

式中，$m^x(i)$ 表示工业机器人子系统 x 处于状态 i 的 BPA。

　　根据表 2-16 中工业机器人各子系统状态转移强度数据，结合式 (2-73) 和式 (2-74) 可获得工业机器人 5 个子系统各状态的 BPA，如图 2-23 所示。可以看出，完全失效状态 (状态 1) 的初始基本分配概率值为 0，随着服役时间累积，基本分配概率值随之增加；而完好状态 (状态 3) 则相反，其基本分配概率值随时间逐渐减小，均与实际情况相符，表明求解方法合理。

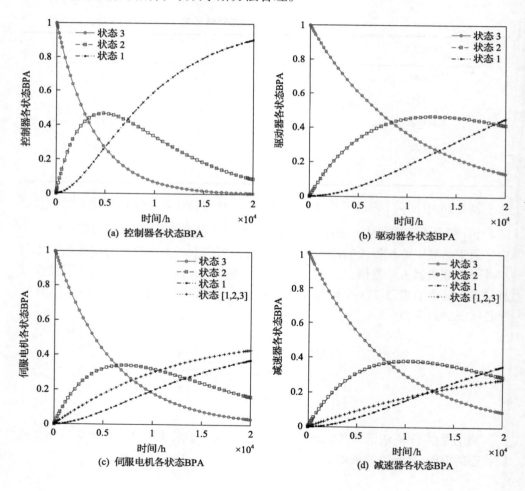

(a) 控制器各状态BPA　　　　　　　　(b) 驱动器各状态BPA

(c) 伺服电机各状态BPA　　　　　　　(d) 减速器各状态BPA

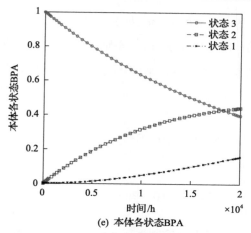

(e) 本体各状态BPA

图 2-23　工业机器人子系统各状态 BPA[11]

应用 Birnbaum 重要度区间计算方法求解工业机器人多状态系统可靠性分配系数。根据表 2-15 中条件概率值可求得工业机器人整机的信任函数 $\mathrm{Bel}(S \geqslant 3)$ 与似然函数 $\mathrm{Pl}(S \geqslant 3)$，如式 (2-75) 和式 (2-76) 所示：

$$\mathrm{Bel}(S \geqslant 3) = \prod_{x=1}^{5} m^x(3) \tag{2-75}$$

$$\mathrm{Pl}(S \geqslant 3) = \prod_{x=1}^{5} m^x(3)\left(1 + \frac{m^3([1,2,3])}{m^3(3)} + \frac{m^4([1,2,3])}{m^4(3)} + \frac{m^3([1,2,3])m^4([1,2,3])}{m^3(3)m^4(3)}\right) \tag{2-76}$$

工业机器人的条件信任函数 $\mathrm{Bel}(S \geqslant 3 | C_x = b_{x_i})$ 和条件似然函数 $\mathrm{Pl}(S \geqslant 3 | C_x = b_{x_i})$ 在证据理论框架中可表示为

$$\mathrm{Bel}(S \geqslant 3 | C_x = b_{x_i}) = \frac{\mathrm{Bel}(S \geqslant 3, C_x = b_{x_i})}{\mathrm{Bel}(C_x = b_{x_i})} \tag{2-77}$$

$$\mathrm{Pl}(S \geqslant 3 | C_x = b_{x_i}) = \frac{\mathrm{Pl}(S \geqslant 3, C_x = b_{x_i})}{\mathrm{Pl}(C_x = b_{x_i})} \tag{2-78}$$

$$\mathrm{Bel}(S \geqslant 3 | C_x = b_{x_i}) = 1 - \frac{\mathrm{Pl}(S < 3, C_x = b_{x_i})}{\mathrm{Pl}(C_x = b_{x_i})} \tag{2-79}$$

$$\mathrm{Pl}(S \geqslant 3 | C_x = b_{x_i}) = 1 - \frac{\mathrm{Bel}(S < 3, C_x = b_{x_i})}{\mathrm{Bel}(C_x = b_{x_i})} \tag{2-80}$$

当 $C_x = b_{x_i}$ 时，$\mathrm{Bel}(C_x = b_{x_i}) = m^x(b_{x_i})$，$\mathrm{Pl}(C_x = b_{x_i}) = m^x(b_{x_i}) + m^x(n_x)$；当 $C_x = n_x$ 时，$\mathrm{Bel}(n_x) = 1$，$\mathrm{Pl}(n_x) = 1$。分别求解 $\mathrm{Bel}(S \geqslant 3 | C_x = b_{x_i})$、$\mathrm{Pl}(S \geqslant 3 | C_x = b_{x_i})$，假设控制器、驱动器、本体不存在认知不确定性，将上述结果代入式 (2-68) 和式 (2-69) 可得：

$$I_x^1 = \frac{1}{2}\left(|0 - \mathrm{Bel}(S \geqslant 3)| + |0 - \mathrm{Bel}(S \geqslant 3)| + \left| \prod_{\substack{j=1 \\ j \neq x}}^{5} m^j(3) - \mathrm{Bel}(S \geqslant 3) \right| \right) \quad (2\text{-}81)$$

$$I_x^\mathrm{u} = \frac{1}{2}\left(|0 - \mathrm{Pl}(S \geqslant 3)| + |0 - \mathrm{Pl}(S \geqslant 3)| + \left| \frac{\mathrm{Pl}(S \geqslant 3)}{m^x(3)} - \mathrm{Pl}(S \geqslant 3) \right| \right) \quad (2\text{-}82)$$

式中，$x=1$、$x=2$ 和 $x=5$ 分别表示控制器子系统、伺服驱动器子系统和机器人本体。当减速器、伺服电机存在认知不确定性时，其重要度区间上下界可表示为

$$I_x^1 = \frac{1}{3}\left(|0 - \mathrm{Bel}(S \geqslant 3)| + |0 - \mathrm{Bel}(S \geqslant 3)| + \left| \prod_{j=1,\, j \neq x}^{5} m^j(3) - \mathrm{Bel}(S \geqslant 3) \right| \right) \quad (2\text{-}83)$$

$$\begin{aligned} I_{x=3}^\mathrm{u} = \frac{1}{3}\Bigg(& |0 - \mathrm{Pl}(S \geqslant 3)| + |0 - \mathrm{Pl}(S \geqslant 3)| \\ & + \left| \frac{m^4([1,2,3]) + m^4(3)}{m^3([1,2,3]) + m^3(3)} m^1(3) m^2(3) m^3(3) m^5(3) - \mathrm{Pl}(S \geqslant 3) \right| \\ & + \left| m^1(3) m^2(3) m^3([1,2,3]) m^5(3)[m^4(3) + m^4([1,2,3])] - \mathrm{Pl}(S \geqslant 3) \right| \Bigg) \end{aligned} \quad (2\text{-}84)$$

$$\begin{aligned} I_{x=4}^\mathrm{u} = \frac{1}{3}\Bigg(& |0 - \mathrm{Pl}(S \geqslant 3)| + |0 - \mathrm{Pl}(S \geqslant 3)| \\ & + \left| \frac{m^3([1,2,3]) + m^3(3)}{m^4([1,2,3]) + m^4(3)} m^1(3) m^2(3) m^4(3) m^5(3) - \mathrm{Pl}(S \geqslant 3) \right| \\ & + \left| m^1(3) m^2(3) m^3([1,2,3]) m^5(3)[m^4(3) + m^4([1,2,3])] - \mathrm{Pl}(S \geqslant 3) \right| \Bigg) \end{aligned} \quad (2\text{-}85)$$

式中，$x=3$ 与 $x=4$ 分别表示存在认知不确定性的伺服电机和减速器。

将以上计算结果代入式 (2-70) 和式 (2-71)，根据工程经验，取 $l=0.75$，则基于式 (2-72) 可得工业机器人各子系统可靠度分配系数如图 2-24 所示。

由图 2-24 可以看出，控制器在整机中占有较重要的位置，其可靠度分配系数随服役时间逐渐增加。假设机器人整机可靠度要求为 0.99，则各子系统目标可靠

度分配结果如图 2-25 所示。

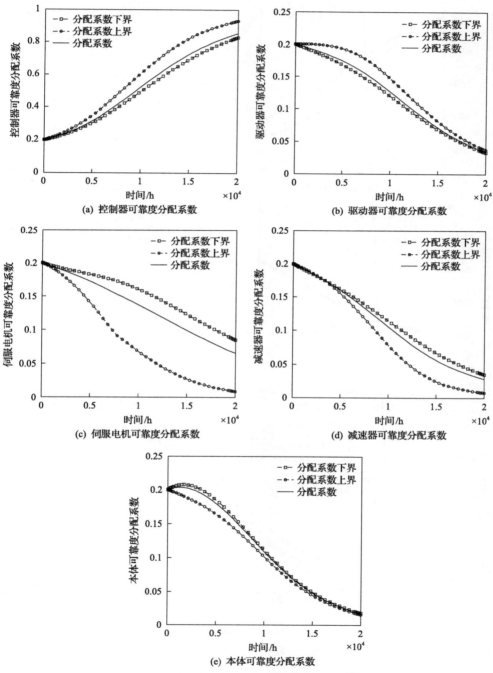

图 2-24　机器人各子系统可靠度分配系数[11]

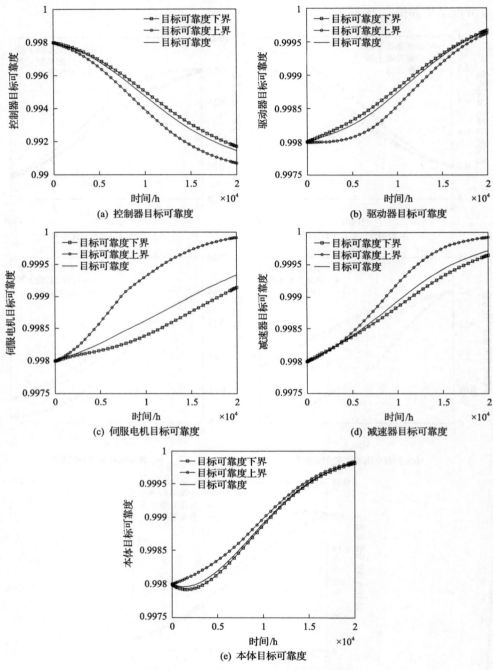

图 2-25　机器人各子系统目标可靠度[11]

由图 2-25 可以看出，工业机器人各子系统的目标可靠度分配值随时间变化，其中驱动器、伺服电机、减速器、本体的目标可靠度随时间推移逐渐增大，而控制器目标可靠度逐渐减小，这与可靠度分配系数刚好相反。从工业机器人整机目标可靠度考虑，控制器在工业机器人整机运行过程中重要度占比较大，因而可靠度分配系数较高，但目标可靠度要求较低。

2.5　本 章 小 结

本章依据工业机器人主机厂提供的大量服役数据介绍了工业机器人整机故障影响及危害性分析、模糊故障树分析，以及各种故障对整机可靠性的重要度和灵敏度分析方法，根据结果对机器人的薄弱环节提出可靠性优化措施，并结合区间层次分析法建立了工业机器人的故障率预测模型。介绍了两种可靠性指标分配方法：第一种考虑影响工业机器人可靠性的多种因素，采用二级影响因素法对 5 个子系统的技术水平、危害度、复杂度、工作条件进行评分，通过引入模糊理论、区间理论和犹豫模糊语言集来降低专家评分过程中的主观性和不确定性，实现工业机器人可靠性分配；第二种方法针对工业机器人状态的时变特性，结合证据理论、多状态分析和重要度区间方法，得到工业机器人整机和各子系统的时变可靠性分配结果，通过具体案例验证了所提方法的准确性和适用性。

参 考 文 献

[1] 中国人民解放军总装备部电子信息基础部. 故障模式、影响及危害性分析指南: GJB/Z 1391—2006. 北京: 总装备部军标出版发行部, 2007.

[2] Zimmermann H J. Fuzzy Set Theory—and Its Applications. Berlin: Springer Science & Business Media, 2011.

[3] Kabir S. An overview of fault tree analysis and its application in model based dependability analysis. Expert Systems with Applications, 2017, 77: 114-135.

[4] Marchant T. A measurement-theoretic axiomatization of trapezoidal membership functions. IEEE Transactions on Fuzzy Systems, 2007, 15(2): 238-242.

[5] Nash F R. Reliability Assessments: Concepts, Models, and Case Studies. Leiden: CRC Press, 2017.

[6] O' Connor P, Kleyner A. Practical Reliability Engineering. New York: John Wiley & Sons, 2012.

[7] Bai B, Li Z, Wu Q, et al. Fault data screening and failure rate prediction framework-based bathtub curve on industrial robots. Industrial Robot, 2020, 47(6): 867-880.

[8] Chen S, Cowan C F N, Grant P M. Orthogonal least squares learning algorithm for radial basis function networks. IEEE Transactions on Neural Networks, 1991, 2(2): 302-309.

[9] Aminbakhsh S, Gunduz M, Sonmez R. Safety risk assessment using analytic hierarchy process

(AHP) during planning and budgeting of construction projects. Journal of Safety Research, 2013, 46: 99-105.

[10] Bai B, Xie C, Liu X, et al. Application of integrated factor evaluation–analytic hierarchy process–T-S fuzzy fault tree analysis in reliability allocation of industrial robot systems. Applied Soft Computing Journal, 2022, 115: 108248.

[11] Bai B, Li Z, Zhang J, et al. Research on multiple-state industrial robot system with epistemic uncertainty reliability allocation method. Quality and Reliability Engineering International, 2021, 37(2): 632-647.

[12] 张强, 李坚, 谢里阳, 等. 考虑二层因素影响的综合因子可靠性分配法. 中国机械工程, 2019, 30(19): 2301-2305.

[13] Chang K H. A more general reliability allocation method using the hesitant fuzzy linguistic term set and minimal variance OWGA weights. Applied Soft Computing, 2017, 56: 589-596.

[14] Modibbo U M, Arshad M, Abdalghani O, et al. Optimization and estimation in system reliability allocation problem. Reliability Engineering & System Safety, 2021, 212: 107620.

[15] Birnbaum Z W. On the importance of different components in a multicomponent system. Seattle: University of Washington, 1969.

[16] Destercke S, Sallak M. An extension of universal generating function in multi-state systems considering epistemic uncertainties. IEEE Transactions on Reliability, 2013, 62(2): 504-514.

[17] Ahmadian A, Salahshour S, Chan C S, et al. Numerical solutions of fuzzy differential equations by an efficient Runge-Kutta method with generalized differentiability. Fuzzy Sets and Systems, 2018, 331: 47-67.

第3章 工业机器人减速器可靠性测试与评估

本章分析减速器在工业机器人应用场景中的主要故障形式，结合实际工况构建减速器载荷谱，并以此为输入，获取减速器磨损与精度的关系；开展减速器加速寿命试验研究，建立减速器精度退化模型并推导精度可靠度函数及剩余寿命分布函数；在此基础上，探究工业机器人关节机电耦合机理，提出一种基于电机电流信号的减速器性能退化建模及可靠性评估方法，为交变载荷下机器人减速器可靠性评估提供理论和技术支撑。

3.1 工业机器人减速器主要故障形式

基于大量工业机器人服役及售后数据，分析总结 RV 减速器与谐波减速器常见的故障形式、影响及原因如表 3-1、表 3-2 所示。

表 3-1 RV 减速器常见故障形式、影响及原因

部件名称	故障形式	故障影响	故障原因
行星轮	轮齿折断	行星轮失效、减速器失效	动载荷过大、材料强度较低
	齿面点蚀	噪声增大、振动增加	偏载或动载过大、润滑不良
	齿面磨损	噪声过大、减速器失效	润滑不良、加工尺寸不合适
	齿面胶合	噪声增大、减速器失效	润滑不良、齿面强度低
	齿体塑变	齿形剧变、轮齿扭曲	啮合不良、动载荷过大、润滑不良
	齿面裂纹	轮齿折断、减速器失效	热处理不当、加工工艺缺陷、冲击载荷
摆线轮	轮齿折断	摆线轮失效、减速器失效	严重过载、材料强度较低
	轮齿疲劳断裂	摆线轮失效、减速器失效	动载过大、润滑不良
	齿面胶合	噪声增大、摆线轮失效、减速器失效	润滑不良、冲击载荷、热处理不当
	齿面点蚀	噪声增大、减速器失效	动载荷过大、润滑不良
	齿面磨损	轮齿出现裂纹、振动增加	润滑不良、齿面强度过低
	齿体塑变	齿形剧变、减速器失效	动载荷过大、润滑不良
输入轴	轴断裂	减速器失效	轴长时间过载或应力集中
	疲劳磨损	轴失效	安装失误、冲击振动
太阳轮	轮齿断裂	太阳轮失效、减速器失效	齿面疲劳接触强度较低
	齿面磨损、点蚀、胶合	齿面受损程度加剧，出现振动、噪声，传动不平稳	润滑不良、落入异物、减速器过载
	齿面塑性变形	齿轮失效、减速器失效	过载传动、齿面接触强度较低、落入异物

部件名称	故障形式	故障影响	故障原因
滚针轴承	磨损	减速器失效	疲劳磨损、润滑脂含有杂质、端盖尺寸不合格、加工精度较低
	过热黏着	减速器失效	装配过盈量过大
	进入杂质	减速器失效	密封损坏、杂质进入轴承
滚珠轴承	磨损	轴承失效	疲劳磨损、润滑脂含有杂质
	过热黏着	轴承失效、减速器失效	装配过盈量过大
曲柄轴	断裂	轴断裂、减速器失效	严重过载、应力集中
	弯曲	轴变形失效	安装不当、长期应力集中、润滑不良
针齿壳支撑法兰	裂纹	减速器失效	严重过载、啮合应力过大
	断裂	减速器失效	减速器过载
行星架	断裂	剧烈振动、噪声过大、减速器失效	严重偏载/过载、针齿应力过大

表 3-2　谐波减速器常见故障形式、影响及原因

部件名称	故障形式	故障影响	故障原因
柔轮	变形	出现裂纹、柔轮失效	载荷作用导致周向扭转变形和径向变形
	疲劳断裂	柔轮失效、减速器失效	齿根处出现弯曲应力集中导致疲劳断裂
	扭转失稳	柔轮变形、柔轮失效	过载或者瞬时冲击，发生不可恢复的严重扭转变形
	筒底凸缘处疲劳断裂	柔轮失效、减速器失效	长径比减小、筒底凸缘处应力增加、承受交变载荷、疲劳损伤
	内表面磨损	噪声增大、振动增加	润滑不良、齿面强度低
齿面	磨损	噪声增大、减速器失效	润滑不良、齿面强度低
	塑性流动	齿形剧变、轮齿扭曲	动载荷过大、严重过载
轮齿	跳齿	轮齿裂纹、齿形变形	动载荷过大、加工装配误差、引起轮齿干涉
	折断	结构破坏、减速器失效	严重过载、材料强度低
波发生器	滑移	严重变形甚至失效	动载荷过大、轮齿干涉、刚轮柔轮相互挤压
柔性轴承	外圈疲劳断裂	柔轮失效、减速器失效	周期性弹性变形、承受疲劳交变载荷
	疲劳点蚀	噪声增大、轮齿干涉	径向间隙增加
	外圈表面磨损	振动加剧、传动精度和效率降低	润滑不良、间隙增大

由表 3-1 可以看出，RV 减速器容易出现偏载、应力集中、润滑不良等问题，导致行星轮、摆线轮、滚针轴承发生磨损、疲劳断裂等故障，进而引发减速器失

效。常见故障如图 3-1 所示。

(a) 行星轮齿断裂　　　　(b) 曲柄轴表面损伤　　　　　　(c) 轴承内圈损伤

(d) 轴承外圈损伤　　　(e) 摆线轮齿面损伤

图 3-1　RV 减速器常见故障

由表 3-2 可以看出，由于谐波减速器柔性部件的强度和刚度不足，加之交变载荷影响，减速器易出现扭转失稳、零件变形、润滑不良等问题，导致轮齿磨损、柔轮疲劳断裂、柔性轴承磨损断裂等。常见故障如图 3-2 所示。

 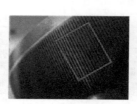 

(a) 柔轮疲劳断裂　　　　(b) 柔轮齿面磨损　　　　　(c) 刚轮断齿

 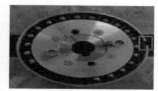

(d) 柔轮扭转失稳　　　(e) 柔性薄壁轴承外圈疲劳断裂

图 3-2　谐波减速器常见故障

由上述图表分析可知，工业机器人减速器在服役中易出现磨损、疲劳等退化型故障，影响整机的精度和寿命，因此，需要明确服役载荷下减速器磨损与精度和寿命的关系，构建减速器性能退化与可靠性评估模型。

3.2　工业机器人减速器载荷谱构建

载荷谱能够模拟减速器在工业机器人具体服役工况下载荷强度和频次的变化规律，是开展机器人减速器可靠性试验的重要依据。由于工业机器人服役寿命较长，难以在短时间内获得全寿命周期的测试数据，本节介绍一种小样本数据下工业机器人减速器载荷谱构建方法，并以焊接机器人服役数据为例对该方法进行详细论述。

3.2.1　减速器载荷谱构建方法和流程

根据载荷数据维数可将载荷谱分为一维载荷谱和二维载荷谱，两类载荷谱构建流程类似，其中，二维载荷谱能够更加直观、准确地描述服役工况的载荷特征，本节以二维载荷谱构建方法为例，基于转矩的均值与幅值建立减速器二维载荷谱，具体流程如图 3-3 所示。对采集的关节数据进行预处理，剔除原始信号中的偏差影响；明确载荷分布类型，基于小样本数据进行载荷外推；在此基础上，确定载荷大小与频次的关系，构建特定工况下机器人减速器载荷谱。具体步骤如下。

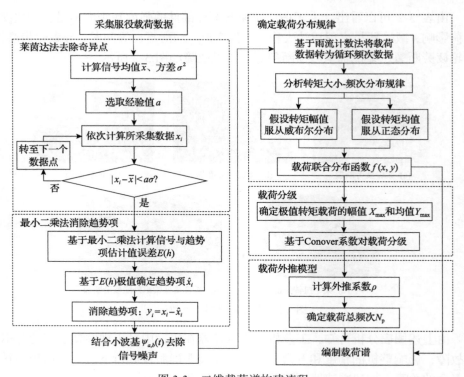

图 3-3　二维载荷谱构建流程

步骤 1：载荷数据预处理。采集机器人各关节转矩数据，通过去除奇异点、消除趋势项、滤波降噪等过程剔除原始信号误差与噪声。通常可基于莱茵达法识别并去除转矩数据中的奇异点，利用最小二乘法、小波变换等消除趋势项和噪声。

步骤 2：确定载荷分布。利用载荷循环统计方法可将转矩-时间历程的载荷数据转化成转矩-频次的数据形式。本节采用雨流计数法[1]分析不同转矩均值与幅值的计数结果，获得其与对应频次的分布规律。通常情况下，可假设转矩幅值服从威布尔分布，记为 $f(x)$，均值服从正态分布，记为 $f(y)$，当二者相互独立时其联合概率分布函数如式(3-1)所示。

$$f(x,y) = f(x) \cdot f(y) = \frac{\alpha_{\mathrm{w}}}{\beta_{\mathrm{w}}} \left(\frac{x}{\beta_{\mathrm{w}}} \right)^{\alpha_{\mathrm{w}}-1} \mathrm{e}^{-\alpha_{\mathrm{w}} \frac{x}{\beta_{\mathrm{w}}}} \cdot \frac{1}{\sqrt{2\pi}\sigma} \mathrm{e}^{-\frac{(y-\mu)^2}{2\sigma^2}} \tag{3-1}$$

式中，α_{w}、β_{w} 分别为威布尔分布的形状参数和尺度参数；μ、σ 分别为正态分布的均值与标准差。

步骤 3：载荷外推。当载荷数据量有限时，可建立外推模型计算工业机器人总工作时间与数据总采样时间的比值，并基于转矩采样频次进行外推，以确定机器人工作周期内载荷作用的总频次。

为简化分析流程，将工业机器人全寿命服役周期划分为多个转矩载荷作用循环，并将工业机器人运行一星期的转矩数据作为一个载荷作用循环。假设一星期工作时间为 d(天)，一天工作时间为 h(h)，一个转矩载荷作用循环的总时间(s)为

$$T_{\mathrm{S}} = 3600dh \tag{3-2}$$

则一个转矩载荷作用循环内减速器转矩载荷数据的总采样时间为

$$t_{\mathrm{p}} = \sum_{k=1}^{n} t_k \tag{3-3}$$

式中，t_k 为第 k 组转矩载荷数据对应的采样时长，其中 $k=1, 2, \cdots, n$，n 为采样数据组数。转矩载荷外推系数 ρ 表示一个载荷作用循环内机器人工作时长与转矩载荷数据总采样时长的比值，即为

$$\rho = \frac{T_{\mathrm{S}}}{t_{\mathrm{p}}} = \frac{T_{\mathrm{S}}}{\sum\limits_{k=1}^{n} t_k} \tag{3-4}$$

记第 k 组采样数据在 t_k 时间内对应的转矩采样频次为 n_k，将各组转矩的采样频次进行累加，可获得 t_{p} 时间内对应的转矩载荷作用频次 n_{p}，根据转矩载荷外推系数 ρ 计算单个转矩载荷循环内对应的转矩载荷作用总频次 N_{p} 为

$$N_{\mathrm{p}} = n_{\mathrm{p}} \rho \tag{3-5}$$

步骤 4：构建载荷谱。基于载荷的分布规律和 Conover 系数[2]将实际服役转矩载荷转化为试验场多级加载形式，在保留实际载荷特点的同时，还原服役工况下的疲劳效应。通过对转矩幅值与均值的联合分布函数进行积分得出不同等级载荷在机器人服役周期内所占比例，结合 Conover 系数与转矩载荷作用总频次，确定减速器全寿命周期内转矩载荷与频次的对应关系，构建减速器在特定工况的载荷谱。通常将出现概率 $P=1\times10^{-6}$ 的载荷作为极值载荷。按步骤 2 分析可知，所建载荷谱为转矩均值与幅值的二维载荷谱，假设转矩均值与幅值相互独立，此时，计算极值转矩载荷的过程可转换为求解概率 P 对应的转矩均值与幅值的过程。极值转矩载荷的幅值、均值与概率 P 的对应关系分别为

$$P = 1 - F_X\left(X_{\max}\right) = \mathrm{e}^{-\alpha_{\mathrm{w}}\frac{X_{\max}}{\beta_{\mathrm{w}}}} \tag{3-6}$$

$$P = 1 - F_Y\left(Y_{\max}\right) = 1 - \Phi\left(\frac{Y_{\max} - \mu}{\sigma}\right) \tag{3-7}$$

式中，$F_X(x)$ 为转矩幅值的累积概率分布函数（cumulative distribution function，CDF），$F_Y(y)$ 为转矩均值的累积概率分布函数，基于式 (3-6) 可得极值转矩载荷的幅值 $X_{\max}$ 为 $\beta_{\mathrm{w}}\sqrt[\alpha_{\mathrm{w}}]{-\ln P}$。记式 (3-7) 中的 $(Y_{\max} - \mu)/\sigma$ 为 U_{p}，则极值转矩载荷的均值 $Y_{\max}$ 可表示为 $U_{\mathrm{p}}\sigma + \mu$。

结合载荷的分布模型、极值载荷与外推数据计算减速器的二维载荷谱。对转矩幅值和均值联合分布函数积分可获得不同分级转矩载荷的概率频次如下：

$$n_{ij} = N_{\mathrm{p}} \int_{X_i}^{X_{i+1}} \int_{Y_j}^{Y_{j+1}} f(x, y)\mathrm{d}y\mathrm{d}x, \quad i, j = 1, 2, \cdots, 8 \tag{3-8}$$

式中，n_{ij} 表示第 i 个等级幅值第 j 个等级均值对应转矩载荷的作用总数；X_{i+1}、X_i 分别为第 i 级转矩幅值的上、下限，可由 Conover 系数与极值转矩载荷的幅值 $X_{\max}$ 计算获得，如 $X_1=1.0\times X_{\max}$，以此类推；同理 Y_{j+1}、Y_j 分别为第 j 级转矩均值的上、下限，亦可由 Conover 系数与极值转矩载荷的均值 $Y_{\max}$ 计算获得。基于式 (3-8) 可计算不同转矩载荷与对应频次的二维载荷谱。

3.2.2　实例分析

以某型焊接机器人第一关节减速器的转矩载荷数据为例，详述载荷谱构建流

程。如图 3-4 所示，焊接机器人采用抖焊工艺完成 10cm 焊缝的焊接任务，采集第一关节减速器转矩和转速数据。采样频率为 8kHz，采集时间为 63s，记录连续完成三条焊缝的数据，获得原始载荷数据。

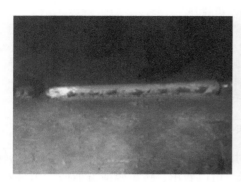

图 3-4　焊接机器人载荷数据采集

该焊接机器人第一关节转矩数据如图 3-5(a)所示。按照 3.2.1 节所述数据预处理方法，依次对转矩数据去除奇异点、消除趋势项、滤波降噪，处理后的转矩数据如图 3-5(b)所示。

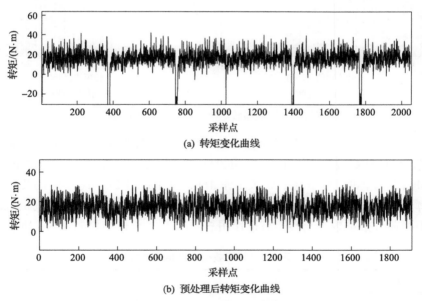

(a) 转矩变化曲线

(b) 预处理后转矩变化曲线

图 3-5　焊接机器人第一关节转矩数据

利用雨流计数法将转矩-时间历程转化成转矩循环频次，绘制减速器转矩雨流矩阵直方图如图 3-6 所示。

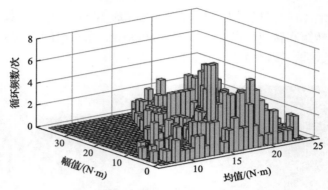

图 3-6　减速器转矩雨流矩阵直方图

　　为了更直观地分析转矩均值与幅值对应频次的分布规律，分别绘制减速器转矩幅值与均值的统计直方图如图 3-7 所示。可以看出，转矩幅值近似威布尔分布，转矩均值近似正态分布。

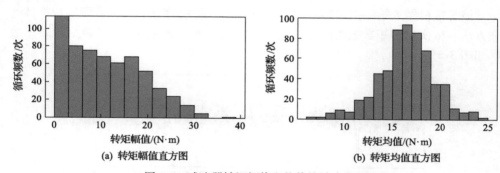

(a) 转矩幅值直方图　　　　　　　　　(b) 转矩均值直方图

图 3-7　减速器转矩幅值和均值统计直方图

　　基于式 (3-1) 获得该型焊接机器人第一关节减速器转矩概率密度函数的相关参数，确定极值转矩载荷幅值 X_{max}=2.9368N·m，极值转矩载荷均值 Y_{max}=19.4057N·m。假设机器人一星期工作 5 天，每天工作 16h，基于式 (3-2)～式 (3-5) 的载荷外推模型计算转矩载荷作用循环的总时间 T_S 及转矩载荷数据作用的总采集时间 t_p，并得到转矩载荷外推系数 ρ 与转矩载荷作用总频次 N_p，具体结果如表 3-3 所示。

表 3-3　转矩载荷外推相关参数

T_S/s	t_p/s	ρ	N_p/次
288000	2658	108.35	1440104

　　基于载荷作用总频次 N_p、极值转矩载荷的幅值 X_{max} 和均值 Y_{max}，以及转矩幅值与均值的概率密度函数 $f_X(x)$ 和 $f_Y(y)$，结合式 (3-8) 和 Conover 系数计算减速器不同转矩均值、幅值在全寿命周期内的对应频次，获得如表 3-4 所示的 8×8 二维载荷谱。

表 3-4　基于不同等级转矩均值和幅值的二维载荷谱

转矩均值/(N·m)	转矩幅值/(N·m)							
	1.5096 (1 级)	1.4340 (2 级)	1.2830 (3 级)	1.0943 (4 级)	0.8679 (5 级)	0.6415 (6 级)	0.4151 (7 级)	0.1887 (8 级)
46.0842	205502	410717	497843	441247	170652	30674	2016	12
43.7799	410861	820859	994967	881775	341160	61348	4032	24
39.1717	507780	101455	1229704	108980	421518	75893	4896	30
33.4115	494531	988199	1197734	1061500	410573	73877	4752	29
26.4982	165035	329783	399772	354265	137097	24626	1584	10
19.5859	108007	217455	263539	23329	9072	1584	105	1
12.6736	88	176	214	189	73	13	1	0
5.76055	1	1	1	1	1	1	0	0

以转矩作为加速应力对减速器进行加速试验时,可按照如图 3-8 所示的转矩变化过程对减速器加载,直到被测减速器的性能无法满足服役要求或出现其他类型的突发故障。按各级转矩频次占总频次的比例确定单个加载周期内该级转矩加载时长,实例中该焊接机器人第一关节减速器 1 级到 8 级转矩幅值占单个加载周期的时间比例分别为 12.63%、19.16%、30.62%、25.72%、9.95%、1.79%、0.12%和 0.01%。

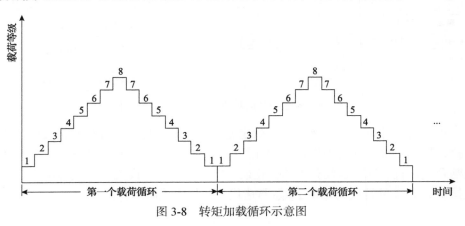

图 3-8　转矩加载循环示意图

3.3　服役工况下减速器磨损和传动精度的映射关系

本节以 RV 减速器为例,结合服役工况载荷谱计算轮齿的平均啮合压力、齿面磨损滑动距离,基于动态磨损系数与 Archard 模型计算轮齿磨损量;在此基础上,建立考虑轮齿磨损的刚柔耦合模型,研究服役载荷谱作用下 RV 减速器磨损与传动精度退化的映射关系。

3.3.1　减速器磨损对精度的影响规律

　　减速器轮齿磨损导致齿形变化和间隙增大是影响其传动精度的主要原因[3]，求解轮齿磨损深度是构建磨损-精度映射的关键。通过计算齿面接触压力、磨损系数与齿面滑动距离获得 RV 减速器轮齿的磨损量，基于刚柔耦合模型分析磨损量对减速器传动精度的影响规律。具体分析流程如图 3-9 所示，主要步骤如下。

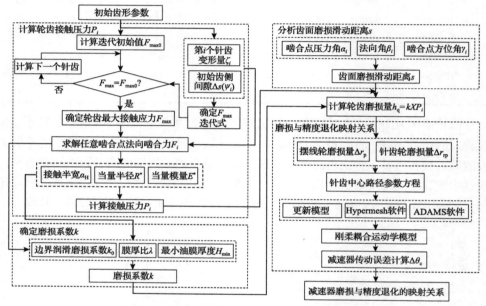

图 3-9　减速器磨损对精度影响规律分析流程

　　步骤 1：计算轮齿接触压力。确定轮齿最大接触应力是计算轮齿接触压力的前提，摆线轮最大啮合力作用于最先发生接触的啮合点，可通过其几何参数确定该啮合点位置，逐次迭代获得该位置最大接触力 F_{max}。设关节负载转矩为 T_C，最大接触力 F_{max} 的迭代初始值 F_{max0} 与迭代公式如下式所示：

$$F_{max0} = \frac{4T_C}{K_1 z_c r_p} \tag{3-9}$$

$$F_{max} = \frac{T_C}{\sum_{i=m}^{n} l_i \left(\frac{l_i}{l_{max}} - \frac{\Delta s(\Psi_i)}{\zeta_{max}} \right)} \tag{3-10}$$

式中，z_c 表示摆线轮齿数；$K_1 = a z_p / r_p$ 为短幅系数，r_p 表示针齿中心圆半径，z_p 为针齿个数，a 为偏心距；ζ_{max} 为啮合点最大变形量，可由 Hertz 公式计算获得；l_{max} 表示啮合点公法线到摆线轮中心的最大距离；l_i 为第 i 个针齿与摆线轮啮合点的公法线到摆线轮中心的距离；m 和 n 表示编号 m 到 n 的针齿同时参与啮合，可通过比较第 i 个针齿变形量 ζ_i 与该针齿对应的初始齿侧间隙 $\Delta s(\Psi_i)$ 的大小关系确定针齿是否参与啮合，即当第 i 个针齿变形量 ζ_i 大于初始齿侧间隙 $\Delta s(\Psi_i)$ 时，该针齿处于啮合状态。变形量 ζ_i 与初始齿侧间隙 $\Delta s(\Psi_i)$ 可由式 (3-11) 式 (3-12) 求得：

$$\zeta_i = \frac{l_i}{l_{\max}}\zeta_{\max} = \frac{\sin\Psi_i}{\sqrt{1+K_1^2+2K_1\cos\Psi_i}}\zeta_{\max} \tag{3-11}$$

$$\Delta s(\Psi_i) = \Delta r_{\mathrm{rp}}\left(1 - \frac{\sin\Psi_i}{\sqrt{1+K_1^2-2K_1\cos\Psi_i}}\right) - \Delta r_{\mathrm{p}}\left(\frac{1-K_1\cos\Psi_i-\sqrt{1-K_1^2}\sin\Psi_i}{\sqrt{1+K_1^2-2K_1\cos\Psi_i}}\right) \tag{3-12}$$

式中，Ψ_i 为第 i 个针齿相对输入轴的转角；Δr_{p}、Δr_{rp} 分别为沿啮合法向的摆线轮和针齿的齿面磨损量。

在确定 $F_{\max}$ 后，任意啮合点所受法向啮合力如式 (3-13) 所示：

$$F_i = \frac{\zeta_i - \Delta s(\Psi_i)}{\zeta_{\max}}F_{\max} \tag{3-13}$$

此时轮齿接触压力 P_i 为

$$P_i = \frac{F_i}{2a_{\mathrm{H}}b} \tag{3-14}$$

式中，b 为摆线轮有效齿宽；a_{H} 为接触半宽，满足 $a_{\mathrm{H}} = \sqrt{4F_iR^*/(\pi b E^*)}$，$R^*$ 为当量半径，且 $1/R^* = 1/R_1 + 1/R_2$，R_1 和 R_2 分别为摆线轮与针齿轮在啮合点的曲率半径，E^* 为当量模量，满足 $1/E^* = (1-\nu_1^2)/E_1 + (1-\nu_1^2)/E_2$，其中 ν_1 和 ν_2 分别为摆线轮和针齿轮的泊松比，E_1 和 E_2 分别为摆线轮和针齿轮的弹性模量。

步骤 2：确定轮齿磨损系数。基于动态磨损系数模型确定磨损系数 k 如下[4]：

$$k = \begin{cases} k_0, & \lambda < \dfrac{1}{2} \\[2mm] \dfrac{2}{7}k_0(4-\lambda), & \dfrac{1}{2} \leqslant \lambda < 4 \\[2mm] 0, & \lambda \geqslant 4 \end{cases} \tag{3-15}$$

式中，k_0 为边界润滑状态的磨损系数；$\lambda = H_{\min}/\sigma_{\mathrm{RMS}}$ 为膜厚比，σ_{RMS} 为两接触面粗糙度的均方根，$H_{\min}$ 表示摆线轮与针齿啮合点的最小油膜厚度，满足 $H_{\min} = 1.6\eta\left[(u_1+u_2)/2\right]^{0.77}a^{0.6}(2E^*)0.03R^{0.43}F_i/b$，$\eta$ 为黏度系数，$u_1 = \omega r_i^2$ 为啮

合点处摆线轮的切向速度，$r_i = r_c \sin(\xi_i)$ 表示第 i 个针齿与摆线轮的啮合点到其分布圆圆心的距离，$r_c = az_c/K_1$ 为摆线轮基圆半径，$u_2 = (1/i^z)\omega l_i$ 为啮合点处针齿的线速度，i^z 为摆线轮齿数与短幅系数的比值，ω 为曲柄轴角速度。

步骤 3：分析齿面磨损滑动距离。建立摆线轮与针齿轮的运动学模型如图 3-10 所示，$x_pO_py_p$ 和 $x_cO_cy_c$ 分别为针齿轮和摆线轮的静态坐标系，O_p、O_c 分别为针齿轮和摆线轮的几何中心，p 为摆线轮与针齿相对运动时的速度瞬心，O_pO_c 为曲柄偏心距，其长度为 a。由图 3-10 中几何关系可得：

$$\begin{cases} \alpha_i = \arctan\left(\dfrac{az_p \sin\psi_i}{r_p - az_p \cos\psi_i} \right) \\ \xi_i = \pi - \gamma_i - \alpha_i \\ \gamma_i = \mathrm{mod}\left(\dfrac{2\pi\tau}{z_p} - \Psi_i, \pi \right) \end{cases} \tag{3-16}$$

式中，r_p 表示针齿中心圆半径；α_i 为第 i 个针齿与摆线轮啮合点处的接触压力角；ξ_i 为法向角；γ_i 为啮合点位置矢量的方位角；ψ_i 为摆线轮啮合点的方位角，$\psi_i = \Psi_i - 2\tau\pi/i^H$，$i^H$ 为摆线轮与针齿轮的相对传动比，即 $i^H = z_p/z_c$；τ 为转速，单位为 r/min。

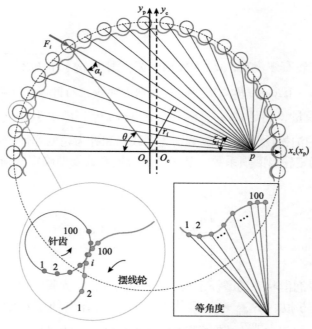

图 3-10　摆线轮与针齿轮运动学模型

将摩擦副之间的滑动距离 s 等效为两圆柱体之间的接触滑动[5,6]，即

$$s = 2a_{\mathrm{H}}\left(1 - \frac{u_1 \cos \alpha_i}{u_2}\right) \tag{3-17}$$

步骤 4：计算磨损量。基于滑动距离 s 计算总摩擦距离 X，即 $X = s\tau t\varepsilon_{\mathrm{a}}$，其中，$t$ 为运行时间，ε_{a} 为重合度[5]。通过步骤 1 获得的参与啮合的摆线轮与针齿的接触压力 P_i、基于滑动距离求得的总摩擦距离 X 和步骤 2 获得的磨损系数 k，利用 Archard 磨损模型[7]计算相应针齿与摆线轮啮合点处的磨损深度，即啮合点处的磨损量：

$$h_{\mathrm{q}} = kXP_i \tag{3-18}$$

步骤 5：分析减速器磨损与精度的映射关系。减速器的传动误差表示从动轮在服役中实际输出转角与理论输出转角之间的偏差，该偏差可用于表征减速器运动精度的退化过程。传动误差 $\Delta\theta_{\mathrm{c}}$ 定义为 $\Delta\theta_{\mathrm{c}} = \theta_{\mathrm{ca}} - \theta_{\mathrm{s}}/i^{\mathrm{p}}$，其中，$\theta_{\mathrm{ca}}$ 为实际输出转角，θ_{s} 为输入转角，i^{p} 为减速器传动比。而在实际测量中，单个旋转周期内的传动误差存在一定波动，因此在获得各时刻的误差后，基于式 (3-19) 计算减速器的实际传动误差：

$$\Delta\theta_{\mathrm{c}} = \max\left\{\Delta\theta_{\mathrm{c}}^*\right\} - \min\left\{\Delta\theta_{\mathrm{c}}^*\right\} \tag{3-19}$$

式中，$\Delta\theta_{\mathrm{c}}^*$ 为周期内各时刻传动误差组成的数据集。

将计算出的不同工作时长摆线轮磨损量 Δr_{p} 和针齿轮磨损量 Δr_{rp} 纳入摆线轮齿廓参数方程，获得考虑齿面磨损的摆线轮几何模型如下：

$$\begin{cases} x = \left[(r_{\mathrm{p}} + \Delta r_{\mathrm{p}}) - (r_{\mathrm{rp}} + \Delta r_{\mathrm{rp}})S\right]\cos\left[(1 - i^{\mathrm{H}})\theta\right] - \left[a - K_1(r_{\mathrm{rp}} + \Delta r_{\mathrm{rp}})S\right]\cos(i^{\mathrm{H}}\theta) \\ y = -\left[(r_{\mathrm{p}} + \Delta r_{\mathrm{p}}) - (r_{\mathrm{rp}} + \Delta r_{\mathrm{rp}})S\right]\sin\left[(1 - i^{\mathrm{H}})\theta\right] + \left[a - K_1(r_{\mathrm{rp}} + \Delta r_{\mathrm{rp}})S\right]\sin(i^{\mathrm{H}}\theta) \end{cases}$$
$$\tag{3-20}$$

式中，$S = 1 + K_1^2 - 2K_1\cos\theta$，$\theta$ 为啮合旋转角；r_{rp} 表示针齿半径；x、y 分别为摆线轮上各点横纵坐标值。

建立考虑磨损的减速器刚柔耦合仿真模型，求出减速器磨损后的实际输出转角并基于式 (3-19) 求解传动误差，获得减速器磨损与传动精度退化的映射关系。

3.3.2 实例分析

以某型搬运机器人第三关节 RV 减速器为例详述轮齿磨损深度对减速器传动精度影响规律的具体流程。考虑到 RV 减速器摆线轮更容易发生磨损，为了便于计算，仅考虑摆线轮的磨损情况。该型减速器摆线轮的几何参数如表 3-5 所示。

表 3-5 某型搬运机器人第三关节 RV 减速器主要几何参数

参数	数值	参数	数值
摆线轮齿数 z_c	39	总传动比 i^p	81
针齿个数 z_p	40	行星轮分度圆半径 r_b/mm	27
偏心距 a/mm	1.1	行星轮压力角 α_i	30
针齿半径 r_{rp}/mm	2	摆线轮有效齿宽 b/mm	8.75
针齿中心圆半径 r_p/mm	52	额定输出转矩 T/(N·m)	412
重合度 ε_a	1.3		

为确定搬运过程减速器摆线轮齿的受力情况，构建该机器人第三关节 RV 减速器载荷谱。在机器人服役过程中，减速器各摆线轮齿均会遍历载荷谱中所有载荷值，且各载荷出现概率与载荷谱的计算结果一致。因此为便于仿真计算，对载荷进行加权平均，获得作用于减速器中每个摆线轮齿的等效载荷，以此作为磨损分析的输入载荷。对预处理后的转矩与转速划分为 p 和 q 个区间，分别计算转矩和转速均值如下：

$$T_C = \sum_{i=1}^{p} T_i \cdot f_i \left/ \sum_{i=1}^{p} f_i \right. \tag{3-21}$$

$$\tau_C = \sum_{j=1}^{q} \tau_j \cdot f_j \left/ \sum_{j=1}^{q} f_j \right. \tag{3-22}$$

式中，T_C 为等效转矩，f_i 为转矩在各区间的频次，转矩区间划分方式为 $[T_i - \Delta T, T_i + \Delta T)$，其中 $\Delta T = (T_{max} - T_{min})/(2p)$，$T_{min}$ 为最小转矩，T_{max} 为最大转矩，满足 $T_i = T_{min} + (2i-1)\Delta T (i=1,2,\cdots,p)$；$\tau_C$ 为转速均值，f_j 为转速在各区间的频次，转速区间划分方式为 $[\tau_j - \Delta \tau, \tau_j + \Delta \tau)$，其中 $\Delta \tau = (\tau_{max} - \tau_{min})/(2q)$，$\tau_{min}$ 为最小转速，τ_{max} 为最大转速，满足 $\tau_j = \tau_{min} + (2j-1)\Delta \tau (j=1,2,\cdots,q)$。

根据式 (3-21) 和式 (3-22) 求得等效转矩为 312N·m，等效转速为 998.5r/min。基于式 (3-9) 与式 (3-10) 迭代出最大接触力 F_{max}，并通过式 (3-13)、式 (3-14) 与式 (3-17) 计算齿面啮合力 F_i、轮齿接触压力 P_i、滑动距离 s，获得其相对输出轴转角 Ψ_i 的变化规律如图 3-11 所示。

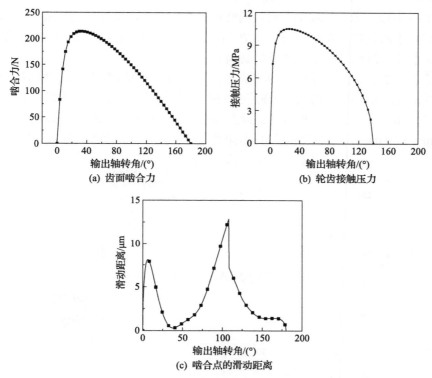

图 3-11　减速器齿面啮合力、轮齿接触压力及滑动距离相对输出轴转角的变化规律

将轮齿接触压力 P_i、磨损系数 k 和滑动距离 s 代入式 (3-18)，求得等效载荷下不同工作时长摆线轮齿面磨损量随输出轴转角的变化规律如图 3-12 所示。

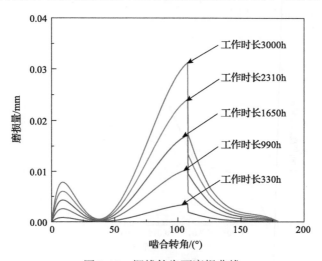

图 3-12　摆线轮齿面磨损曲线

由图 3-12 可知, 不同工作时长的磨损量在啮合区内从齿顶到齿根经历两次先增大后减小的过程, 在 $\Psi_i=8.57°$ 和 $\Psi_i=107.36°$ 存在两个峰值, 表明在这两个啮合点处, 摆线轮齿面发生了较严重的磨损。

基于式(3-20)计算磨损后减速器齿形, 构建考虑磨损的摆线轮几何模型, 对减速器摆线轮与针齿轮进行柔性化处理并建立刚柔耦合模型。减速器工作时长为 330h、990h、1650h、2310h 及 3000h 时齿面最大磨损量分别为 0.003mm、0.01mm、0.017mm、0.023mm 和 0.03mm, 通过仿真可得不同磨损量下实际输出转速如图 3-13 所示。

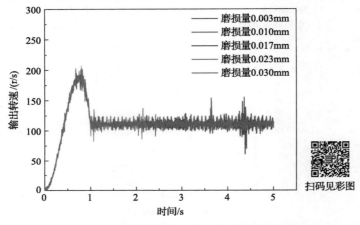

扫码见彩图

图 3-13　不同磨损量下输出转速-时间曲线

考虑到摆线轮在初期加速运动, 输出转速振荡较大, 在 1.2s 后趋于平稳, 因此仅提取 1.2s 后的输出转速。基于式(3-19)求得减速器摆线轮在不同磨损量下的传动精度退化量, 如图 3-14 所示。

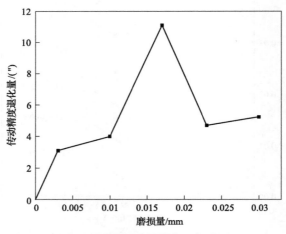

图 3-14　磨损量与精度退化关系

由图 3-14 可知，减速器传动精度退化量随磨损量的增长呈上升趋势，但磨损过程中传动精度退化出现弹性回归，与 RV 减速器疲劳试验结果一致[8]，这可能由减速器各部件运行中的弹性形变及容错设计造成。此外，减速器精度退化的弹性回归有限，一段时间后减速器精度继续下降，且退化量随工作时间累积而增加。因此，需要进一步研究减速器精度可靠性评估及寿命预测方法，为机器人运维提供指导。

3.4　工业机器人减速器加速退化试验与精度可靠性评估

本节介绍工业机器人减速器加速退化试验方法以及精度可靠性及寿命评估方法，以 RV 减速器为例对所提方法进行详细阐述。

3.4.1　减速器加速退化试验方法

工业机器人减速器寿命通常在几千甚至上万小时，额定转速和载荷下进行可靠性试验的成本高、效率低，因此，在不改变减速器失效机理的情况下，开展加速退化试验研究。本节以 RV 减速器为例，具体试验方案如下。

（1）加速应力形式：选择转矩作为加速应力。

（2）加载应力：以被测 RV 减速器容许峰值转矩作为加速试验的加载应力，即 2.5 倍额定载荷转矩，经强度校核计算可知，该载荷不会导致该型减速器齿面接触应力超过许用应力。

（3）应力加载方式：恒定应力加载。

（4）试验转速：1815r/min。

（5）样本数量：试验样本为三台 RV 减速器，各减速器在试验中的温度、转矩、转速、润滑条件等完全一致。

（6）失效判据：《机器人用精密摆线针轮减速器》[9]规定 RV 减速器传动精度（传动误差）不应高于 60″（弧秒），以被试减速器 RV-20E 为例，其传动精度初始值约为 40″，故假设减速器传动精度增加 20″时失效，即失效阈值为 $D_f = 20″$。此外，试验过程中，如减速器出现性能骤降、表面温度过高、异常响动等情况应立即停止试验。

试验台结构如图 3-15 所示，RV 减速器输入、输出端装有角度、转速、转矩传感器等，能够测试减速器刚度、效率、精度、回差等性能参数，试验过程中可实时监测减速器温度。试验台输入输出角度的编码器精度误差在 ±1″ 之内。

根据制定的 RV 减速器加速退化试验方案，对三台 RV-20E 型减速器开展加速退化试验，加速应力为 412N·m（额定转矩为 167N·m），试验以传动精度退化量作为减速器性能评价指标，定期添加润滑脂并记录减速器传动精度退化数据。三台减速器传动精度退化量如表 3-6 所示。

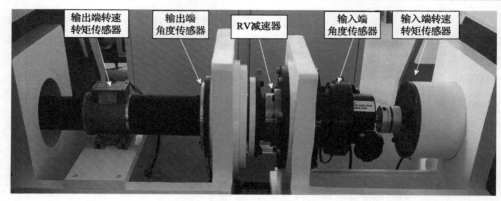

图 3-15　RV 减速器试验台

表 3-6　试验中减速器传动精度退化量[8]

时间节点	第 1 台(初始值 47.83″)		第 2 台(初始值 42.68″)		第 3 台(初始值 49.09″)	
	时间/h	传动精度退化量/(″)	时间/h	传动精度退化量/(″)	时间/h	传动精度退化量/(″)
t_1	12	4.06	12	3.58	8	4.16
t_2	24	4.13	24	3.84	16	4.85
t_3	36	5.13	36	4.04	24	5.15
t_4	52	7.23	48	4.04	32	6.19
t_5	68	6.73	60	6.57	40	6.32
t_6	82	4.76	72	6.93	48	7.35
t_7	96	4.48	84	5.23	56	6.95
t_8	110	6.30	96	6.89	64	6.89
t_9	124	6.28	108	8.58	72	6.11
t_{10}	140	8.21	120	8.67	80	5.62
t_{11}	156	8.98	132	10.60	88	6.41
t_{12}	172	7.04	144	11.36	96	7.06
t_{13}	188	9.95	156	13.10	104	9.00
t_{14}	204	11.76	168	12.71	112	9.46
t_{15}	—	—	180	16.16	120	9.98

　　由表 3-6 可以看出，三台减速器传动精度退化量随时间推移不断增大，但由于个体差异及加工误差影响，各减速器退化速度略有不同。根据滚动接触疲劳理论[10]，基于式(3-23)将加速应力下减速器传动精度退化量转化为额定转矩下数据：

$$L_h = t \frac{N_0}{N_m} \left(\frac{T_0}{T_m} \right)^{\frac{10}{3}} \tag{3-23}$$

式中，L_h 表示折算后时间；N_m 表示平均输出转速；T_m 表示平均负载转矩；N_0 表示额定输出转速；T_0 表示额定转矩；t 表示加速应力下试验时间。基于表 3-6 中减速器传动精度退化数据，结合式（3-23）可得减速器额定转矩下工作时间所对应的传动精度退化量如图 3-16 所示。

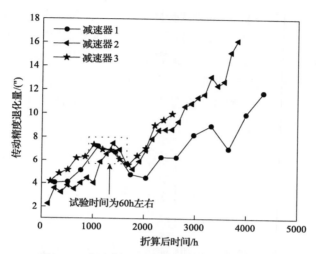

图 3-16　额定转矩下减速器传动精度退化量[8]

由图 3-16 中可以看出，在约 1000～2000h 期间，三台减速器传动精度退化均有不同程度的弹性回归，各减速器弹性回归时间略有不同。将弹性回归时间对应到加速应力的试验时间，可知经过试验前 60h 的充分磨合，减速器运行状态达到最佳，由磨合磨损期进入到缓慢磨损期，该阶段减速器发生失效的概率减小，传动精度退化量有所下降，之后传动精度退化量继续上升，整体呈现出两阶段的退化特征。由以上分析可知，减速器传动精度退化过程中存在衔接两个退化阶段的变点，在精度退化建模中需要考虑变点的影响。

3.4.2　考虑退化变点的减速器传动精度模型

针对减速器传动精度退化数据特点，结合其退化过程中的变点影响，提出一种考虑测量误差和随机变点的传动精度退化建模方法。假设 RV 减速器传动精度退化过程存在时间变点 δ，设 $X(t)$ 为减速器传动精度在 t 时刻的退化量观测值，当 $t \leqslant \delta$ 时，RV 减速器的退化模型记为 $X_{(1)}\left(t; a_0, \mu_1, \sigma_1, \varepsilon_1\right)$，当 $t > \delta$ 时，退化模型记为 $X_{(2)}\left(t; a_\delta, \mu_2, \sigma_2, \varepsilon_2\right)$。其中，$a_0$、$a_\delta$ 分别表示两个退化阶段传动精度的初始退化量；μ_1、μ_2 表示两阶段传动精度的退化速度；σ_1、σ_2 表示两阶段传动精度的标准差；ε_1、ε_2 表示两阶段传动精度的测量误差，设其均服从正态分布，即 $\varepsilon_1 \sim N\left(0, \sigma_{\varepsilon_1}^2\right)$，$\varepsilon_2 \sim N\left(0, \sigma_{\varepsilon_2}^2\right)$，则考虑测量误差和变点的减速器两阶段传动精度退

化模型为[11]

$$X(t) = \begin{cases} X_{(1)}\left(t; a_0, \mu_1, \sigma_1, \varepsilon_1\right) = a_0 + \mu_1 t + \sigma_1 W(t) + \varepsilon_1, & 0 \leqslant t \leqslant \delta \\ X_{(2)}\left(t; a_\delta, \mu_2, \sigma_2, \varepsilon_2\right) = a_\delta + \mu_2(t-\delta) + \sigma_2 W(t-\delta) + \varepsilon_2, & t > \delta \end{cases} \quad (3\text{-}24)$$

不失一般性，假设 RV 减速器试验样本量为 n，各样本退化量的测量次数为 m_i 次，i 为样本编号，$i=1,2,\cdots,n$；t_{ij} 为第 i 个样本的第 j 次测量时间，x_{ij} 表示对应退化量的测量值，$j=1,2,\cdots,k_i,\cdots,m_i$；$t_{ik_i}$ 表示第 i 个样本从第一退化阶段向第二阶段转变的时间。当样本 i 的变点 δ_i 位于两个连续的测试时间之内时，即 $t_{ik_i} \leqslant \delta_i \leqslant t_{i(k_i+1)}$，变点 δ_i 把测试数据分为两段，分别建立两段数据的似然函数。对于 $t \leqslant t_{ik_i}$ 的测试数据，令

$$X_{(1)i} = \begin{bmatrix} x_{i1} - a_0 \\ x_{i2} - a_0 \\ \vdots \\ x_{ik_i} - a_0 \end{bmatrix}, \quad P_{(1)i} = \begin{bmatrix} t_{i1} \\ t_{i2} \\ \vdots \\ t_{ik_i} \end{bmatrix}, \quad Q_{(1)i} = \begin{bmatrix} t_{i1} & t_{i1} & \cdots & t_{i1} \\ t_{i1} & t_{i2} & \cdots & t_{i2} \\ \vdots & \vdots & & \vdots \\ t_{i1} & t_{i2} & \cdots & t_{ik_i} \end{bmatrix} \quad (3\text{-}25)$$

式中，$X_{(1)i}$ 服从 k_i 维正态分布，其均值为 μ_1，协方差矩阵为 $\Sigma_{(1)i} = \sigma_1^2 Q_{(1)i} + \sigma_{\varepsilon_1}^2 I_{k_i}$，$I_{k_i}$ 为 k_i 阶单位矩阵，样本 i 在 $\left[t_{i1}, t_{ik_i}\right]$ 区间的似然函数可表示为

$$\ln L_{(1)i} = -\frac{k_i}{2}\ln(2\pi) - \frac{1}{2}\ln\left|\Sigma_{(1)i}\right| - \frac{1}{2}\left(X_{(1)i} - \mu_1 P_{(1)i}\right)^{\mathrm{T}} \Sigma_{(1)i}^{-1}\left(X_{(1)i} - \mu_1 P_{(1)i}\right) \quad (3\text{-}26)$$

对于 $t > t_{ik_i}$ 后的测试数据，令

$$X_{(2)i} = \begin{bmatrix} x_{i(k_i+1)} - a_\delta \\ x_{i(k_i+2)} - a_\delta \\ \vdots \\ x_{im_i} - a_\delta \end{bmatrix}, \quad P_{(2)i} = \begin{bmatrix} t_{i(k_i+1)} \\ t_{i(k_i+2)} \\ \vdots \\ t_{im_i} \end{bmatrix}, \quad Q_{(2)i} = \begin{bmatrix} t_{i(k_i+1)} & t_{i(k_i+1)} & \cdots & t_{i(k_i+1)} \\ t_{i(k_i+1)} & t_{i(k_i+2)} & \cdots & t_{i(k_i+2)} \\ \vdots & \vdots & & \vdots \\ t_{i(k_i+1)} & t_{i(k_i+2)} & \cdots & t_{im_i} \end{bmatrix}$$

$$(3\text{-}27)$$

式中，$X_{(2)i}$ 服从 $(m_i - k_i)$ 维正态分布，其均值为 μ_2，协方差矩阵为 $\Sigma_{(2)i} = \sigma_2^2 Q_{(2)i} + \sigma_{\varepsilon_2}^2 I_{(m_i-k_i)}$，$I_{(m_i-k_i)}$ 为 $(m_i - k_i)$ 阶单位矩阵，样本 i 在 $\left[t_{i(k_i+1)}, t_{im_i}\right]$ 区间的似然函数可表示为

$$\ln L_{(2)i} = -\frac{m_i - k_i}{2}\ln(2\pi) - \frac{1}{2}\ln\left|\Sigma_{(2)i}\right| - \frac{1}{2}\left(X_{(2)i} - \mu_2 P_{(2)i}\right)^{\mathrm{T}} \Sigma_{(2)i}^{-1}\left(X_{(2)i} - \mu_2 P_{(2)i}\right)$$

$$(3\text{-}28)$$

综上，减速器在 $[t_1, t_n]$ 的似然函数为

$$\ln L = \sum_{i=1}^{n} \left(\ln L_{(1)i} + \ln L_{(2)i} \right) \tag{3-29}$$

分别对式(3-26)和式(3-28)求参数 μ_1、μ_2、σ_1^2 和 σ_2^2 的偏导，获得各参数的极大似然估计为

$$\begin{cases} \mu_1 = \dfrac{\sum\limits_{i=1}^{n} \boldsymbol{P}_{(1)i}^{\mathrm{T}} \boldsymbol{\Sigma}_{(1)i}^{-1} \boldsymbol{X}_{(1)i}}{\sum\limits_{i=1}^{n} \boldsymbol{P}_{(1)i}^{\mathrm{T}} \boldsymbol{\Sigma}_{(1)i}^{-1} \boldsymbol{P}_{(1)i}}, \quad \sigma_1^2 = \dfrac{\sum\limits_{i=1}^{n} \left(\boldsymbol{X}_{(1)i} - \mu_1 \boldsymbol{P}_{(1)i} \right)^{\mathrm{T}} \boldsymbol{\Sigma}_{(1)i}^{-1} \left(\boldsymbol{X}_{(1)i} - \mu_1 \boldsymbol{P}_{(1)i} \right)}{\sum\limits_{i=1}^{n} k_i} \\[4mm] \mu_2 = \dfrac{\sum\limits_{i=1}^{n} \boldsymbol{P}_{(2)i}^{\mathrm{T}} \boldsymbol{\Sigma}_{(2)i}^{-1} \boldsymbol{X}_{(2)i}}{\sum\limits_{i=1}^{n} \boldsymbol{P}_{(2)i}^{\mathrm{T}} \boldsymbol{\Sigma}_{(2)i}^{-1} \boldsymbol{P}_{(2)i}}, \quad \sigma_2^2 = \dfrac{\sum\limits_{i=1}^{n} \left(\boldsymbol{X}_{(2)i} - \mu_2 \boldsymbol{P}_{(2)i} \right)^{\mathrm{T}} \boldsymbol{\Sigma}_{(2)i}^{-1} \left(\boldsymbol{X}_{(2)i} - \mu_2 \boldsymbol{P}_{(2)i} \right)}{\sum\limits_{i=1}^{n} \left(m_i - k_i \right)} \end{cases} \tag{3-30}$$

将式(3-30)代入式(3-29)，采用多维搜索算法对边缘似然函数最大化，可得测量误差的估计值 $\left(\hat{\sigma}_{\varepsilon_1}^2, \hat{\sigma}_{\varepsilon_2}^2 \right)$。利用 BIC 准则对减速器传动精度退化过程的变点进行估计。BIC 准则定义为

$$\mathrm{BIC} = -2\ln(L(y|\theta)) + N\ln(n) \tag{3-31}$$

式中，$L(y|\theta)$ 为似然函数，θ 为未知参数；N 表示模型中未知参数的个数。应用 BIC 准则估计变点时记为

$$\begin{aligned} \mathrm{BIC}(k_i) &= -2\ln L\left(\hat{\mu}_1, \hat{\sigma}_{1}, \hat{\sigma}_{\varepsilon_1}, \hat{\mu}_2, \hat{\sigma}_2, \hat{\sigma}_{\varepsilon_2} \right) + 6\ln m_i \\[2mm] &= \frac{1}{(2\pi)^{\frac{k_i}{2}} \left| \boldsymbol{\Sigma}_{(1)i} \right|^{\frac{1}{2}}} \mathrm{e}^{-\frac{1}{2}\left(\boldsymbol{X}_{(1)i} - \mu_1 \boldsymbol{P}_{(1)i} \right)^{\mathrm{T}} \boldsymbol{\Sigma}_{(1)i}^{-1} \left(\boldsymbol{X}_{(1)i} - \mu_1 \boldsymbol{P}_{(1)i} \right)} \\[2mm] &\quad \times \frac{1}{(2\pi)^{\frac{m_i - k_i}{2}} \left| \boldsymbol{\Sigma}_{(2)i} \right|^{\frac{1}{2}}} \mathrm{e}^{-\frac{1}{2}\left(\boldsymbol{X}_{(2)i} - \mu_2 \boldsymbol{P}_{(2)i} \right)^{\mathrm{T}} \boldsymbol{\Sigma}_{(2)i}^{-1} \left(\boldsymbol{X}_{(2)i} - \mu_2 \boldsymbol{P}_{(2)i} \right)} + 6\ln m_i \\[2mm] &= m_i \ln(2\pi) + \ln\left| \boldsymbol{\Sigma}_{(1)i} \right| + \ln\left| \boldsymbol{\Sigma}_{(2)i} \right| + \left(\boldsymbol{X}_{(1)i} - \mu_1 \boldsymbol{P}_{(1)i} \right)^{\mathrm{T}} \boldsymbol{\Sigma}_{(1)i}^{-1} \left(\boldsymbol{X}_{(1)i} - \mu_1 \boldsymbol{P}_{(1)i} \right) \\[2mm] &\quad + \left(\boldsymbol{X}_{(2)i} - \mu_2 \boldsymbol{P}_{(2)i} \right)^{\mathrm{T}} \boldsymbol{\Sigma}_{(2)i}^{-1} \left(\boldsymbol{X}_{(2)i} - \mu_2 \boldsymbol{P}_{(2)i} \right) + 6\ln m_i \end{aligned} \tag{3-32}$$

将式(3-30)和测量误差估计值 $\left(\hat{\sigma}_{\varepsilon_1}^2, \hat{\sigma}_{\varepsilon_2}^2 \right)$ 代入式(3-32)，根据 BIC 准则，可确

定变点所在区间的估计值 $\hat{k}_i$ 为

$$\hat{k}_i = \underset{1 \le k_i \le m_i - 1}{\arg\min} \mathrm{BIC}(k_i) \tag{3-33}$$

针对某 RV 减速器，假设变点所在区间为 $[t_1, t_2), \cdots, [t_{k_i}, t_{k_i+1}), \cdots, [t_{m_i-1}, t_{m_i})$，计算对应的 BIC 值。图 3-17 给出了三台 RV 减速器传动精度退化数据在各区间的 BIC 值。

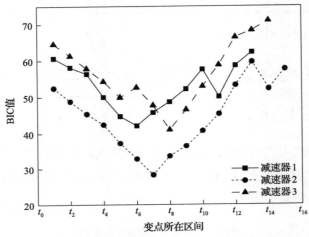

图 3-17　三台 RV 减速器精度退化数据在各区间的 BIC 值[11]

由图 3-17 可以看出，三台减速器的传动精度退化数据分别在时间区间 $[t_6, t_7)$、$[t_7, t_8)$ 和 $[t_8, t_9)$ 中存在最小 BIC 值。按照表 3-6 对应到试验中的时间区间，基于式 (3-23) 转化为额定转矩下数据为 $[1738.9, 2035.8)$、$[1781.3, 1908.6)$ 和 $[1696.5, 1866.2)$。将 $\hat{k}_i$ 的估计值和测量误差估计值 $(\hat{\sigma}_{\varepsilon_1}^2, \hat{\sigma}_{\varepsilon_2}^2)$ 代入式 (3-30)，可获得参数 $\hat{\mu}_1$、$\hat{\sigma}_1^2$、$\hat{\mu}_2$、$\hat{\sigma}_2^2$ 估计值如表 3-7 所示。由表 3-7 可以看出，RV 减速器在一、二阶段的传动精度退化速度和波动程度存在较大差异，分段考虑能更准确描述减速器传动精度的退化过程，与 3.3 节磨损与精度退化关系分析结果一致。

表 3-7　减速器精度退化模型参数估计结果[11]

参数	$\hat{\mu}_1$	$\hat{\sigma}_1^2$	$\hat{\sigma}_{\varepsilon_1}^2$	$\hat{\mu}_2$	$\hat{\sigma}_2^2$	$\hat{\sigma}_{\varepsilon_2}^2$
取值	0.0029	0.011	0.016	0.0041	0.0043	0.025

针对第 i 个减速器样本，通过 BIC 准则确定变点区间为 $[t_{\hat{k}_i}, t_{\hat{k}_i+1})$，采用残差

平方和 (sum of squares errors, SSE) 最小准则计算变点估计值 $\hat{\delta}_i$：

$$
\begin{aligned}
\mathrm{SSE}_i &= E\left[\sum_{j=1}^{m_i}\left(x(t_{ij}) - X(t_{ij})\right)^2\right] \\
&= \sum_{j=1}^{k_i}\left[\left(x(t_{ij}) - \hat{\mu}_1 t_{ij}\right)^2 + \hat{\sigma}_1^2 t_{ij} + \hat{\sigma}_{\varepsilon_1}^2\right] \\
&\quad + \sum_{j=k_i+1}^{m_i}\left[\left(x(t_{ij}) - a_\delta - \hat{\mu}_2(t_{ij} - \delta_i)\right)^2 + \hat{\sigma}_2^2(t_{ij} - \delta_i) + \hat{\sigma}_{\varepsilon_2}^2\right] \\
&= \sum_{j=1}^{k_i}\left[\left(x(t_{ij}) - \hat{\mu}_1 t_{ij}\right)^2 + \hat{\sigma}_1^2 t_{ij} + \hat{\sigma}_{\varepsilon_1}^2\right] + \sum_{j=k_i+1}^{m_i}\left[\left(x(t_{ij}) - a_\delta - \hat{\mu}_2 t_{ij}\right)^2 + \hat{\sigma}_2^2 t_{ij} + \hat{\sigma}_{\varepsilon_2}^2\right] \\
&\quad + \left[2\hat{\mu}_2\sum_{j=k_i+1}^{m_i}\left(x(t_{ij}) - \hat{\mu}_2 t_{ij}\right) - (m_i - k_i)\left(2\hat{\mu}_2 a_\delta + \hat{\sigma}_2^2\right)\right]\delta_i + (m_i - k_i)\hat{\mu}_2\delta_i^2 \\
&= A\delta_i^2 + B\delta_i + C
\end{aligned}
$$

(3-34)

式 (3-34) 可视为 δ_i 的一元二次方程，通过方程系数 A、B、C 找出 SSE_i 最小值以求得变点估计值 $\hat{\delta}_i$。方程系数表达式为

$$
\begin{aligned}
A &= (m_i - k_i)\hat{\mu}_2 \\
B &= 2\hat{\mu}_2\sum_{j=k_i+1}^{m_i}\left(x(t_{ij}) - \hat{\mu}_2 t_{ij}\right) - (m_i - k_i)\left(2\hat{\mu}_2 a_\delta + \hat{\sigma}_2^2\right) \\
C &= \sum_{j=1}^{k_i}\left[\left(x(t_{ij}) - \hat{\mu}_1 t_{ij}\right)^2 + \hat{\sigma}_1^2 t_{ij} + \hat{\sigma}_{\varepsilon_1}^2\right] \\
&\quad + \sum_{j=k_i+1}^{m_i}\left[\left(x(t_{ij}) - a_\delta - \hat{\mu}_2 t_{ij}\right)^2 + \hat{\sigma}_2^2 t_{ij} + \hat{\sigma}_{\varepsilon_2}^2\right]
\end{aligned}
$$

(3-35)

考虑加工误差和装配误差对 RV 减速器的影响，不同样本变点值和所在区间可能不同，假设减速器传动精度退化过程中的变点服从正态分布，即 $\hat{\delta}_i \sim N(\hat{\mu}_\delta, \hat{\sigma}_\delta^2)$，根据极大似然估计可确定变点分布参数的估计值 $\hat{\mu}_\delta$ 和 $\hat{\sigma}_\delta^2$ 为

$$
\begin{cases}
\hat{\mu}_\delta = \dfrac{1}{n}\sum_{i=1}^{n}\hat{\delta}_i = \overline{\hat{\delta}_i} \\[2mm]
\hat{\sigma}_\delta^2 = \dfrac{1}{n}\sum_{i=1}^{n}\left(\hat{\delta}_i - \overline{\hat{\delta}_i}\right)^2
\end{cases}
$$

(3-36)

基于式 (3-35) 和式 (3-36) 计算式 (3-34)。变点函数系数 A、B、C 如表 3-8 所

示。由表中结果可知变点在区间 $\left[t_{k_i}, t_{k_i+1}\right)$ 上的 SSE_i 递增，故 SSE_i 在 $t=t_{k_i}$ 处取得最小值。

表 3-8　　变点函数系数[11]

i	A	B	C
1	0.0326	−0.3982	0.1637
2	0.0652	−0.2845	0.4582
3	0.0204	−0.0707	0.5765

表 3-9 给出了每台 RV 减速器样本变点所在区间及其估计值，根据表中参数值可得变点分布参数的估计值为 $\hat{\mu}_\delta = 1738.9$，$\hat{\sigma}_\delta = 34.6$。

表 3-9　　变点所在区间及其估计值[11]

i	1	2	3
$\left[t_{k_i}, t_{k_i+1}\right)$	[1738.9,2035.8)	[1781.3,1908.6)	[1696.5,1866.2)
δ_i	1738.9	1781.3	1696.5

3.4.3　减速器精度可靠性评估

RV 减速器传动精度退化量的观测值 $X(t)$ 随时间呈递增趋势，设 a 为初始退化量，D 为减速器失效阈值，则 $X(t)$ 首次达到失效阈值 D 的时间可表示为[12]

$$T = \inf\{t : \mu t + \sigma B(t) \geqslant D - \varepsilon - a \,|\, a < D\} \tag{3-37}$$

式中，ε 代指两阶段测量误差，由 3.4.2 节可知其服从正态分布；$\{B(t), t > 0\}$ 为标准布朗运动，满足 $B(t) \sim N\left(0, \sigma^2 t\right)$。考虑 RV 减速器样本间差异性，设退化过程一、二阶段的退化量初始值 a_0 和 a_δ 均服从正态分布，以 a_0 为例，$a_0 \sim N\left(\mu_{a_0}, \sigma_{a_0}^2\right)$，根据极大似然估计可得其估计值 $\left(\hat{\mu}_{a_0}, \hat{\sigma}_{a_0}^2\right)$ 为

$$\begin{cases} \hat{\mu}_{a_0} = \dfrac{1}{n}\sum_{i=1}^{n} x_{(1)i} \\ \hat{\sigma}_{a_0}^2 = \dfrac{1}{n}\sum_{i=1}^{n}\left(x_{(1)i} - \hat{\mu}_{a_0}\right)^2 \end{cases} \tag{3-38}$$

对于服从正态分布的变点，根据 3σ 原则，将 RV 减速器传动精度退化过程分成两阶段，第一阶段为 $t \leqslant \hat{\mu}_\delta - 3\hat{\sigma}_\delta$，第二阶段为 $t \geqslant \hat{\mu}_\delta + 3\hat{\sigma}_\delta$，令 $t_{\mu_1} = \hat{\mu}_\delta - 3\hat{\sigma}_\delta$，$t_{\mu_2} = \hat{\mu}_\delta + 3\hat{\sigma}_\delta$。设式 (3-37) 中 $D - \varepsilon - a = w_e$，则 RV 减速器的失效时间累积分布

函数 $F\left(t\middle|w_{\mathrm{e}},\mu\right)$ 及其概率密度函数 $f\left(t\middle|w_{\mathrm{e}},\mu\right)$、$f\left(w_{\mathrm{e}}\right)$ 分别为[11]

$$F\left(t\middle|w_{\mathrm{e}},\mu\right)=\begin{cases}F_{(1)}\left(t\middle|w_{\mathrm{e}},\mu\right)=\varPhi\left(\dfrac{\mu_1 t-w_{\mathrm{e}}}{\sigma_1\sqrt{t}}\right)\left(1-\mathrm{e}^{\frac{2\mu_1 w_{\mathrm{e}}}{\sigma_1^2}}\right), & t\leqslant t_{\mu_1}\\[4mm] F_{(2)}\left(t\middle|w_{\mathrm{e}},\mu\right)=\varPhi\left[\dfrac{\mu_2\left(t-t_{\mu_1}\right)-w_{\mathrm{e}}}{\sigma_2\sqrt{t-t_{\mu_1}}}\right]\left(1-\mathrm{e}^{\frac{2\mu_1 w_{\mathrm{e}}}{\sigma_1^2}}\right), & t\geqslant t_{\mu_2}\end{cases} \tag{3-39}$$

$$f\left(t\middle|w_{\mathrm{e}},\mu\right)=\begin{cases}f_{(1)}\left(t\middle|w_{\mathrm{e}},\mu\right)=\dfrac{w_{\mathrm{e}}}{\sqrt{2\pi t^3\sigma_1^2}}\mathrm{e}^{-\frac{\left(w_{\mathrm{e}}-\mu_1 t\right)^2}{2t\sigma_1^2}}, & t\leqslant t_{\mu_1}\\[6mm] f_{(2)}\left(t\middle|w_{\mathrm{e}},\mu\right)=\dfrac{w_{\mathrm{e}}}{\sqrt{2\pi\left(t-t_{\mu_1}\right)^3\sigma_2^2}}\mathrm{e}^{-\frac{\left[w_{\mathrm{e}}-\mu_2\left(t-t_{\mu_1}\right)\right]^2}{2\left(t-t_{\mu_1}\right)\sigma_2^2}}, & t\geqslant t_{\mu_2}\end{cases} \tag{3-40}$$

$$f\left(w_{\mathrm{e}}\right)=\begin{cases}f_{(1)}\left(w_{\mathrm{e}}\right)=\dfrac{1}{\sqrt{2\pi\left(\sigma_{a_0}^2+\sigma_{\varepsilon_1}^2\right)}}\mathrm{e}^{-\frac{\left[w_{\mathrm{e}}-\left(D-\mu_{a_0}\right)\right]^2}{2\left(\sigma_{a_0}^2+\sigma_{\varepsilon_1}^2\right)}}, & t\leqslant t_{\mu_1}\\[6mm] f_{(2)}\left(w_{\mathrm{e}}\right)=\dfrac{1}{\sqrt{2\pi\left(\sigma_{a_\delta}^2+\sigma_{\varepsilon_2}^2\right)}}\mathrm{e}^{-\frac{\left[w_{\mathrm{e}}-\left(D-\mu_{a_\delta}\right)\right]^2}{2\left(\sigma_{a_\delta}^2+\sigma_{\varepsilon_2}^2\right)}}, & t\geqslant t_{\mu_2}\end{cases} \tag{3-41}$$

式中，w_{e} 为服从正态分布的随机变量，即 $w_{\mathrm{e}}\sim N\left(D-\mu_a,\sigma_a^2+\sigma_\varepsilon^2\right)$。令 $\lambda_1=3\sqrt{\sigma_{a_0}^2+\sigma_{\varepsilon_1}^2}$，$\lambda_2=3\sqrt{\sigma_{a_\delta}^2+\sigma_{\varepsilon_2}^2}$，则 w_{e} 在第一阶段和第二阶段的取值范围为

$$\begin{cases}\left(D-\mu_{a_0}\right)-\lambda_1\leqslant w_{\mathrm{e}}\leqslant\left(D-\mu_{a_0}\right)+\lambda_1, & t\leqslant t_{\mu_1}\\[2mm] \left(D-\mu_{a_\delta}\right)-\lambda_2\leqslant w_{\mathrm{e}}\leqslant\left(D-\mu_{a_\delta}\right)+\lambda_2, & t\geqslant t_{\mu_2}\end{cases} \tag{3-42}$$

由全概率公式可知，当 a 为随机变量时，失效时间分布(概率密度)函数 $f(t)$、失效时间累积分布函数 $F(t)$ 及可靠度函数 $R(t)$ 分别为

$$f(t)=\begin{cases}f_{(1)}(t)=\displaystyle\int_{-\infty}^{+\infty}f_{(1)}\left(t\middle|w_{\mathrm{e}},\mu\right)f_{(1)}\left(w_{\mathrm{e}}\right)\mathrm{d}w_{\mathrm{e}}, & t\leqslant t_{\mu_1}\\[4mm] f_{(2)}(t)=\displaystyle\int_{-\infty}^{+\infty}f_{(2)}\left(t\middle|w_{\mathrm{e}},\mu\right)f_{(2)}\left(w_{\mathrm{e}}\right)\mathrm{d}w_{\mathrm{e}}, & t\geqslant t_{\mu_2}\end{cases} \tag{3-43}$$

$$F(t) = \begin{cases} F_{(1)}(t) = \displaystyle\int_{-\infty}^{+\infty} F_{(1)}\left(t \mid w_e, \mu\right) f_{(1)}(w_e)\mathrm{d}w_e, & t \leqslant t_{\mu_1} \\[3mm] F_{(2)}(t) = \displaystyle\int_{-\infty}^{+\infty} F_{(2)}\left(t \mid w_e, \mu\right) f_{(2)}(w_e)\mathrm{d}w_e, & t \geqslant t_{\mu_2} \end{cases} \tag{3-44}$$

$$R(t) = \begin{cases} R_{(1)}(t) = 1 - F_{(1)}(t), & t \leqslant t_{\mu_1} \\[2mm] R_{(2)}(t) = 1 - F_{(2)}(t), & t \geqslant t_{\mu_2} \end{cases} \tag{3-45}$$

为保证失效时间分布函数和可靠度函数的连续性,将时间区间$\left(t_{\mu_1}, t_{\mu_2}\right)$内的退化阶段视为第一到第二阶段的过渡阶段。根据$3\sigma$原则和剩余寿命$L_t$的定义,可得过渡阶段的失效时间分布和可靠度函数分别为[11]

$$f_{(1)(2)}(t) = \left(1 - \varPhi_\delta(t)\right) f_{(1)}(t) + \frac{\varPhi_\delta(t) f_{(2)}(t)}{R_{(1)}\left(t_{\mu_1}\right)}, \quad t_{\mu_1} < t < t_{\mu_2} \tag{3-46}$$

$$R_{(1)(2)}(t) = \left(1 - \varPhi_\delta(t)\right) R_{(1)}(t) + R_{(1)}\left(t_{\mu_1}\right) \varPhi_\delta(t) R_{(2)}(t), \quad t_{\mu_1} < t < t_{\mu_2} \tag{3-47}$$

式中,$R_{(1)}\left(t_{\mu_1}\right)$为第一阶段末的可靠度。

利用过渡阶段对第二阶段的失效时间分布和可靠度函数进行更新,更新后的表达式为[11]

$$f_{(2)^*}(t) = \frac{\displaystyle\int_{-\infty}^{+\infty} f_{(2)}\left(t \mid w_e, \mu\right) f_{(2)}(w_e)\mathrm{d}w_e}{R_{(1)(2)}\left(t_{\mu_2}\right)}, \quad t \geqslant t_{\mu_2} \tag{3-48}$$

$$R_{(2)^*}(t) = R_{(1)(2)}\left(t_{\mu_2}\right)\left(1 - F_{(2)}(t)\right), \quad t \geqslant t_{\mu_2} \tag{3-49}$$

式中,$R_{(1)(2)}\left(t_{\mu_2}\right)$为过渡阶段末时刻可靠度。

将表 3-7 中参数估计值代入式(3-43)～式(3-49),取传动精度失效阈值$D=20''$,可得 RV 减速器的失效时间概率密度和可靠度如图 3-18 和图 3-19 所示。由图可以看出,在前 3500h 内,该型减速器可靠度较高,发生失效的概率较低;在 4000 到 6000h 左右,减速器可靠度快速降低,失效概率显著增加,减速器性能逐渐无法满足使用要求。从图 3-18 中虚线框标记的变点位置可以看出,变点处失效时间分布曲线呈先上升后下降趋势,而由图 3-19 的局部放大图中可以看出,变点分布区间内的可靠度曲线下降速度变缓,下降速率小于第一阶段末时刻,这是由于减速器经过了偶然失效期，传动精度得到了小幅度回升。由上述分析可知，考虑随机变点的减速器精度模型更适用于评估工业机器人减速器的精度可靠性。

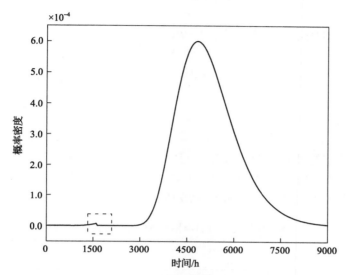

图 3-18　考虑随机变点的 RV 减速器失效时间概率密度[11]

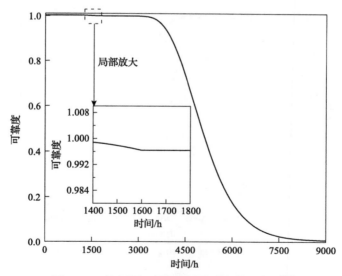

图 3-19　考虑随机变点的 RV 减速器可靠度[11]

　　为验证所提建模方法的有效性与适用性，应用上述试验数据，与文献[13]中未考虑变点随机性的两阶段退化模型进行对比，该模型如式(3-50)所示。

$$R(t) = \begin{cases} R_{(1)}\left(t; x_{01}, \mu_1, \sigma_1\right) = 1 - \Phi\left(\dfrac{x_{01} + \mu_1 t - D}{\sigma_1\sqrt{t}}\right) - \mathrm{e}^{\frac{2\mu_1(D-x_{01})}{\sigma_1^2}}\Phi\left(\dfrac{-D - x_{01} - \mu_1 t}{\sigma_1\sqrt{t}}\right), \quad 0 \leqslant t \leqslant \tau \\[4mm] R_{(2)}\left(t-\tau; x_{02}, \mu_2, \sigma_2\right)R_{(1)}(\tau) = \left\{1 - \Phi\left[\dfrac{x_{02} + \mu_2(t-\tau) - D}{\sigma_2\sqrt{(t-\tau)}}\right]\right. \\[4mm] \left. \qquad - \mathrm{e}^{\frac{2\mu_2(D-x_{02})}{\sigma_2^2}}\Phi\left[\dfrac{-D - x_{02} - \mu_2(t-\tau)}{\sigma_2\sqrt{(t-\tau)}}\right]\right\}R_{(1)}(\tau), \quad \tau < t \end{cases}$$

$$(3\text{-}50)$$

记本节建立的模型为 M_0，文献[13]中的模型为 M_1，模型 M_1 的参数估计结果如表 3-10 所示。基于式(3-45)、式(3-47)、式(3-49)与式(3-50)，获得基于两种模型的减速器传动精度可靠度如图 3-20 所示。

表 3-10　文献[13]中模型 M_1 的参数估计结果

参数	μ_1	σ_1^2	δ	μ_2	σ_2^2
取值	0.0034	0.0096	1837.9	0.0039	0.0048

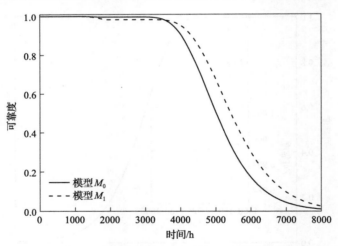

图 3-20　基于模型 M_0 和 M_1 的减速器可靠度[11]

由图 3-20 中可以看出，基于两种模型所得减速器可靠度曲线趋势大致相同，但基于模型 M_0 获得的可靠度曲线考虑了变点随机性的影响，减速器进入退化型失效期的时间比 M_1 模型提前，表明基于所提模型获得的精度可靠性评估结果更加保守且合理。

3.4.4　减速器剩余寿命预测

本节针对上述分析结果求解减速器平均寿命和剩余寿命的 α-分位点函数。对第一阶段可靠度函数式(3-45)、过渡阶段可靠度函数式(3-47)和更新后的第二阶段可靠度函数式(3-49)分别积分再求和，可得减速器平均寿命如下[11]：

$$E(t) = \int_0^{\hat{\mu}_\delta - 3\hat{\sigma}_\delta} R_{(1)}(t) + \int_{\hat{\mu}_\delta - 3\hat{\sigma}_\delta}^{\hat{\mu}_\delta + 3\hat{\sigma}_\delta} R_{(1)(2)}(t) + \int_{\hat{\mu}_\delta + 3\hat{\sigma}_\delta}^{+\infty} R_{(2)^*}(t) \qquad (3\text{-}51)$$

减速器剩余寿命的 α-分位点 $q_\alpha(t)$ 表示减速器在 t 时刻正常工作且以概率 $(1-\alpha)$ 继续正常工作的时长，可用来预测其剩余寿命。剩余寿命的 α-分位点 $q_\alpha(t)$ 与可靠度函数 $R(t)$ 的关系为

$$R\big(t + q_\alpha(t)\big) = (1-\alpha)R(t) \qquad (3\text{-}52)$$

$$q_\alpha(t) = R^{-1}[(1-\alpha)R(t)] - t \qquad (3\text{-}53)$$

分别基于所提模型 M_0 和文献[13]中模型 M_1，结合式(3-51)～式(3-53)预测减速器的平均寿命 $E(t)$、$t=0$ 时刻中位寿命 $q_{0.5}(0)$ 和 $t=3500\mathrm{h}$ 时刻中位寿命 $q_{0.5}(3500)$、$t=0$ 时刻 0.1-分位点寿命 $q_{0.1}(0)$ 和 $t=3500\mathrm{h}$ 时刻 0.1-分位点寿命 $q_{0.1}(3500)$，其结果如表 3-11 所示。

表 3-11　该型 RV 减速器的寿命预测结果[11]

退化建模方法	模型 M_0	模型 M_1
平均寿命 $E(t)$/h	5242.8	5590.6
$q_{0.5}(0)$/h	5016.2	5431.0
$q_{0.1}(0)$/h	4021.7	4310.9
$q_{0.5}(3500)$/h	1534.8	1956.1
$q_{0.1}(3500)$/h	573.5	884.9

由表 3-11 中可以看出，基于提出的模型 M_0 对减速器的寿命预测结果比基于文献[13]提出的模型 M_1 所得结果更小，这是由于模型 M_0 考虑了变点的差异性和随机性，且注意了测量误差，故基于所提模型能获得更合理的减速器剩余寿命预测结果。

从三台减速器样本中随机选取一组传动精度退化数据，以第二台为例，每隔

500h 设置一个监测点，记录其传动精度退化量，基于模型 M_0，结合式(3-43)、式(3-46)、式(3-48)和式(3-53)可得减速器在各监测点的剩余寿命分布，并与基于模型 M_1 获得的剩余寿命及减速器在各监测点的试验数据进行了比较，结果如图 3-21 所示。

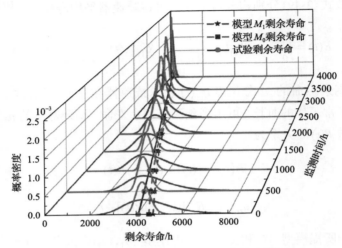

图 3-21　RV 减速器的剩余寿命分布[11]

由图 3-21 可以看出，基于两种模型获得的剩余寿命分布函数曲线均能覆盖减速器剩余寿命的试验值，且剩余寿命分布曲线均随时间推移逐渐变窄，表明预测结果的不确定性越来越小。基于模型 M_0 获得的剩余寿命分布曲线在每一个监测点均比模型 M_1 的结果更加窄而尖，表明提出的模型对减速器剩余寿命预测的精度更高。

3.5　基于电流信号的关节减速器故障特征分析

本节以工业机器人末端关节谐波减速器为例，考虑谐波减速器自身结构特点，结合工业机器人实际工况，介绍服役工况下关节机电耦合建模方法，为基于减速器直连电机的电流信号开展关节故障检测与诊断奠定理论基础。

3.5.1　服役工况下电机转矩模型

谐波减速器柔性薄壁轴承在凸轮的作用下会发生椭圆变形，在工作过程中，柔性薄壁轴承的长轴和短轴交替变化对其施加向外和向内的冲击，使轴承产生径向振动[14]，如图 3-22 所示。周期性振动导致谐波减速器直连电机的负载转矩出现周期性波动，进而影响直连电机的电流信号。

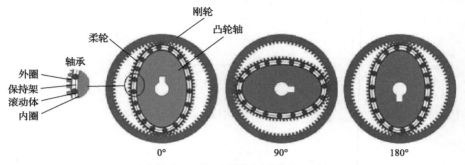

图 3-22　谐波减速器柔性薄壁轴承旋转时长短轴交替变化

谐波减速器柔性薄壁轴承长轴和短轴单位时间内交替通过某点的次数称为旋转冲击频率 f_d，则 $t = k/f_d$ 时刻电机负载转矩会出现波动，其中 $k=1,2,3,\cdots$ 为正整数。引入狄拉克广义函数，将电机负载转矩变化视为冲击函数，建立电机负载转矩 $T_L(t)$ 和旋转冲击频率 f_d 的时变负载转矩模型如下：

$$T_L(t) = T_L\left(1 + \sum_{k=-\infty}^{+\infty} \delta\left(t - \frac{k}{f_d}\right)\right) \tag{3-54}$$

式中，$\delta(t)$ 为狄拉克广义函数。对式 (3-54) 进行傅里叶级数展开可得：

$$\sum_{k=-\infty}^{+\infty} \delta\left(t - \frac{k}{f_d}\right) = f_d \sum_{k=-\infty}^{+\infty} e^{jk2\pi f_d t} = a_0 + 2f_d \sum_{k=1}^{+\infty} \sin\left(k2\pi f_d t + \varphi_d\right) \tag{3-55}$$

式中，a_0 为常数；φ_d 表示柔性薄壁轴承长短轴变化引起的转矩相位波动。将式 (3-55) 代入式 (3-54)，并将负载转矩分解为一个常量和一个周期性的变化量如下：

$$T_L(t) = T_{L0} + T_{Ld} \sum_{k=1}^{+\infty} \sin\left(k2\pi f_d t + \varphi_d\right) \tag{3-56}$$

式中，T_{L0} 为负载转矩常量；T_{Ld} 表示转矩幅值变化量。式 (3-56) 能够体现柔性薄壁轴承长短轴交替变化引起的周期性振动对电机负载转矩的影响。

谐波减速器柔性薄壁轴承发生故障时会在特定时间间隔产生冲击，使负载转矩出现周期性波动。单位时间内故障位置与非故障位置发生碰撞的次数称为故障特征频率，用 f_c 表示。其中，柔性薄壁轴承由外圈、内圈和滚动体故障产生的故障特征频率如下[15]。

外圈故障特征频率 f_o：

$$f_o = Z \cdot \frac{\omega_{cage}}{2\pi} = Z \cdot \frac{f_r\left[r + r_g(1 - \cos\alpha) + 2w\right]}{2(r + w + r_g)} \tag{3-57}$$

内圈故障特征频率 f_i：

$$f_i = Z \cdot \frac{\omega_r - \omega_{cage}}{2\pi} = Z \cdot \frac{f_r \left[r + r_g(1 + \cos \alpha) \right]}{2 \left(r + w + r_g \right)} \tag{3-58}$$

式中，$\omega_r = 2\pi f_r$；ω_{cage} 为保持架转动角速度，其表达式为

$$\omega_{cage} = \frac{\omega_r \left[r + r_g(1 - \cos \alpha) + 2w \right]}{2 \left(r + w + r_g \right)} \tag{3-59}$$

滚动体故障特征频率 f_b：

$$
\begin{aligned}
f_b &= \frac{f_i}{Z} \frac{r + w + r_g(1 - \cos \alpha)}{r_g} \\
&= \frac{f_r \left[r + r_g(1 + \cos \alpha) \right]}{2 \left(r + w + r_g \right)} \frac{r + w + r_g(1 - \cos \alpha)}{r_g}
\end{aligned}
\tag{3-60}
$$

式中，r 为轴承内圈半径；r_g 为滚动体半径；α 为接触角；w 为轴承内圈变形量；Z 为滚子数量；f_r 为电机转频；f_c 为柔性薄壁轴承故障频率，包括外圈故障特征频率 f_o、内圈故障特征频率 f_i 和滚动体故障特征频率 f_b。

从谐波减速器柔性薄壁轴承故障引起的电机机械变化入手，考虑柔性薄壁轴承长短轴交替变化与故障影响，基于式(3-56)提出变工况下工业机器人直连电机负载转矩变化模型为[16]

$$
\begin{aligned}
T_L(t) &= T_{L0}(t) + T_{Lc}(t) \sum_{l=1}^{+\infty} \sin \left(l \int_t \omega_c(\tau) \mathrm{d}\tau + \varphi_c \right) \\
&\quad + T_{Ld}(t) \sum_{k=1}^{+\infty} \sin \left(k \int_t \omega_d(\tau) \mathrm{d}\tau + \varphi_d \right)
\end{aligned}
\tag{3-61}
$$

式中，$T_{L0}(t)$ 为负载转矩常量；$T_{Lc}(t)$ 为柔性薄壁轴承故障引起的负载转矩变化量；$T_{Ld}(t)$ 为柔性薄壁轴承长短轴交替变化引起的负载转矩变化量；$\omega_c = 2\pi f_c$，f_c 表示故障特征频率，φ_c 为 f_c 对应相角；$\omega_d = 2\pi f_d$，f_d 为长短轴交替变化引起的冲击振动频率，φ_d 为 f_d 对应相角。考虑工业机器人实际运行中，减速器直连电机的负载转矩随负载变化而变化，电磁转矩和负载转矩在关节处达到动态平衡，因此，变载变速工况下电机的电磁转矩为[16]

$$T_{e}(t) = T_{e0}(t) + T_{ec}(t)\sum_{l=1}^{+\infty}\sin\left(l\int_{t}\omega_{c}(\tau)\mathrm{d}\tau + \varphi_{c}\right)$$
$$+ T_{ed}(t)\sum_{k=1}^{+\infty}\sin\left(k\int_{t}\omega_{d}(\tau)\mathrm{d}\tau + \varphi_{d}\right) \tag{3-62}$$

式中，$T_{e0}(t)$ 为电磁转矩常量；$T_{ec}(t)$ 为柔性薄壁轴承故障引起的电磁转矩变化量；$T_{ed}(t)$ 为柔性薄壁轴承长短轴交替变化引起的电磁转矩变化量。

3.5.2　减速器故障对电机电流的影响特性

由式 (3-61) 与式 (3-62) 可知，当工业机器人关节减速器发生故障时，电机负载转矩和电磁转矩发生变化，机-磁-电间相互耦合使得电机电流受到影响。根据电机转矩平衡公式[17]，转矩变化对电机角速度 ω_{r} 的影响为

$$T_{e}(t) - T_{L}(t) = J\frac{\mathrm{d}\omega_{r}(t)}{\mathrm{d}t} \Leftrightarrow \omega_{r}(t) = \frac{1}{J}\int_{t}(T_{e}(\tau) - T_{L}(\tau))\mathrm{d}\tau \tag{3-63}$$

式中，$T_{e}(t)$ 为电机电磁转矩；$T_{L}(t)$ 为电机负载转矩；J 为电机转动惯量。

将提出的工业机器人直连电机负载转矩模型 (3-61) 和电磁转矩模型 (3-62) 代入式 (3-63)，可得柔性薄壁轴承长短轴变化和故障共同影响下电机转速方程为[16]

$$\begin{aligned}\omega_{r}(t) &= \frac{1}{J}\int_{t}(T_{e}(\tau) - T_{L}(\tau))\mathrm{d}\tau = \frac{1}{J}\int_{t}(T_{e0}(\tau) - T_{L0}(\tau))\mathrm{d}\tau \\ &+ T_{ec}(\tau)\sum_{l=1}^{+\infty}\sin\left(l\int_{\tau}\omega_{c}(v)\mathrm{d}v + \varphi_{c}\right) - T_{Lc}(\tau)\sum_{l=1}^{+\infty}\sin\left(l\int_{\tau}\omega_{c}(v)\mathrm{d}v + \varphi_{c}\right) \\ &+ T_{ed}(\tau)\sum_{k=1}^{+\infty}\sin\left(k\int_{\tau}\omega_{d}(v)\mathrm{d}v + \varphi_{d}\right) - T_{Ld}(\tau)\sum_{k=1}^{+\infty}\sin\left(k\int_{\tau}\omega_{d}(v)\mathrm{d}v + \varphi_{d}\right) \\ &= \frac{1}{J}\int_{t}\left(\Delta T_{c}(\tau)\sum_{l=1}^{+\infty}\sin\left(l\int_{\tau}\omega_{c}(v)\mathrm{d}v + \varphi_{c}\right)\right. \\ &\left.+ \Delta T_{d}(\tau)\sum_{k=1}^{+\infty}\sin\left(k\int_{\tau}\omega_{d}(v)\mathrm{d}v + \varphi_{d}\right)\right)\mathrm{d}\tau + \omega_{r0}(t) \end{aligned} \tag{3-64}$$

式中，$\Delta T_{c}(t)$ 表示柔性薄壁轴承故障引起的电机转矩变化量；$\Delta T_{d}(t)$ 表示柔性薄壁轴承长短轴交替变化引起的电机转矩变化量；电机转速包含平均转速 $\omega_{r0}(t)$ 和一个余弦变化量。谐波减速器发生故障会引起电机负载变化，从而影响电机内部磁场并反映到电流信号中。对减速器故障引起的机械变化进行分析后，需要进一步讨论电机内部磁场变化。受电机转速波动的影响，电机转子机械角发生周期性变化，该变化对电机转子磁动势产生调制作用，使电机气隙磁通量中出现与故障

有关的信息，因此，首先对电机转子机械角进行求解如下：

$$
\begin{aligned}
\theta_{\mathrm{r}}(t) &= \int_t \omega_{\mathrm{r}}(\tau)\mathrm{d}\tau \\
&= \frac{1}{J}\int_t\int_\tau\left(\Delta T_{\mathrm{c}}(v)\sum_{l=1}^{+\infty}\sin\left(l\int_v\omega_{\mathrm{c}}(\upsilon)\mathrm{d}\upsilon+\varphi_{\mathrm{c}}\right)\right. \\
&\quad \left.+\Delta T_{\mathrm{d}}(v)\sum_{k=1}^{+\infty}\sin\left(k\int_v\omega_{\mathrm{c}}(\upsilon)\mathrm{d}\upsilon+\varphi_{\mathrm{d}}\right)\right)\mathrm{d}v\mathrm{d}\tau+\int_t\omega_{\mathrm{r}0}(\tau)\mathrm{d}\tau \\
&= \theta_{\mathrm{all}}(t)+\int_t\omega_{\mathrm{r}0}(\tau)\mathrm{d}\tau
\end{aligned}
\tag{3-65}
$$

式中，$\theta_{\mathrm{all}}(t)$ 为使电机转矩发生波动的机械角分量，其计算公式为

$$
\begin{aligned}
\theta_{\mathrm{all}}(t) &= \frac{1}{J}\int_t\int_\tau\left(\Delta T_{\mathrm{c}}(v)\sum_{l=1}^{+\infty}\sin\left(l\int_v\omega_{\mathrm{c}}(\upsilon)\mathrm{d}\upsilon+\varphi_{\mathrm{c}}\right)\right. \\
&\quad \left.+\Delta T_{\mathrm{d}}(v)\sum_{k=1}^{+\infty}\sin\left(k\int_v\omega_{\mathrm{d}}(\upsilon)\mathrm{d}\upsilon+\varphi_{\mathrm{d}}\right)\right)\mathrm{d}v\mathrm{d}\tau
\end{aligned}
\tag{3-66}
$$

由式(3-66)可以看出，谐波减速器柔性薄壁轴承受故障和长短轴交替变化的影响，电机转子机械角发生变化，进而对磁场及电流产生影响。根据机电耦合原理，当电机负载转矩发生变化时，电磁转矩为了平衡负载转矩波动发生变化，使旋转磁场出现波动，在定子电流中感生出谐波成分，且电流基频带中出现大量与故障有关的边频带，通过分析边频带能够实现对减速器的故障检测。

考虑电机转矩变化对电机气隙磁场的影响，基于磁场和电流之间的作用机理可获得电机电压平衡方程如下：

$$
V(t)=I(t)R_{\mathrm{s}}+\frac{\mathrm{d}\Phi_{\mathrm{e}}(t)}{\mathrm{d}t}
\tag{3-67}
$$

式中，$V(t)$ 表示定子供电电压；R_{s} 为定子电阻；$I(t)$ 为电机定子电流；$\Phi_{\mathrm{e}}(t)$ 表示电机气隙磁通量。从电压平衡方程中可以发现，在电机供电电压和定子磁阻一定的情况下，定子电流的变化与电机气隙磁通量 $\Phi_{\mathrm{e}}(t)$ 成正比，因此，通过求解电机气隙磁通量可推导出电机定子电流方程。气隙磁导率 $\Lambda(t)$ 和气隙磁通量 $\Phi_{\mathrm{e}}(t)$ 分别表示如下：

$$
\Lambda(t)=\Lambda_0\left(1+\varepsilon\cos\left(\int_t\omega_{\mathrm{r}}(\tau)\mathrm{d}\tau+\varphi\right)\right)
\tag{3-68}
$$

$$
\begin{aligned}
\varPhi_e(t) = \varPhi_r & \left(1 + \varepsilon \cos\left(\int_t \omega_r(\tau)\mathrm{d}\tau + \varphi\right)\right) \cdot \sin\left(\int_t \omega_s(\tau)\mathrm{d}\tau + p\theta_{\mathrm{all}}(t)\right) \\
& + \varPhi_s \left(1 + \varepsilon \cos\left(\int_t \omega_r(\tau)\mathrm{d}\tau + \varphi\right)\right) \cdot \sin\left(\int_t \omega_s(\tau)\mathrm{d}\tau\right)
\end{aligned}
\tag{3-69}
$$

式中，$\varLambda_0$ 表示气隙磁导幅值；ε 为动态偏心率；$\omega_r(\tau)$ 为电机角速度；φ 为转子初始相位；p 为电机定子极对数；$\omega_s(\tau) = 2\pi f_s$，$f_s$ 为电流的基频；$\varPhi_r$ 表示转子磁通量幅值；$\varPhi_s$ 为定子磁通量幅值。结合式(3-67)，对 $\varPhi_e(t)$ 求导可得：

$$
\begin{aligned}
\frac{\mathrm{d}\varPhi_e(t)}{\mathrm{d}t} = & \varPhi_r \left(1 + \varepsilon \cos\left(\int_t \omega_r(\tau)\mathrm{d}\tau + \varphi\right)\right)' \sin\left(\int_t \omega_s(\tau)\mathrm{d}\tau + p\theta_{\mathrm{all}}(t)\right) \\
& + \varPhi_r \left(1 + \varepsilon \cos\left(\int_t \omega_r(\tau)\mathrm{d}\tau + \varphi\right)\right)\left(\omega_s(t) + p\theta_{\mathrm{all}}'(t)\right)\cos\left(\int_t \omega_s(\tau)\mathrm{d}\tau + p\theta_{\mathrm{all}}(t)\right) \\
& + \varPhi_s \left(1 + \varepsilon \cos\left(\int_t \omega_r(\tau)\mathrm{d}\tau + \varphi\right)\right)' \sin\left(\int_t \omega_s(\tau)\mathrm{d}\tau\right) \\
& + \varPhi_s \left(1 + \varepsilon \cos\left(\int_t \omega_r(\tau)\mathrm{d}\tau + \varphi\right)\right)\omega_s(t)\cos\left(\int_t \omega_s(\tau)\mathrm{d}\tau\right)
\end{aligned}
\tag{3-70}
$$

根据实际工况，当机器人负载转矩呈阶梯或线性变化时，对式(3-66)和式(3-68)关于 t 求导并代入式(3-70)，将所得结果代入式(3-67)可得电机定子电流方程如式(3-71)所示[16]。

$$
\begin{aligned}
I(t) = \sum_{k=1}^{+\infty}\sum_{l=1}^{+\infty} & \left(I_{s0}\cos\left(\int_t \omega_s(\tau)\mathrm{d}\tau - \frac{\pi}{2}\right) \pm \frac{1}{2}I_s\varepsilon\omega_r(t)\cos\left(\int_t \omega_s(\tau)\mathrm{d}\tau \mp \int_t \omega_r(\tau)\mathrm{d}\tau \mp \varphi\right)\right. \\
& - I_s\omega_s(t)\cos\left(\int_t \omega_s(\tau)\mathrm{d}\tau\right) - \frac{1}{2}I_s\omega_s(t)\varepsilon\cos\left(\int_t \omega_s(\tau)\mathrm{d}\tau \pm \int_t \omega_r(\tau)\mathrm{d}\tau \pm \varphi\right) \\
& \pm \frac{1}{2}I_r\varepsilon\omega_r(t)\cos\left(\int_t \omega_s(\tau)\mathrm{d}\tau + p\theta_{\mathrm{all}}(t) \mp \int_t \omega_r(\tau)\mathrm{d}\tau \mp \varphi\right) \\
& - I_r\omega_s(t)\cos\left(\int_t \omega_s(\tau)\mathrm{d}\tau + p\theta_{\mathrm{all}}(t)\right) \\
& + \frac{1}{2}I_r\varepsilon\omega_s(t)\cos\left(\int_t \omega_s(\tau)\mathrm{d}\tau + p\theta_{\mathrm{all}}(t) \pm \int_t \omega_r(\tau)\mathrm{d}\tau \pm \varphi\right) \\
& - \frac{1}{2}I_r\frac{p\Delta T_c(t)}{Jl\omega_c(t)}\cos\left(\int_t \omega_s(\tau)\mathrm{d}\tau + p\theta_{\mathrm{all}}(t) \pm l\int_t \omega_c(\tau)\mathrm{d}\tau \pm \varphi_c\right) \\
& \left. + \frac{1}{2}I_r\frac{p\Delta T_c'(t)}{Jl\omega_c^2(t)}\sin\left(l\int_t \omega_c(\tau)\mathrm{d}\tau + \varphi_c \pm \int_t \omega_s(\tau)\mathrm{d}\tau \pm p\theta_{\mathrm{all}}(t)\right)\right.
\end{aligned}
$$

$$-\frac{1}{2}I_{\mathrm{r}}\frac{p\Delta T_{\mathrm{d}}(t)}{Jk\omega_{\mathrm{d}}(t)}\cos\left(\int_{t}\omega_{\mathrm{s}}(\tau)\mathrm{d}\tau+p\theta_{\mathrm{all}}(t)\pm k\int_{t}\omega_{\mathrm{d}}(\tau)\mathrm{d}\tau\pm\varphi_{\mathrm{d}}\right)$$

$$+\frac{1}{2}I_{\mathrm{r}}\frac{p\Delta T_{\mathrm{d}}'(t)}{Jk\omega_{\mathrm{d}}^{2}(t)}\sin\left(k\int_{t}\omega_{\mathrm{d}}(\tau)\mathrm{d}\tau+\varphi_{\mathrm{d}}\pm\int_{t}\omega_{\mathrm{s}}(\tau)\mathrm{d}\tau\pm p\theta_{\mathrm{all}}(t)\right)$$

$$-\frac{1}{4}I_{\mathrm{r}}\varepsilon\frac{p\Delta T_{\mathrm{c}}(t)}{Jl\omega_{\mathrm{c}}(t)}\cos\left(\int_{t}\omega_{\mathrm{s}}(\tau)\mathrm{d}\tau+p\theta_{\mathrm{all}}(t)\pm\int_{t}\omega_{\mathrm{r}}(\tau)\mathrm{d}\tau\pm l\int_{t}\omega_{\mathrm{c}}(\tau)\mathrm{d}\tau\pm\varphi_{\mathrm{c}}\pm\varphi\right)$$

$$+\frac{1}{4}I_{\mathrm{r}}\frac{p\Delta T_{\mathrm{c}}'(t)}{Jl\omega_{\mathrm{c}}^{2}(t)}\cos\left(\int_{t}\omega_{\mathrm{s}}(\tau)\mathrm{d}\tau+p\theta_{\mathrm{all}}(t)\pm\int_{t}\omega_{\mathrm{r}}(\tau)\mathrm{d}\tau\pm l\int_{t}\omega_{\mathrm{c}}(\tau)\mathrm{d}\tau\pm\varphi_{\mathrm{c}}\pm\varphi'\right)$$

$$-\frac{1}{4}I_{\mathrm{r}}\varepsilon\frac{p\Delta T_{\mathrm{d}}(t)}{Jk\omega_{\mathrm{d}}(t)}\cos\left(\int_{t}\omega_{\mathrm{s}}(\tau)\mathrm{d}\tau+p\theta_{\mathrm{all}}(t)\pm\int_{t}\omega_{\mathrm{r}}(\tau)\mathrm{d}\tau\pm k\int_{t}\omega_{\mathrm{d}}(\tau)\mathrm{d}\tau\pm\varphi_{\mathrm{d}}\pm\varphi\right)$$

$$+\frac{1}{4}I_{\mathrm{r}}\frac{p\Delta T_{\mathrm{d}}'(t)}{Jk\omega_{\mathrm{d}}^{2}(t)}\cos\left(\int_{t}\omega_{\mathrm{s}}(\tau)\mathrm{d}\tau+p\theta_{\mathrm{all}}(t)\pm\int_{t}\omega_{\mathrm{r}}(\tau)\mathrm{d}\tau\pm k\int_{t}\omega_{\mathrm{d}}(\tau)\mathrm{d}\tau\pm\varphi_{\mathrm{d}}\pm\varphi'\right)\Bigg]$$

$$(3\text{-}71)$$

式中，$I_{\mathrm{s}0}$ 表示流过定子电阻的电流幅值；$I_{\mathrm{s}}=\Phi_{\mathrm{s}}/R_{\mathrm{s}}$ 表示定子磁动势对电流影响的幅值；$I_{\mathrm{r}}=\Phi_{\mathrm{r}}/R_{\mathrm{s}}$ 表示转子磁动势对电流影响的幅值；ΔT_{c} 表示柔性薄壁轴承故障引起的电机转矩变化量，ΔT_{d} 为柔性薄壁轴承长短轴交替变化引起的电机转矩变化量，$\Delta T_{\mathrm{c}}'$ 和 $\Delta T_{\mathrm{d}}'$ 分别为二者导数；ω_{c} 为柔性薄壁轴承故障引起的电流角频率；ω_{d} 为柔性薄壁轴承长短轴交替变化引起的电流角频率。由式(3-71)可以看出，电机定子电流 $I(t)$ 中包含柔性薄壁轴承长短轴变化频率和故障频率，且不同频率均会导致定子电流频率中出现边频带，通过对不同边频带分析可实现对谐波减速器的故障检测。

电流信号 $I(t)=A\cos\varphi(t)$ 的频率由相位 $\varphi(t)$ 求导而来。为了更好地反映电机定子电流频率中的边频带成分，基于式(3-71)中电流相位求解电流频率如下[16]：

$$f(t)=\frac{1}{2\pi}\frac{\mathrm{d}\varphi(t)}{\mathrm{d}t}=f_{\mathrm{s}}(t)\pm\sum_{l=0}^{+\infty}lf_{\mathrm{c}}(t)\pm\sum_{k=0}^{+\infty}kf_{\mathrm{d}}(t)\pm mf_{\mathrm{r}}(t)+np\theta_{\mathrm{all}}'(t) \qquad (3\text{-}72)$$

式中，m, $n=0$ 或 1。由式(3-72)可知，定子电流频率中除基频 $f_{\mathrm{s}}(t)$ 外，还包括转子转频 $f_{\mathrm{r}}(t)$、故障特征频率 $f_{\mathrm{c}}(t)$、长短轴交替变化频率 $f_{\mathrm{d}}(t)$ 以及转矩波动对定子电流的调制频率 $p\theta_{\mathrm{all}}'(t)$。当谐波减速器柔性薄壁轴承发生故障时，该电流模型能够反映出故障特征频率和长短轴交替变化频率对电机电流频率的调制作用。在变载变速工况下，柔性薄壁轴承故障特征频率和长短轴交替变化引起的周期性冲击频率也随时间变化，使得定子电流信号在电源频率附近出现复杂边频带，对边频带结构进行分析和故障特征频率提取可以实现谐波减速器的故障检测。

3.5.3　实例分析

基于摆臂式机器人关节测试平台和电流信号采集系统开展不同工况下的谐波减速器试验，试验台如图 3-23 所示。平台由电机、谐波减速器、机械摆臂、电流采集卡等组成。通过设置不同转速和不同重量的摆臂砝码，能够模拟变速、变载等服役条件。试验可采集转速、转矩、振动加速度和高频电流等信号。

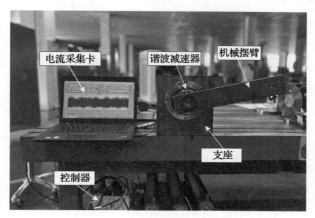

图 3-23　电机-减速器试验台

试验中谐波减速器的柔性薄壁轴承参数如表 3-12 所示。分别在三个全新谐波减速器的柔性薄壁轴承外圈、内圈和滚动体植入宽度为 1.5mm，深度为 0.5mm 的缺陷，试验中谐波减速器的柔轮和刚轮保持完好。故障类别如图 3-24 所示。

表 3-12　柔性薄壁轴承参数

参数	数值
轴承节径 r/mm	53.363
滚子半径 r_g/mm	2.778
形变程度 w/mm	0.3375
减速器额定转矩 T/(N·m)	63
减速器额定转速 ω/(r/min)	3000
滚动体数量 N/个	23

分别对不同故障位置的减速器进行恒速恒载、恒速变载、变速变载三种类型试验，其中，变速试验中各级转速持续时间为 10s，直连电机电流的采样频率为 25kHz。基于式(3-57)～式(3-60)，可求解试验中各转速下谐波减速器不同故障位置的特征频率，其结果如表 3-13 所示。

1)恒速恒载试验

设定电机转速为 2000r/min，转矩为 63N·m，开展恒速恒载下的减速器试验。

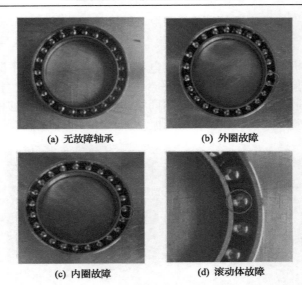

(a) 无故障轴承　　　　　　　　　(b) 外圈故障

(c) 内圈故障　　　　　　　　　(d) 滚动体故障

图 3-24　柔性薄壁轴承故障类别

表 3-13　各转速下谐波减速器不同故障位置的特征频率[16]

编号	转速 ω/(r/min)	电机转频 f_r/Hz	外圈故障频率 f_o/Hz	内圈故障频率 f_i/Hz	滚动体故障频率 f_b/Hz
1	1500	25.00	261.53	313.47	130.90
2	1750	29.17	305.12	365.71	152.72
3	2000	33.33	348.71	417.96	174.30
4	2250	37.50	392.30	470.02	196.59

采集谐波减速器无故障、柔性薄壁轴承外圈故障、内圈故障和滚动体故障下直连电机的电流数据并进行快速傅里叶变换(fast Fourier transform, FFT)，获得电流频谱如图 3-25 所示。从图 3-25(a) 中可以看出，恒速恒载工况下，减速器直连电机电流频率中出现式(3-72)中的频率成分。当柔性薄壁轴承未发生故障时，电机定子电流中仅存在电流基频 f_s、电机转频 f_r 和柔性薄壁轴承长短轴交替变化频率 f_d。当轴承发生故障时，图 3-25(b)、(c)、(d)的频谱图中出现了轴承外圈故障特征频率 f_o、内圈故障特征频率 f_i、滚动体故障频率 f_b 及其引起的边带频率。对定子电流基频的边频带分析可以看出，不同故障特征频率及其边带成分存在差异。

2) 恒速变载试验

设置电机转速为 2000r/min，在谐波减速器输出端安装刚性负载臂，负载臂匀速旋转时对减速器施加最大幅值为 63N·m 的时变正弦转矩。在恒速变载条件下采集谐波减速器无故障和柔性薄壁轴承不同故障位置的电流数据并进行 FFT，获得电流频谱如图 3-26 所示。

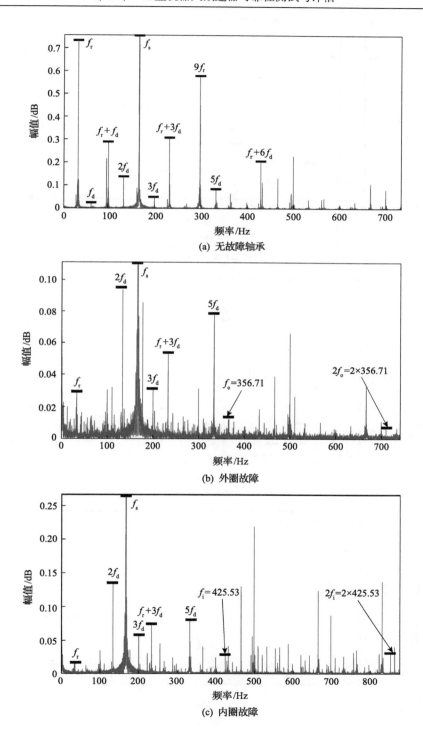

(a) 无故障轴承

(b) 外圈故障

(c) 内圈故障

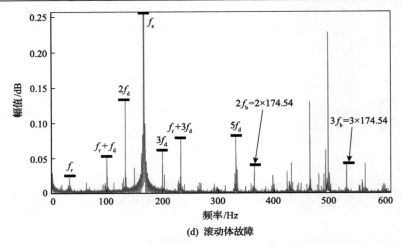

(d) 滚动体故障

图 3-25　恒速恒载下柔性薄壁轴承不同故障位置电流频谱图[16]

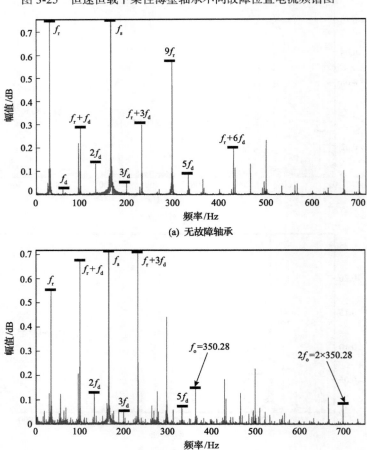

(a) 无故障轴承

(b) 外圈故障

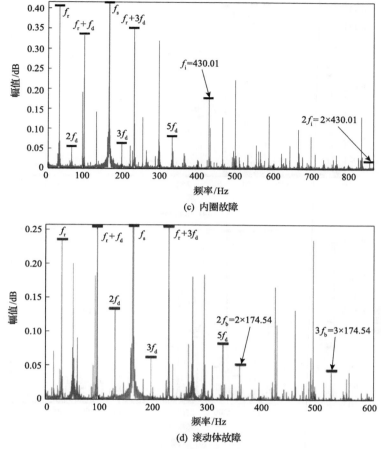

图 3-26　恒速变载下柔性薄壁轴承不同故障位置电流频谱图[16]

从图 3-26（a）可以看出，恒速变载工况下，无故障减速器的频谱中存在基频 f_s、电机转频 f_r，基频周围出现了柔性薄壁轴承长短轴变化频率 f_d 及其倍频。当轴承发生故障时，图 3-26（b）、（c）、（d）的频谱图中出现了轴承外圈故障特征频率 f_o、内圈故障特征频率 f_i、滚动体故障频率 f_b 及其引起的边带频率。

3）变速变载试验

电机转速按表 3-13 中编号 1～4 变化，在谐波减速器输出端安装刚性负载臂，负载臂旋转时对减速器施加最大幅值为 63N·m 的时变正弦波转矩。将采集的柔性薄壁轴承不同故障位置的电机电流数据进行 FFT，可得电流频谱如图 3-27 所示。由图可以看出，变速变载工况下，由于转速不恒定，电流频谱中出现多个基频 f_s，电流基频周围存在柔性薄壁轴承长短轴交替变化频率 f_d 及其倍频，以及轴承外圈故障特征频率 f_o、内圈故障特征频率 f_i、滚动体故障频率 f_b 及其引起的边带频率。

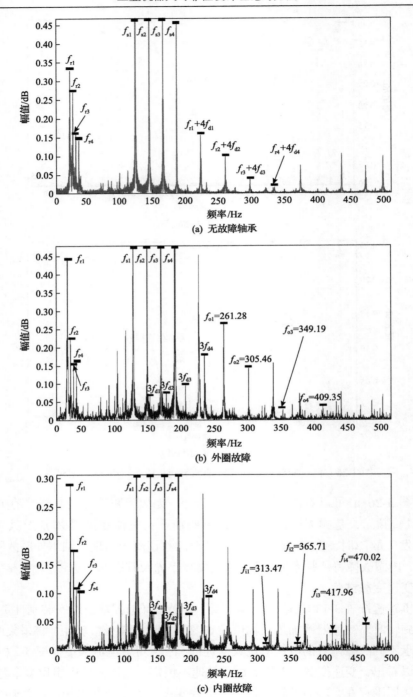

(a) 无故障轴承

(b) 外圈故障

(c) 内圈故障

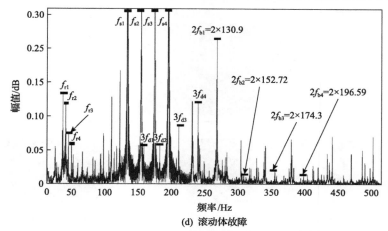

图 3-27　变速变载下柔性薄壁轴承不同故障位置电流频谱图[16]

图中包含式（3-72）所有频率，表明所提电机电流模型适用于变载变速工况下工业机器人谐波减速器的故障检测。

此外，变速工况下，当减速器发生故障时，电流频谱图中基频、转频、故障频率等均随转速而变化，如图 3-27 所示，增加了电流频谱的复杂度和减速器故障检测与诊断的难度；变载工况下，电流频谱中的基频、转频、故障频率等几乎不发生变化，如图 3-26 所示，表明变载对减速器故障检测及诊断的影响较小。然而，变载工况下电流幅值存在明显变化，且不同负载对应的电流幅值可能存在数量级变化，给基于电流信号的减速器可靠性评估增加了难度。

3.6　交变载荷下基于电流信号的减速器寿命可靠性评估

根据 3.5 节建立的机器人关节电机电流模型可知，电流信号能够反映工业机器人关节减速器的故障状态。然而，由于工业机器人执行特定任务（如打磨、搬运）的不同阶段所承受的负载不同，电机电流在单个任务内幅值差异较大，这种差异性在服役期间循环出现（图 3-28），为减速器的退化建模和可靠性评估增加了挑战。针对以上问题，本节介绍一种交变载荷下基于电流信号的工业机器人减速器性能退化建模及可靠性评估方法，考虑不同任务阶段减速器的退化率和失效阈值不同，给出减速器在任务各阶段的统一性能退化模型，推导出可靠度函数的解析表达式，并以末端关节谐波减速器为例对所提方法进行详细论述。

3.6.1　基于电流信号的减速器退化建模

假设机器人执行的单个任务具有 m 个阶段，各阶段确定、连续且持续时间已知，整个生命周期 T 内共执行 n 次任务循环，构成电机电流信号特征量矩阵 $\boldsymbol{Z}$ 为

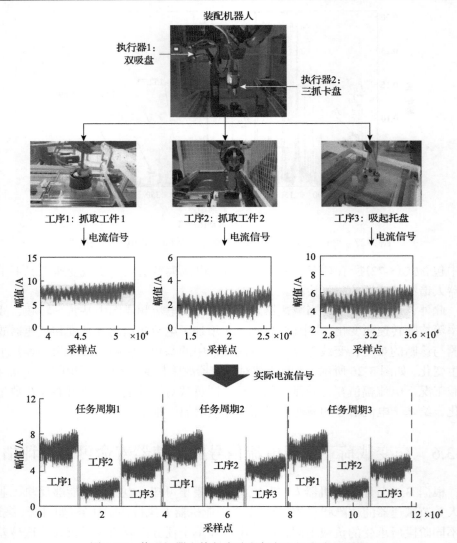

图 3-28 装配机器人执行多阶段任务电机电流差异性

$$\boldsymbol{Z} = \left(z_{ij}\right) = \begin{bmatrix} z_{11} & z_{12} & \cdots & z_{1n} \\ z_{21} & z_{22} & \cdots & z_{2n} \\ \vdots & \vdots & & \vdots \\ z_{m1} & z_{m2} & \cdots & z_{mn} \end{bmatrix} \tag{3-73}$$

式中，$z_{ij}(i=1,2,\cdots m; j=1,2,\cdots n)$ 表示减速器在第 j 次任务循环中第 i 个阶段的电流信号特征量。

本节基于 Wiener(维纳)过程构建减速器性能退化模型，考虑减速器在机器人不同任务阶段的退化率不同，对应的失效阈值也不同，通过不同的漂移系数描述减速器的退化率。t 时刻减速器的总退化量可表示为[18]

$$X(t) = X(0) + \int_0^t \beta(u)\mathrm{d}u + \sigma B(t) \tag{3-74}$$

式中，$X(0)$ 表示 $t=0$ 时刻的退化量；$\beta(\cdot)$ 为与时间相关的函数，表示减速器性能退化率；$\{B(t), t > 0\}$ 为标准布朗运动，满足 $\sigma B(t) \sim N(0, \sigma^2 t)$，其中 σ 为扩散系数，用于描述退化过程中的随机干扰。假设机器人末端关节单个任务包含 m 个工序阶段，服役期间周期性执行 n 次任务，各阶段在每次任务循环中的持续时间相同，则由 (3-74) 可得减速器在 t 时刻的总退化量为[18]

$$
\begin{aligned}
X(t) = {} & X(0) + \int_0^t \beta(u)\mathrm{d}u + \sigma B(t) \\[2mm]
= {} & X(0) + \overbrace{\int_0^{t_1} \beta_1(u)\mathrm{d}u + \int_{t_1}^{t_2} \beta_2(u)\mathrm{d}u + \cdots + \int_{t_{m-1}}^{t_m} \beta_m(u)\mathrm{d}u}^{1\text{次循环}} \\[2mm]
& + \overbrace{\int_{t_m}^{t_{m+1}} \beta_1(u)\mathrm{d}u + \int_{t_{m+1}}^{t_{m+2}} \beta_2(u)\mathrm{d}u + \cdots + \int_{t_{2m-1}}^{t_{2m}} \beta_m(u)\mathrm{d}u}^{2\text{次循环}} \\[2mm]
& + \cdots + \overbrace{\int_{t_{(j-1)m}}^{t_{(j-1)m+1}} \beta_1(u)\mathrm{d}u + \int_{t_{(j-1)m+1}}^{t_{(j-1)m+2}} \beta_2(u)\mathrm{d}u + \cdots + \int_{t_{jm-1}}^{t_{jm}} \beta_m(u)\mathrm{d}u}^{j\text{次循环}} \\[2mm]
& + \cdots + \overbrace{\int_{t_{(n-1)m}}^{t_{(n-1)m+1}} \beta_1(u)\mathrm{d}u + \int_{t_{(n-1)m+1}}^{t_{(n-1)m+2}} \beta_2(u)\mathrm{d}u + \cdots + \int_{t_{nm-1}}^{t_{nm}} \beta_m(u)\mathrm{d}u}^{n\text{次循环}} + \sigma B(t)
\end{aligned}
\tag{3-75}
$$

式中，$\beta_i(\cdot)$ 表示减速器第 i 个工序阶段的退化率。由于产品退化率主要与其应力水平相关[19]，可假设在特定任务周期各任务阶段内处于相同负载环境下的减速器退化率不变，即减速器在特定任务中每个任务阶段内退化率为恒定值，式 (3-75) 可改写为[18]

$$
\begin{aligned}
X(t) = {} & X(0) + \overbrace{\beta_1(t_0, t_1) + \beta_2(t_1, t_2) + \cdots + \beta_m(t_{m-1}, t_m)}^{1\text{次循环}} \\[2mm]
& + \cdots + \overbrace{\beta_1(t_{(j-1)m}, t_{(j-1)m+1}) + \beta_2(t_{(j-1)m+1}, t_{(j-1)m+2}) + \cdots + \beta_m(t_{jm-1}, t_{jm})}^{j\text{次循环}}
\end{aligned}
$$

$$\overbrace{\qquad\qquad\qquad\qquad\qquad\qquad}^{n次循环}$$

$$+\cdots+\beta_1\left(t_{(n-1)m},t_{(n-1)m+1}\right)+\beta_2\left(t_{(n-1)m+1},t_{(n-1)m+2}\right)+\cdots+\beta_m\left(t_{nm-1},t_{nm}\right)+\sigma B(t)$$

$$=X(0)+\sum_{i=1}^{m}\Big[\beta_i\left(t_{i-1},t_i\right)+\beta_i\left(t_{m+i-1},t_{m+i}\right)+\cdots+\beta_i\left(t_{(j-1)m+i-1},t_{(j-1)m+i}\right)+\cdots$$

$$+\beta_i\left(t_{(n-1)m+i-1},t_{(n-1)m+i}\right)\Big]+\sigma B(t)$$

$$=X(0)+\sum_{i=1}^{m}n\beta_i\cdot\Delta t_i+\sigma B(t)$$

$$(3\text{-}76)$$

式中，$\beta_i(i=1,2,\cdots,m)$ 表示第 i 个阶段的退化率；Δt_i 表示第 i 个阶段的持续时间；$\left(t_{(j-1)m+i-1},t_{(j-1)m+i}\right)$ 为第 j 次循环中第 i 个阶段的持续时间，$j=1,2,\cdots,n$，且满足：

$$\Delta t_i=\left(t_{i-1},t_i\right)=\left(t_{m+i-1},t_{m+i}\right)$$
$$=\cdots=\left(t_{(j-1)m+i-1},t_{(j-1)m+i}\right)=\cdots=\left(t_{(n-1)m+i-1},t_{(n-1)m+i}\right)$$

$$(3\text{-}77)$$

由式 (3-76) 和式 (3-77) 可得减速器在 n 次循环后的第 i 个阶段产生的退化量为

$$X_i(t)=X(0)+\Big[\beta_i\left(t_{i-1},t_i\right)+\beta_i\left(t_{m+i-1},t_{m+i}\right)+\cdots+\beta_i\left(t_{(j-1)m+i-1},t_{(j-1)m+i}\right)$$
$$+\cdots+\beta_i\left(t_{(n-1)m+i-1},t_{(n-1)m+i}\right)\Big]+\sigma B(t)$$
$$=X(0)+n\beta_i\cdot\Delta t_i+\sigma B(t)$$

$$(3\text{-}78)$$

由于工业机器人末端关节在不同任务阶段的负载不同，减速器直连电机电流幅值存在很大差别，对各阶段电流特征量分别设置失效阈值组成阈值向量 $\boldsymbol{\omega}$：

$$\boldsymbol{\omega}=\left[\omega_1,\omega_2,\cdots,\omega_i,\cdots,\omega_m\right]^{\mathrm{T}}$$

$$(3\text{-}79)$$

式中，ω_i 为减速器在第 i 个阶段的失效阈值，由具体特征指标、专家知识和工程经验确定。当 $\{X_i(t),t>0\}$ 超过减速器所在的第 j 次任务循环第 i 个阶段的阈值 ω_i 时即为失效，其失效时间(寿命)T 为

$$T=\inf_{t}\left\{t:X_i(t)\geqslant\omega_i\mid X_i(0)<\omega_i\right\}$$

$$(3\text{-}80)$$

3.6.2　减速器寿命可靠性评估

采用极大似然估计方法分别估计减速器性能退化模型中各工序阶段的未知参数 β_i、σ^2。令 $\theta=\left\{\beta_i,\sigma^2\right\}$，由 3.6.1 节分析可知，当减速器执行的任务包含 m 个

阶段，运行时间为 t，且各工序阶段均经过 n 次循环时，可获得特征量矩阵 $\boldsymbol{Z}$。其中，减速器第 i 个工序阶段在 $t_{i1}, t_{i2}, \cdots, t_{in}$ 时刻的特征量为 $z_{i1}, z_{i2}, \cdots, z_{in}$，即第 i 个阶段的数据向量为 $(z_{i1}, z_{i2}, \cdots, z_{in})$，构建增量数据矩阵 $\Delta\boldsymbol{Z}$ 如下式所示：

$$\Delta\boldsymbol{Z} = \left(\Delta z_{ij}\right) = \begin{bmatrix} \Delta z_{11} & \Delta z_{12} & \cdots & \Delta z_{1n} \\ \Delta z_{21} & \Delta z_{22} & \cdots & \Delta z_{2n} \\ \vdots & \vdots & & \vdots \\ \Delta z_{m1} & \Delta z_{m2} & \cdots & \Delta z_{mn} \end{bmatrix} \tag{3-81}$$

$$\Delta z_{ij} = X\left(t_{ij}\right) - X\left(t_{i(j-1)}\right) = \beta_i\left(t_{ij} - t_{i(j-1)}\right) + \sigma B\left(t_{ij} - t_{i(j-1)}\right) \tag{3-82}$$

式中，$t_{i,j} - t_{i,j-1}$ 为各工序阶段执行一次的持续时间。令 $z_{i0} = 0$ $(i=1,2,\cdots,m; j=1,2,\cdots,n)$。

利用增量数据矩阵 $\Delta\boldsymbol{Z}$ 估计扩散系数 σ，假设 Δz_{ij} 服从多变量正态分布，即 $\Delta z_{ij} \sim N\left(\beta_i\left(t_{ij} - t_{i(j-1)}\right), \sigma^2\left(t_{ij} - t_{i(j-1)}\right)\right)$，则似然函数如式 (3-83) 所示：

$$\begin{aligned} \ln L\left(\theta \middle| \Delta z_{ij}\right) = &-\frac{mn}{2}\left(\ln(2\pi) + \ln\sigma^2\right) - \frac{1}{2}\sum_{i=1}^{m}\sum_{j=1}^{n}\ln\left(t_{ij} - t_{i(j-1)}\right) \\ &- \frac{1}{2\sigma^2}\sum_{i=1}^{m}\sum_{j=1}^{n}\frac{\left(\Delta z_{ij} - \beta_i\left(t_{ij} - t_{i(j-1)}\right)\right)^2}{t_{ij} - t_{i(j-1)}} \end{aligned} \tag{3-83}$$

计算式 (3-83) 关于 β_i、σ^2 的偏导并令其为零可得：

$$\hat{\beta}_i = \frac{1}{n}\sum_{j=1}^{n}\frac{\Delta z_{ij}}{\left(t_{ij} - t_{i(j-1)}\right)} \tag{3-84}$$

$$\hat{\sigma}^2 = \frac{1}{mn}\sum_{i=1}^{m}\sum_{j=1}^{n}\frac{\left(\Delta z_{ij} - \beta_i\left(t_{ij} - t_{i(j-1)}\right)\right)^2}{t_{ij} - t_{i(j-1)}} \tag{3-85}$$

假设第 i 个任务阶段的失效阈值为 ω_i，截止 t 时刻减速器各任务阶段均经历 n 次循环，将第 i 阶段任务的退化量记为 X_i，第 m 阶段任务的退化量记为 X_m，则 $X_1, X_2, \cdots, X_m$ 为同一个样本空间的 m 维随机变量，由式 (3-74) 可知 $X_i (i=1,2,\cdots,m)$ 服从 Wiener 过程。假设 $X_1, X_2, \cdots, X_m$ 为相互独立的随机变量，则减速器失效时间分布函数和可靠度函数分别为[18]

$$f(t) = f_{X_1}(\omega_1) \times f_{X_2}(\omega_2) \times \cdots \times f_{X_m}(\omega_m)$$

$$= \prod_{i=1}^{m} \frac{\omega_i}{\sqrt{2\pi\sigma^2 t^3}} \mathrm{e}^{-\frac{(\omega_i - \beta_i t)^2}{2\sigma^2 t}}$$

(3-86)

$$R(t) = F(\omega_1, \omega_2, \cdots, \omega_m)$$

$$= P(X_1 < \omega_1, X_2 < \omega_2, \cdots, X_m < \omega_m)$$

$$= F_{X_1}(\omega_1) \times F_{X_2}(\omega_2) \times \cdots \times F_{X_m}(\omega_m)$$

(3-87)

$$= \prod_{i=1}^{m} \Phi\left(\frac{\omega_i - \beta_i t}{\sqrt{\sigma^2 t}}\right) - \mathrm{e}^{\frac{2\beta_i \omega_i}{\sigma^2}} \times \Phi\left(-\frac{\beta_i t + \omega_i}{\sqrt{\sigma^2 t}}\right)$$

式中, $F(\omega_1, \omega_2, \cdots, \omega_m)$ 为 m 维随机变量 $X_1, X_2, \cdots, X_m$ 的联合分布函数, $\omega_1, \omega_2, \cdots, \omega_m$ 为减速器各工序阶段的失效阈值。

3.6.3　实例分析

以某型谐波减速器为试验对象, 搭建减速器疲劳试验台, 模拟四轴 SCARA 分拣机器人减速器工况开展加速试验。试验台由直连电机、被测谐波减速器、转矩传感器、旋转电机、负载电机和工控机等组成, 如图 3-29 所示。

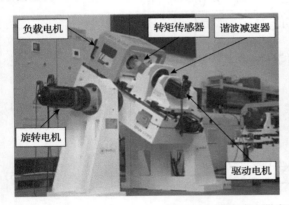

图 3-29　谐波减速器疲劳试验台

设置减速器负载转矩变化曲线如图 3-30 所示。t_0 至 t_1 时刻负载转矩为 S_1, t_1 至 t_2 时刻负载转矩为 S_2, t_2 至 t_3 时刻负载转矩为 S_3, 即单个任务包含 m=3 个阶段。试验设定 S_1、S_2、S_3 分别为谐波减速器样机额定负载转矩的 50%、100%、150%, 确保不改变其失效机理[20]。以负载转矩遍历 3 个阶段为一个任务周期, 试验参数设置如表 3-14 所示, 负载转矩每 2h 变化一次, 循环加载直至减速器失效。将电流钳串联在直连电机单相电流输出线实时采集高频电流信号, 采样频率为 20kHz,

采样间隔为 10min，采样时长为 9s，每一段信号记录谐波减速器循环 6 个周期的电流数据。

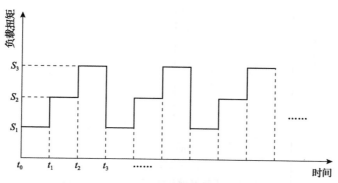

图 3-30　谐波减速器试验中负载转矩变化曲线

表 3-14　谐波减速器试验参数设置[18]

参数	阶段#1 负载转矩	阶段#2 负载转矩	阶段#3 负载转矩	电机 转速	采样 间隔
取值	2.6N·m	5.1N·m	7.7N·m	2000r/min	600s

谐波减速器的主要失效形式为柔轮和柔性轴承疲劳断裂、磨损等导致的传动精度下降[21]。试验将柔轮的疲劳断裂和整机传动误差作为减速器失效判据，即样机的传动误差超过 42″或柔轮突然断裂则该样机发生失效[20]。当试验进行约 1073h 后，谐波减速器发生退化型失效，薄壁轴承外圈与柔轮发生严重磨损，导致整机传动误差增大至 42″，同时出现较严重的漏油情况。在整个试验周期内，谐波减速器共经历了 179 次循环，即三个负载阶段分别经历了 179 次循环。

当谐波减速器发生故障时，直连电机的转子会出现偏心或负载转矩发生波动，电机电流信号中产生与故障相关的信息导致其均方根（root mean square，RMS）剧增、波动剧烈直至超过阈值，减速器的磨损情况越严重，RMS 越大。以电流 RMS 作为性能指标构建退化模型[22]，部分经滤波处理后的电流 RMS 如图 3-31 所示。从图中可以看出，电流在不同阶段的幅值存在较大差异。分别提取各任务阶段的电流 RMS，如图 3-32 所示。

由图中可以看出，谐波减速器在经过磨合期后，每个阶段电流 RMS 随减速器退化呈递增趋势，在接近失效时发生剧烈波动。以减速器磨合期后为初始状态，3 个阶段对应的初始 RMS 分别为 2.78A、3.88A、5.45A。试验样机传动误差超过 42″ 时所对应的各阶段 RMS 分别为 4.1A、6.0A 和 6.6A，因此，设减速器不同阶段的失效阈值向量$[\omega_1, \omega_2, \omega_3]$为[4.1, 6.0, 6.6]A。

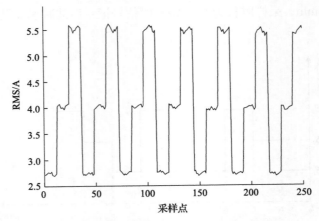

图 3-31　部分经滤波处理后的电流 RMS

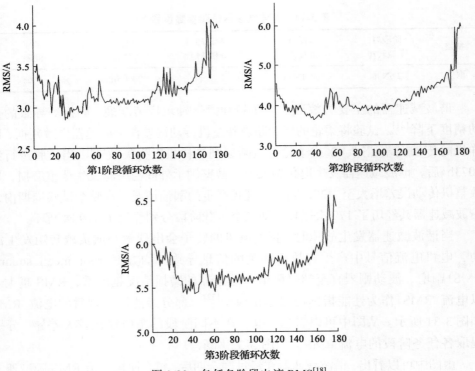

图 3-32　各任务阶段电流 RMS[18]

　　基于谐波减速器试验数据和式 (3-84)、式 (3-85) 对退化模型进行参数估计，结果如表 3-15 所示。

表 3-15　退化模型各阶段的参数估计值[18]

任务阶段	β_i	σ^2
1	6.2698×10^{-4}	3.1667×10^{-4}
2	8.5507×10^{-4}	3.1667×10^{-4}
3	4.1116×10^{-4}	3.1667×10^{-4}

基于式(3-86)和式(3-87)可得该型减速器的失效时间概率密度和可靠度如图 3-33 和图 3-34 所示。由图中可以看出，试验中减速器在前 500h 可靠度较高；随着交变载荷循环次数增多，在 500～1000h，减速器可靠度下降较快，这是由于频繁变载产生冲击加快了减速器退化进程，同时漏油也加剧了谐波减速器内薄壁轴承外圈与柔轮的磨损；1000h 以后，随着可靠度降低，谐波减速器失效概率增大，其性能逐渐无法满足服役要求。

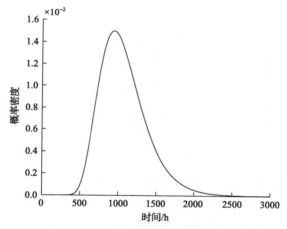

图 3-33　减速器的失效时间概率密度[18]

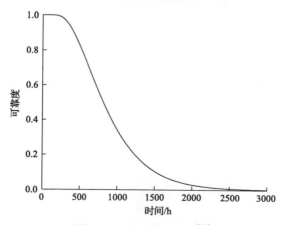

图 3-34　减速器可靠度[18]

　　设减速器在各任务阶段的失效阈值分别为 ω_1=4.1、ω_2=6.0、ω_3=6.6，与失效阈值仅设为单一阈值 ω=4.1 或 ω=6.0 的可靠度分布进行了对比，结果如图 3-35 所示。从图中可以看出，基于所提模型分阶段设置失效阈值获得的可靠度在减速器整个生命周期内均高于在单一阈值 ω=4.1 下获得的可靠度，且均低于在单一阈值 ω=6.0 下获得的可靠度。这与本节假设一致：当仅设定单一阈值且阈值偏低时，可能低估可靠性造成运维资源浪费；当仅设定单一阈值且阈值偏大时，可能导致可靠性评估过于乐观而延误维修。

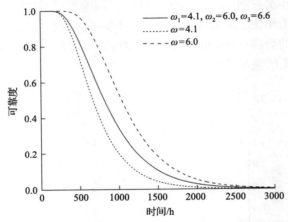

图 3-35　分阶段阈值与仅设单一阈值的减速器可靠度[18]

　　此外，为了探究失效阈值对可靠度分布的影响情况，分别对多阶段退化模型的阈值进行敏感度分析，结果如图 3-36 所示。由图中可以看出，可靠度分布对各工序阶段的阈值均较为敏感，实际应用中需要结合工程经验、历史信息等设置减速器在各工序阶段的失效阈值，以获得更准确的可靠性评估结果，指导机器人的运维工作。

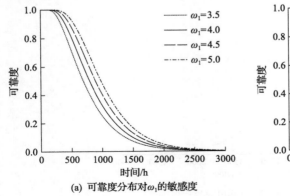

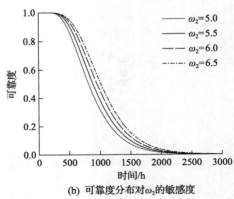

(a) 可靠度分布对ω_1的敏感度　　　　　　　　(b) 可靠度分布对ω_2的敏感度

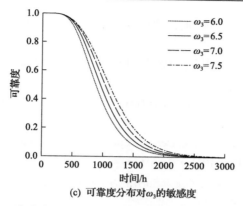

(c) 可靠度分布对 ω_3 的敏感度

图 3-36　谐波减速器可靠度分布对各阶段失效阈值的敏感度

3.7　本 章 小 结

　　本章针对工业机器人减速器，介绍了真实服役工况下的载荷谱构建方法，并以此为输入，获得机器人减速器磨损与传动精度退化的映射关系；介绍了工业机器人减速器加速退化试验方法，构建了减速器传动精度退化模型并获得精度可靠性及剩余寿命分布；此外，研究了工业机器人关节机电耦合建模方法，分析了减速器故障对直连电机电流的作用机理，考虑交变载荷下不同工序阶段减速器的退化率和失效阈值不同，建立了基于电流信号的减速器多阶段统一性能退化模型，并推导出可靠度和失效时间分布的解析表达式，利用自主研制的减速器疲劳试验台开展了试验验证。

参 考 文 献

[1] Endo T, Matsuishi M, Mitsunaga K, et al. Rain flow method, the proposal and the applications. Bulletin of the Kyushu Institute of Technology Science, 1974.

[2] Conover J, Jaeckel H, Kippola W. Simulation of field loading in fatigue testing. SAE Transactions, 1967, 75: 543-556.

[3] Zhang R, Zhou J, Wei Z. Study on transmission error and torsional stiffness of RV reducer under wear. Journal of Mechanical Science and Technology, 2022, 36(8): 4067-4081.

[4] Priest M, Taylor C. Automobile engine tribology—approaching the surface. Wear, 2000, 241(2): 193-203.

[5] Flodin A, Andersson S. Simulation of mild wear in spur gears. Wear, 1997, 207: 16-23.

[6] Pei J, Han X, Tao Y, et al. Mixed elastohydrodynamic lubrication analysis of line contact with non-Gaussian surface roughness. Tribology International, 2020, 151: 106449.

[7] Archard J. Contact and rubbing of flat surfaces. Journal of Applied Physics, 1953, 24(8): 981-988.

[8] 周坤, 叶楠, 吴锦辉, 等. RV 减速器高应力加速退化试验及可靠性分析. 哈尔滨工业大学学报, 2022, 54(7): 37-44.

[9] 中国机械工业联合会. 机器人用精密摆线针轮减速器: GB/T 37165—2018. 北京: 中国标准出版社, 2018.

[10] Tallian T E, McCool J I. An engineering model of spalling fatigue failure in rolling contact: II. The surface model. Wear, 1971, 17(5-6): 447-461.

[11] 高新, 叶楠, 周坤, 等. 考虑测量误差的两阶段 Wiener 建模与可靠性分析. 中国机械工程, 2023, 34(9): 1067-1076.

[12] Kaiser K A, Gebraeel N Z. Predictive maintenance management using sensor-based degradation models. IEEE Transactions on Systems, Man, and Cybernetics—Part A: Systems and Humans, 2009, 39(4): 840-849.

[13] 鄢伟安, 宋保维, 段桂林, 等. 基于两阶段维纳退化过程的液力耦合器可靠性评估. 系统工程与电子技术, 2014, 36(9): 1882-1886.

[14] Adams C, Skowronek A, Bös J, et al. Vibrations of elliptically shaped bearings in strain wave gearings. Journal of Vibration and Acoustics, 2016, 138(2): 1048-9002.

[15] 沈允文, 叶庆泰. 波齿轮传动的理论和设计. 北京: 机械工业出版社, 1985.

[16] Yan J, Zhang L, Wang J, et al. Fault modeling of harmonic reducers based on current signal under time varying conditions. Global Reliability and Prognostics and Health Management, Hangzhou, 2023.

[17] Chen X, Feng Z. Time-frequency space vector modulus analysis of motor current for planetary gearbox fault diagnosis under variable speed conditions. Mechanical Systems and Signal Processing, 2019, 121: 636-654.

[18] Meng B, Jiang L, Wang J. Degradation modeling for the reducer of industrial robot under periodic multi-stage task. Global Reliability and Prognostics and Health Management, Yantai, 2022.

[19] Tseng S, Peng C. Stochastic diffusion modeling of degradation data. Journal of Data Science, 2007, 5: 315-333.

[20] 王巧, 杜雪松, 宋朝省, 等. 谐波减速器加速寿命试验方法研究. 中国机械工程, 2022, 33(19): 2317-2324.

[21] Qing B, Chao Q, Tao N, et al. Harmonic gear reducer transmission error analysis and detection. Advanced Materials Research, 2013, 711: 375-380.

[22] Yan T, Lei Y, Lin P, et al. Online joint replacement-order optimization driven by a nonlinear ensemble remaining useful life prediction method. Mechanical Systems and Signal Processing, 2022, 173: 109053.

第4章 工业机器人伺服电机故障分析与检测

本章分析伺服电机在工业机器人实际工况下常见的故障类型和故障后果，针对故障率最高的电气类故障，即绝缘故障，研究电机绝缘加速退化试验与寿命预测方法，以及电机绝缘退化状态和绝缘故障的多维特征量表征方法，实现工业机器人伺服电机绝缘的在线状态评估与故障检测。

4.1 工业机器人伺服电机主要故障形式

基于大量工业机器人服役及售后数据，总结出伺服电机常见的故障类型、原因及影响如表 4-1 所示。

表 4-1 工业机器人伺服电机常见故障类型、原因及影响

故障类型	故障原因	故障影响
绝缘故障	疲劳过载运行、化学腐蚀、机械振动和冲击	绕组发生短路或漏电、电机温升增加、烧毁电机
绕组故障	绕组线材断裂、绕组过热、电磁线圈受损	动力输出下降、运动不稳定、过流导致电机异常发热
轴承故障	疲劳过载磨损、振动冲击、润滑不良	机身过热、运行失稳、出现振动或噪声
制动器故障	零部件磨损、信号线路故障、负载过大	执行器不能保持位置、负载不能锁定、运动精度下降
编码器故障	振动冲击、长期高温运行、沉积物和环境污染	定位偏差增大、末端异常振动、姿态失调
连接故障	联轴器不对中、定转子不对中、传动轴连接松动、长期高温运行	电机失控、机器人姿态失稳、定位精度下降
永磁体故障	受到磁场干扰、表面腐蚀失磁、过热或机械损坏	转子偏心、动力输出下降、转矩波动

由表 4-1 可知，工业机器人伺服电机的轴承、传动轴、制动器等容易发生疲劳、磨损等故障，此类故障可通过振动、噪声等信号进行监测。电机绝缘材料长期承受电、热、机械等多种应力共同作用易发生退化，此类故障的演化过程兼具缓慢性和突发性特点，若检测不及时将烧毁电机，引发安全事故。因此，需要深入研究伺服电机绝缘故障机理及寿命预测方法，保障工业机器人稳定可靠运行。

4.2　工业机器人伺服电机绝缘加速退化试验与建模

本节介绍工业机器人伺服电机绝缘加速退化试验，基于试验数据分别建立加速应力和常规应力下电机绝缘退化模型，实现服役工况下伺服电机绝缘寿命预测。

4.2.1　伺服电机绝缘加速退化试验

工业机器人伺服电机通常采用聚酰亚胺薄膜作为绝缘材料，常规应力下其绝缘寿命可达数十年，因此，需要通过加速退化试验研究其失效规律。温度应力、电应力、辐射应力等均可加剧此类绝缘材料失效，但在工业机器人服役工况下，伺服电机绝缘材料所受电应力和辐射应力的影响远小于温度应力的影响，故选择温度应力作为加速应力，对电机绝缘材料进行恒定温度应力下的加速退化试验。

根据《恒定应力寿命试验和加速寿命试验方法　总则》[1]，制定聚酰亚胺薄膜的加速退化试验方案如下[2]。

(1)样本尺寸：长 100mm、宽 100mm、厚 0.25mm 的聚酰亚胺薄膜；

(2)温度应力：290℃、300℃、310℃、320℃四种温度应力等级；

(3)样本数量：在每种温度应力等级下，从 10 个样本中随机抽取 7 个样本进行加速退化试验；

(4)试验周期：以 20h 为周期，每个温度应力等级下完成 13 个周期的试验；

(5)数据采集：每个试验周期结束后，采集样本为 200℃下的等效绝缘电阻、50Hz 下的等效绝缘电容、800V 交流电下的最大局部放电量。

选用不同温度应力等级下 7 个测试样本的等效绝缘电容、等效绝缘电阻、最大局部放电量三种指标，将其在各试验周期的平均值作为当前时刻样本总体绝缘水平，所得结果分别如图 4-1～图 4-3 所示。由图 4-1 可知，随着试验时间累积，不同温度应力下样本的平均等效绝缘电容呈上升趋势，但在前 180h 内变化幅度较小，不同应力水平对平均等效绝缘电容的增长速度无明显影响；由图 4-2 可知，不同温度应力等级下样本平均等效绝缘电阻随试验时间的增加呈下降趋势，但在前 180h 内变化幅度较小，且应力水平的提升会加快平均等效绝缘电阻的下降速率；由图 4-3 可知，随着试验时间累积，不同温度应力下样本平均最大局部放电量呈上升趋势，在前 180h 内变化幅度较大，应力水平的提升会加快平均最大局部放电量的上升速率。

由图 4-1～图 4-3 及上述分析可以看出，局部放电是工业机器人伺服电机绝缘退化趋势性最明显的特征，放电量是反映电机绝缘材料退化程度的重要指标。通过监测最大局部放电量能够识别伺服电机绝缘材料放电位置及放电类型。因此，基于理论分析和试验结果，选择最大局部放电量作为伺服电机绝缘材料的退化特征量。

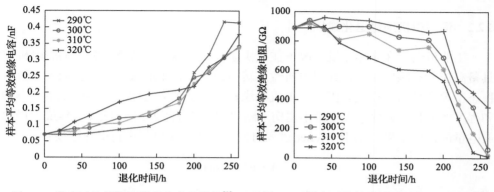

图 4-1　样本平均等效绝缘电容变化趋势[2]　　图 4-2　样本平均等效绝缘电阻变化趋势[2]

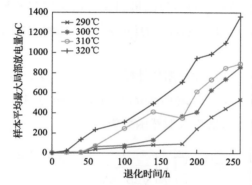

图 4-3　样本平均最大局部放电量变化趋势[2]

　　图 4-4 为不同温度应力等级下所有试验样本最大局部放电量的变化趋势。由图可知,同一温度下不同样本的最大局部放电量存在差异,且此差异随着温度上升而增大。因此,进一步基于最大局部放电量趋势特点建立绝缘材料的退化模型。

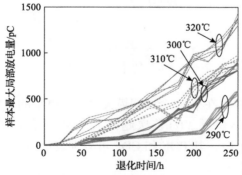

图 4-4　不同温度应力等级下所有样本最大局部放电量变化趋势[2]

4.2.2　伺服电机绝缘退化建模

工业机器人在实际服役工况下往往快速且频繁地变换位姿，关节伺服电机须具备高速动态响应特性，此时电机暂态转矩为稳态转矩的数倍，且长期处于暂、稳态工况交替运行模式。因此，电机绝缘材料在多种应力作用下会出现不同类型和程度的退化，表现为大量微小损伤不断累积[3]。结合 4.2.1 节绝缘材料最大局部放电量的试验结果，基于 Wiener 过程对伺服电机绝缘材料进行退化建模：

$$X(t) = \mu t + \sigma B(t) \tag{4-1}$$

式中，μ 为漂移系数，表示退化特征量的变化速度；$B(t)$ 为标准布朗运动；σ 为扩散系数，表示测量误差、噪声等随机因素对退化过程的影响；$X(t)$ 为 t 时刻最大局部放电量的累积量，$X(t) \sim N\left(\mu t, \sigma^2 t\right)$，其期望和方差为与时间相关的函数。

利用极大似然估计和试验数据估计模型参数 μ 和 σ，设 x_{ij} 为第 i 个样本在第 j 个周期的退化量，即 $x_{ij} \sim N\left(\mu \Delta t, \sigma^2 \Delta t\right)$ $(i=1,2,\cdots,n;\ j=1,2,\cdots,m)$，$\Delta t$ 为周期间隔，则上述退化模型参数的极大似然函数为

$$L\left(\mu, \sigma^2\right) = \prod_{i=1}^{n} \prod_{j=1}^{m} \frac{1}{\sqrt{2\sigma^2 \pi \Delta t}} \mathrm{e}^{-\left(x_{ij} - \mu \Delta t\right)^2 \big/ \left(2\sigma^2 \Delta t\right)} \tag{4-2}$$

将式(4-2)取对数并分别对参数 μ、σ^2 求偏导可得其参数的极大似然估计值为

$$\begin{cases} \hat{\mu} = \dfrac{\sum\limits_{i=1}^{n} X_{im}}{nm\Delta t} \\[4mm] \hat{\sigma}^2 = \dfrac{1}{nm} \sum\limits_{i=1}^{n} \sum\limits_{j=1}^{m} \dfrac{x_{ij}^2}{\Delta t} - \dfrac{\left(\sum\limits_{i=1}^{n} X_{im}\right)^2}{nm\Delta t} \end{cases} \tag{4-3}$$

式中，X_{im} 为第 i 个样本在第 m 个周期最大局部放电量的积累量。定义寿命 T 为最大局部放电量的累积量 $X(t)$ 首次超过其失效阈值 L 的时刻，即寿命 $T = \inf\{t: X(t) \geqslant L \,|\, X(0) < L\}$，其 PDF 和 CDF 可分别表示为

$$f(t) = \frac{L}{\sqrt{2\pi \hat{\sigma}^2 t^3}} \mathrm{e}^{-(L - \hat{\mu}t)^2 \big/ \left(2\hat{\sigma}^2 t\right)} \tag{4-4}$$

$$F(t) = 1 - \Phi\left(\frac{L - \hat{\mu}t}{\hat{\sigma}\sqrt{t}}\right) + e^{-2\hat{\mu}L/\hat{\sigma}^2}\,\Phi\left(-\frac{L + \hat{\mu}t}{\hat{\sigma}\sqrt{t}}\right) \tag{4-5}$$

式中，$\Phi(\cdot)$ 为标准正态分布函数，对应的可靠度函数 $R(t)$ 为

$$R(t) = 1 - F(t) = \Phi\left(\frac{L - \hat{\mu}t}{\hat{\sigma}\sqrt{t}}\right) - e^{-2\hat{\mu}L/\hat{\sigma}^2}\,\Phi\left(-\frac{L + \hat{\mu}t}{\hat{\sigma}\sqrt{t}}\right) \tag{4-6}$$

进而得出寿命 T 的期望和方差[2]

$$\begin{cases} \mu = E(T) = \dfrac{L}{\hat{\mu}} \\[2mm] \sigma^2 = \mathrm{Var}(T) = \dfrac{L\hat{\sigma}^2}{\hat{\mu}^3} \end{cases} \tag{4-7}$$

4.2.3　伺服电机绝缘寿命预测

利用加速退化试验数据可获得伺服电机绝缘材料退化模型中未知参数 μ、σ^2 的估计值，如表 4-2 所示。

表 4-2　加速应力下伺服电机绝缘材料退化模型参数估计值[2]

温度/℃	μ/pC	σ^2/pC^2
290	2.055	150.99
300	3.304	262.85
310	3.435	389.31
320	5.238	391.98

结合式(4-4)和式(4-6)，在失效阈值 L=5000pC 时可得加速应力下伺服电机的绝缘寿命即剩余寿命概率密度和绝缘可靠度分别如图 4-5 和图 4-6 所示。

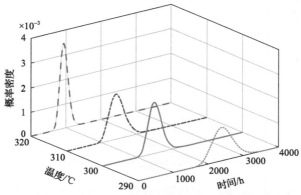

图 4-5　加速应力下伺服电机的剩余寿命概率密度[2]

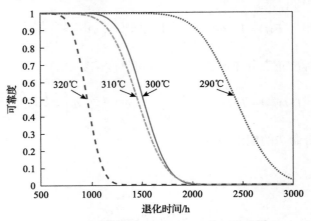

图 4-6　加速应力下伺服电机绝缘可靠度[2]

由图 4-5 可以看出，加速应力下伺服电机绝缘寿命近似呈正态分布，随着温度升高，电机绝缘寿命分布左移，同时逐渐向期望集中；由图 4-6 可以看出，在 290℃、2000h 左右时，伺服电机的绝缘可靠度出现明显下降，随着温度升高，可靠度出现明显下降的时刻提前，且下降速度加快。

在式(4-3)中令 $n=1$，对不同温度下单个样本的退化模型参数进行估计，可得不同温度应力下单个样本的绝缘寿命期望值如图 4-7 所示。由图中可以看出，同一温度应力下不同样本的绝缘寿命期望值差异很小，样本绝缘寿命期望值随温度增高而降低。

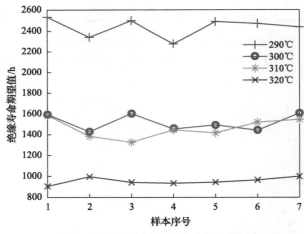

图 4-7　伺服电机绝缘寿命期望值[2]

进一步结合 Arrhenius(阿伦尼乌斯)方程和加速退化试验数据，外推常规应力

下伺服电机的绝缘寿命。其中，Arrhenius 方程的指数形式为

$$y(T_k) = a\,\mathrm{e}^{-E_a/bT_k} = \mathrm{e}^{c+d/T_k} \tag{4-8}$$

式中，y 为模型中与温度相关的参数；a、c、d 为待定系数，可由加速退化数据计算得出；b 为玻尔兹曼常数；E_a 为激活能；T_k 为第 k 个热力学温度取值，则 T_k 下伺服电机绝缘退化模型的漂移系数 μ 和扩散系数 σ 可表示为

$$\begin{cases} \mu(T_k) = \mathrm{e}^{c_1+d_1/T_k} \\ \sigma(T_k) = \mathrm{e}^{c_2+d_2/T_k} \end{cases} \tag{4-9}$$

式中，$c_1 = \ln a$；$c_2 = -E_a/b$；d_1、d_2 为待定系数。

由于 Wiener 过程在任意加速应力下均满足 $\mu_1/\mu_2 = \sigma_1^2/\sigma_2^2$，推导可得 $d_1 = 2d_2$，则式 (4-9) 可转化为[4]

$$\begin{cases} \mu(T_k) = \mathrm{e}^{c_1+d_1/T_k} \\ \sigma(T_k) = \mathrm{e}^{c_2+0.5d_1/T_k} \end{cases} \tag{4-10}$$

基于上述分析，可得不同温度下伺服电机绝缘失效时间分布和可靠度函数分别为

$$f(t) = \frac{L}{\sqrt{2\pi \mathrm{e}^{(c_2+0.5d_1/T_k)^2} t^3}}\, \mathrm{e}^{-\frac{\left(L-\mathrm{e}^{c_1+d_1/T_k}\,t\right)^2}{2\mathrm{e}^{(c_2+0.5d_1/T_k)^2}\,t}} \tag{4-11}$$

$$R(t) = \Phi\!\left(\frac{L-\mathrm{e}^{c_1+d_1/T_k}\,t}{\mathrm{e}^{c_2+0.5d_1/T_k}\,\sqrt{t}}\right) - \exp\!\left(-\frac{2\mathrm{e}^{c_1+d_1/T_k}\,L}{\mathrm{e}^{(c_2+0.5d_1/T_k)^2}}\right)\cdot\Phi\!\left(-\frac{L+\mathrm{e}^{c_1+d_1/T_k}\,t}{\mathrm{e}^{c_2+0.5d_1/T_k}\,\sqrt{t}}\right) \tag{4-12}$$

利用最小二乘法和表 4-2 中的四组参数估计 c_1、c_2、d_1 的初始值。设 x_{ijk} 为第 k 个温度应力下第 i 个样本在第 j 个周期的退化量（$i=1,2,\cdots,7$；$j=1,2,\cdots,13$；$k=1, 2, 3, 4$），则有 $x_{ijk} \sim N\!\left(\mathrm{e}^{c_1+d_1/T_k}\Delta t, \mathrm{e}^{2c_2+d_1/T_k}\Delta t\right)$，其中 Δt 为周期时长，由加速退化试验数据可得 c_1、c_2、d_1 的极大似然函数为

$$L = \prod_{i=1}^{7}\prod_{j=1}^{13}\prod_{k=1}^{4}\left[\frac{1}{\sqrt{2\pi \mathrm{e}^{2c_2+d_1/T_k}\Delta t}}\,\mathrm{e}^{-\frac{\left(x_{ijk}-\mathrm{e}^{c_1+d_1/T_k}\Delta t\right)^2}{2\mathrm{e}^{2c_2+d_1/T_k}\Delta t}}\right] \tag{4-13}$$

对式 (4-13) 取对数并分别对三个未知参数求偏导，可得 c_1=17.74，c_2=11.34，d_1=−9553。通常假设常规温度应力的取值范围为 50～80℃，绕组温升为 125℃[1]，

则工业机器人伺服电机绝缘性能评估的参考温度为 175～205℃，结合式(4-10)可得常规温度应力下模型参数如表 4-3 所示。

表 4-3　常规温度应力下伺服电机绝缘材料退化模型参数估计值[2]

温度/℃	μ/pC	σ^2/pC^2
50	0.0278	2.0275
60	0.0442	3.2758
70	0.0691	5.1852
80	0.1059	8.0515

基于表 4-3 中不同温度下的模型参数值，可得常规温度应力下机器人伺服电机的绝缘寿命概率密度如图 4-8 所示。

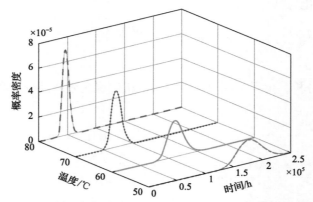

图 4-8　常规温度应力下伺服电机的绝缘寿命概率密度[2]

由图 4-8 可提取常规温度应力下机器人伺服电机最大和最小绝缘寿命，结合表 4-3 和式(4-7)，可得常规温度应力下伺服电机绝缘寿命期望值如表 4-4 所示。

表 4-4　常规温度应力下伺服电机绝缘寿命[2]

温度/℃	最小寿命/h	最大寿命/h	期望寿命/h
50	125000	250000	179856
60	80000	150000	113122
70	50000	100000	72359
80	30000	70000	47214

由图 4-8 和表 4-4 可以看出，常规温度应力下工业机器人伺服电机绝缘寿命的期望值随温度升高而降低，表明伺服电机绝缘可靠性对温度较为敏感。此外，工业机器人实际服役中，可监测并采集伺服电机最大局部放电量，并根据最大局

部放电量修正电机绝缘退化模型参数，实现伺服电机绝缘寿命预测。基于最大局部放电量在线数据和离线数据的极大似然函数如式(4-14)所示[2]：

$$L\left(c_1,c_2,d_1\right)=\prod_{i=1}^{n}\prod_{j=1}^{m}\prod_{k=1}^{l}\frac{1}{\sqrt{2\,\mathrm{e}^{2c_2+d_1/T_k}}\,\pi\Delta t}\mathrm{e}^{-\frac{\left(x_{ijk}-\mathrm{e}^{c_1+d_1/T_k}\cdot\Delta t\right)^2}{2\,\mathrm{e}^{2c_2+d_1/T_k}\cdot\Delta t}}$$

$$\times\prod_{i=1}^{n}\prod_{j=1}^{m}\frac{1}{\sqrt{2\,\mathrm{e}^{\left(2c_2+d_1/T_k\right)^2}}\,\pi\Delta t}\mathrm{e}^{-\frac{\left(x_{ij}-\mathrm{e}^{c_1+d_1/T_k}\cdot\Delta t\right)^2}{2\,\mathrm{e}^{\left(2c_2+d_1/T_k\right)^2}\cdot\Delta t}}$$

$$(4\text{-}14)$$

　　结合式(4-14)和最大放电量实测数据能够更新伺服电机绝缘材料的退化模型。电机绝缘寿命实时预测流程如图 4-9 所示，具体步骤如下。

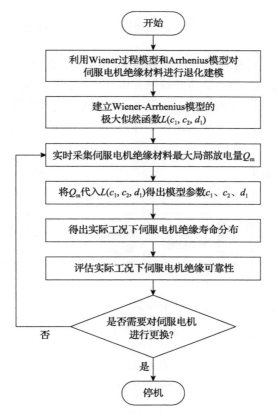

图 4-9　工业机器人伺服电机绝缘寿命实时预测流程

步骤 1：利用 Wiener 过程模型和 Arrhenius 模型对伺服电机绝缘退化进行建模；
步骤 2：结合 Wiener 过程模型与 Arrhenius 模型推导出 Wiener-Arrhenius 模型的

极大似然函数 $L(c_1, c_2, d_1)$；

步骤 3：实时采集绝缘材料最大局部放电量 Q_m；

步骤 4：利用伺服电机绝缘的实时最大局部放电量 Q_m 与 Wiener-Arrhenius 模型的极大似然函数 $L(c_1, c_2, d_1)$ 得出模型参数 c_1、c_2、d_1；

步骤 5：基于模型参数 c_1、c_2、d_1 与 Arrhenius 模型可得当前温度下的 μ、σ^2，进而得出实际工况下伺服电机绝缘寿命分布；

步骤 6：通过实际工况下伺服电机绝缘寿命分布对其绝缘可靠性进行评估；

步骤 7：依据可靠性评估结果判断是否需更换伺服电机，如绝缘可靠性不满足要求则需要停机维护，否则继续采集最大局部放电量 Q_m 评估电机绝缘可靠性。

上述提出的工业机器人伺服电机绝缘退化模型和寿命预测方法可为电机绝缘状态评估提供参考，辅助制定整机运维策略。

4.3　工业机器人伺服电机绝缘状态评估

工业机器人指令传递与执行过程如图 4-10 所示，在频繁任务切换下，关节急停急启产生的冲击电流及驱动器高频脉冲电压将加剧伺服电机绝缘失效进程。本节深入挖掘机器人伺服电机绝缘失效机理，提出伺服电机绝缘状态多维特征表征、绝缘退化状态演变规律分析及退化状态评估方法，为机器人安全可靠运行提供理论和技术基础。

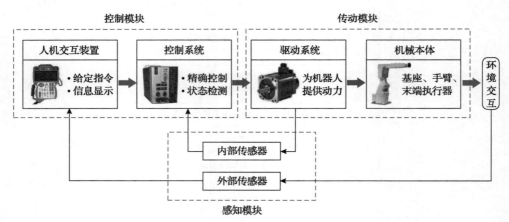

图 4-10　工业机器人指令传递与执行过程

4.3.1　伺服电机绝缘状态多维特征表征

工业机器人伺服电机存在多个部位的寄生参数，如内部线缆与大地之间、定转子绕组之间以及定子绕组与轴承之间。电机正常运行时，在变频电压激励下，部分定子电流会经过主绝缘介质流入大地，即电机漏电流[5]。主绝缘发生退化时，漏电流时频域特性随之变化，通过分析漏电流与主绝缘之间的关系，能够获取表征主绝缘退化的漏电流特征指标，进而评估机器人伺服电机的绝缘状态。

1. 主绝缘与漏电流的耦合关系

驱动器和伺服电机的寄生参数分布如图 4-11 所示。

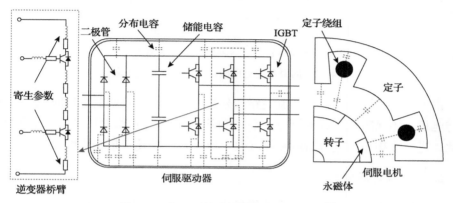

图 4-11 伺服系统寄生参数分布示意图[6]

由图 4-11 可知，工业机器人驱动器内部整流模块及逆变模块的寄生参数主要包括绝缘栅双极性晶体管(insulated gate bipolar transistor, IGBT)集电极与发射极之间的寄生电感和寄生电阻、IGBT 模块与外壳之间的分布电容以及直流母线与外壳之间的分布电容等。伺服电机内部寄生参数则分布在定子绕组与大地(定子铁芯)之间、定子绕组与转子永磁体之间，以及定子绕组各匝线圈之间。其中，定子绕组对地寄生阻抗即为定子绕组的主绝缘对地阻抗，而绕组导体间的寄生阻抗为匝间绝缘阻抗。随着电机运行，其内部绝缘材料在电-热-机械多种应力作用下会出现不同类型和程度的老化，使电机绝缘阻抗发生变化。考虑到主绝缘阻抗与漏电流之间的高度相关性，电机内部漏电流流通路径以及分布特征也会出现明显变化。如图 4-12 所示，在脉冲电压激励下，伺服电机内部漏电流存在多个流通路径[7]，即路径 1：漏电流通过驱动器输出端经线缆对地寄生电容流向大地，随后经驱动器接地线及其与大地之间寄生电容返回驱动器，该路径漏电流主要受线缆及驱动器对地寄生电容的影响；路径 2：漏电流通过调压器经驱动器的功率器件流到线缆，随后经线缆对地寄生电容返回至调压器接地点，该路径漏电流受驱动器功率器件、调压器和线缆寄生参数共同影响；路径 3：漏电流通过驱动器输出端经线缆流入电机定子绕组，再经定子绕组绝缘与机壳之间的寄生阻抗(主绝缘阻抗)流入大地，主要受定子主绝缘寄生阻抗影响，即与定子绝缘退化状态密切相关。

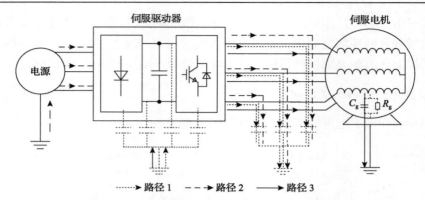

------> 路径1　- - ->路径2　——> 路径3

图 4-12　伺服系统对地漏电流的主要流通路径[7]

由上述漏电流产生机理和流通路径分析可知，通过解耦漏电流时域、频域特性与电机主绝缘阻抗参数的对应关系，能够识别机器人伺服电机主绝缘退化状态，因此，进一步构建漏电流时域和频域数学模型并分析其时频域特性。

2. 漏电流时域模型

假设机器人伺服电机 C 相主绝缘发生退化，其等效电路模型如图 4-13 所示[7]。其中，主绝缘等效电路模型由等效绝缘电阻 R_g 及等效绝缘电容 C_g 组成，通过调节等效阻抗参数可模拟不同绝缘退化状态。I_g 为漏电流，U_A、U_B、U_C 表示三相脉宽调制（pulse width modulation, PWM）电压，R_s 和 L_s 分别表示单向绕组定子电阻和电感；O 点为定子绕组中性点，D 点为主绝缘退化位置，x 为入线端到 D 点的线圈匝数与单相绕组总匝数比值，表示绕组中发生主绝缘退化的相对位置。

将图 4-13 等效电路模型简化为图 4-14 所示电路，其中 k、Z、U 分别表示定子阻抗系数、等效电路阻抗及主绝缘阻抗等效激励电压，可由式(4-15)求得：

$$\begin{cases} k = \dfrac{x(3-2x)}{3} \\[2mm] Z = k\left(R_s + \mathrm{j}\omega L_s\right) + R_g + \dfrac{1}{\mathrm{j}\omega C_g} \\[2mm] U = \dfrac{(3-2x)U_C + x\left(U_A + U_B\right)}{3} \end{cases} \tag{4-15}$$

由图 4-14 可知，伺服电机漏电流的流通路径主要包含定子绕组电阻、电感及主绝缘等效电阻、电容等线性元件。因此，漏电流的时域暂态过程可认为是理想方波电压激励下的二阶系统电流响应，由此可得漏电流时域数学模型 $I_g(t)$ 如下：

$$I_g(t) = \frac{2\left(\dfrac{\Delta U_C}{xL_s} + \dfrac{\Delta U_A + \Delta U_B}{(3-2x)L_s}\right)}{\omega} e^{-\alpha t} \sin\left(\frac{\omega t}{2}\right) \tag{4-16}$$

式中，ΔU_A、ΔU_B、ΔU_C 分别表示三相电压变化量；ω 和 α 分别表示漏电流的角频率和衰减系数，可分别由式(4-17)和式(4-18)求得：

$$\omega = \sqrt{\frac{1}{kL_sC_g} - \left(\frac{R_s}{L_s} + \frac{1}{R_gC_g}\right)^2} \tag{4-17}$$

$$\alpha = \frac{R_s}{L_s} + \frac{1}{R_gC_g} \tag{4-18}$$

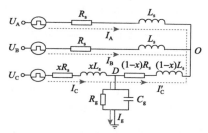

图 4-13 C 相主绝缘退化等效电路模型[7]

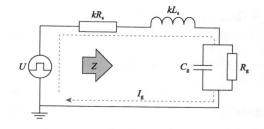

图 4-14 主绝缘退化简化电路模型[7]

由式(4-16)可知，漏电流时域特性主要与直流母线电压、定子绕组阻抗、主绝缘等效阻抗及退化位置有关。通常，直流母线电压不变，定子绕组阻抗可由阻抗分析仪获得。当伺服电机某相主绝缘发生退化时，该相 PWM 电压激励产生的漏电流的时域特征与健康相产生的漏电流的时域特性存在显著差异，主要体现为漏电流的初始振幅 AMP 不同。漏电流初始振幅表达式如下：

$$\text{AMP} = \frac{2\left(\dfrac{\Delta U_C}{xL_s} + \dfrac{\Delta U_A + \Delta U_B}{(3-2x)L_s}\right)}{\sqrt{\dfrac{12}{x(3-2x)L_sC_g} - \left(\dfrac{R_s}{L_s} + \dfrac{1}{R_gC_g}\right)^2}} \tag{4-19}$$

由于 A、B 相是健康相，当 A、B 相受 PWM 电压激励时，由式(4-19)可知，健康相伺服电机漏电流初始振幅 AMP_h 可表示为

$$\text{AMP}_h = \frac{2\Delta U_h}{(3-2x)L_s\sqrt{\dfrac{12}{x(3-2x)L_sC_g} - \left(\dfrac{R_s}{L_s} + \dfrac{1}{R_gC_g}\right)^2}} \tag{4-20}$$

式中，ΔU_h 表示健康相的 PWM 电压，即 ΔU_A 或 ΔU_B。当发生主绝缘退化的 C 相受到 PWM 电压激励时，其漏电流初始振幅 $\mathrm{AMP_d}$ 可表示如下：

$$\mathrm{AMP_d} = \frac{2\Delta U_d}{xL_s\sqrt{\dfrac{12}{x(3-2x)L_sC_g} - \left(\dfrac{R_s}{L_s} + \dfrac{1}{R_gC_g}\right)^2}} \tag{4-21}$$

式中，ΔU_d 表示主绝缘退化相的 PWM 电压，即为 ΔU_C。

　　由漏电流时域模型及其初始振幅可知，伺服电机未发生主绝缘退化时，三相定子绕组处于平衡状态，三相 PWM 电压激励产生的漏电流特性相同；若某相定子绕组发生主绝缘退化，三相定子绕组不再平衡，退化相 PWM 电压激励下的漏电流初始振幅 $\mathrm{AMP_d}$ 和健康相漏电流初始振幅 $\mathrm{AMP_h}$ 存在显著差异。因此，通过监测和比较单相 PWM 电压激励产生的漏电流初始振幅可定位主绝缘退化相。

3. 漏电流频域模型

　　当伺服电机主绝缘退化时，漏电流流通路径中的绝缘阻抗不断变化，漏电流频域特性也随之变化。由于工业机器人电机激励源为驱动器输出的幅值 E_d 固定、频率可变的 PWM 方波电压，为获得漏电流频域特征模型，首先分析驱动器输出的 PWM 电压频率特性。根据正弦脉宽调制技术获取 PWM 电压表达式，基于双重傅里叶变换对其进行频谱分析。伺服电机三相 PWM 电压的傅里叶展开式如下：

$$\begin{cases} U_A = \dfrac{E_d}{2}\left(\beta\sin(\omega_0 t) + \sum_{n=1}^{\infty}\left(\dfrac{4}{n\pi}\right)\sin\left(\dfrac{\beta n\pi}{2}\sin(\omega_0 t) + \dfrac{n\pi}{2}\right)\cos(n\omega_c t)\right) \\[3mm] U_B = \dfrac{E_d}{2}\left(\beta\sin\left(\omega_0 t + \dfrac{2}{3}\pi\right) + \sum_{n=1}^{\infty}\left(\dfrac{4}{n\pi}\right)\sin\left(\dfrac{\beta n\pi}{2}\sin\left(\omega_0 t + \dfrac{2}{3}\pi\right) + \dfrac{n\pi}{2}\right)\cos(n\omega_c t)\right) \\[3mm] U_C = \dfrac{E_d}{2}\left(\beta\sin\left(\omega_0 t + \dfrac{4}{3}\pi\right) + \sum_{n=1}^{\infty}\left(\dfrac{4}{n\pi}\right)\sin\left(\dfrac{\beta n\pi}{2}\sin\left(\omega_0 t + \dfrac{4}{3}\pi\right) + \dfrac{n\pi}{2}\right)\cos(n\omega_c t)\right) \end{cases} \tag{4-22}$$

式中，$\omega_0 = 2\pi f_0$ 为基波角频率；$\omega_c = 2\pi f_c$ 为载波角频率（ω_c 即为逆变器开关角频率，f_c 为逆变器开关频率）；β 为调制深度。由式（4-22）可知，三相电压傅里叶展开式第一项为基波频率分量，对应电压幅值为 $E_d/2$，各相电压基波的幅值相同、相位互差 120°；第二项为基波频率及载波频率组成的混合频率分量。令式（4-22）中相电压 U_A 的第二项为 A，利用贝塞尔公式进行分解，当 $n = 1, 3, 5, \cdots$ 时有：

$$A = \sum_{n=1}^{\infty} \left((-1)^{\frac{n-1}{2}} \left(\frac{2E_\mathrm{d}}{n\pi} \right) \mathrm{J}_0 \left(\frac{\beta n\pi}{2} \right) \cos(2\pi n f_\mathrm{c} t) \right.$$
$$\left. + \sum_{k=1}^{\infty} \frac{E_\mathrm{d}}{2} \mathrm{J}_k \left(\frac{\beta n\pi}{2} \right) \left(\cos\left(2\pi(nf_\mathrm{c} + kf_0)t \right) + \cos\left(2\pi(nf_\mathrm{c} - kf_0)t \right) \right) \right) \tag{4-23}$$

式中，$\mathrm{J}_k(x)$ 为 k 阶贝塞尔函数；k 为边带频率系数。式 (4-23) 中第一项频率分量为 f_c 的奇数倍频，其电压幅值为 $(2E_\mathrm{d}/n\pi) \mathrm{J}_0(\beta n\pi/2)$；第二项表示以 f_c 奇数倍频为中心的边带频率分量，且只包含基波频率 f_0 的偶数倍频边带分量，其电压幅值为 $(E_\mathrm{d}/2) \mathrm{J}_k(\beta n\pi/2)$。当 $n = 2, 4, 6, \cdots$ 时有：

$$A = \sum_{n=2}^{\infty} \left((-1)^{\frac{n}{2}} \left(\frac{2E_\mathrm{d}}{n\pi} \right) \sum_{k=1}^{\infty} \mathrm{J}_k \left(\frac{\beta n\pi}{2} \right) \left(\sin\left(2\pi(nf_\mathrm{c} + kf_0) \right) t \right. \right.$$
$$\left. \left. + \sin\left(2\pi(nf_\mathrm{c} - kf_0)t \right) \right) \right) \tag{4-24}$$

式 (4-24) 只存在以 f_c 偶数倍频为中心的边带频率分量，且边带频率分量为基波频率 f_0 的奇数倍频，电压幅值为 $(2E_\mathrm{d}/n\pi) \mathrm{J}_k(\beta n\pi/2)$。

由以上分析可知，机器人伺服电机 PWM 电压频率主要包含基波频率 f_0、开关频率倍频 nf_c、以开关频率奇数或偶数倍频为中心的边带频率 $nf_\mathrm{c} \pm kf_0$。此外，根据 PWM 电压各频率成分在定子绕组的分布特征，可将频率分量分为共模分量（零序分量）及差模分量（正序和负序分量），其中三相共模电压幅值相同且相位一致，沿电机绕组均匀分布；各相差模电压幅值相同、相位互差 120°，沿绕组线性分布。根据伺服电机基波频率 f_0 及逆变器开关频率 f_c，可识别 PWM 电压中共模电压和差模电压，其对应频率表达式如下：

$$\begin{cases} f_1 = (2p-1)f_\mathrm{c} \pm 2qf_0 \\ f_2 = 2pf_\mathrm{c} \pm (2q+1)f_0 \end{cases} \tag{4-25}$$

式中，$p = 1, 2, 3, \cdots$；$q = 0, 1, 2, \cdots$。当 $2q$ 为 3 的倍数时，f_1 表示共模频率，否则为差模频率；当 $2q+1$ 为 3 的倍数时，f_2 表示共模频率，否则为差模频率。由于空间矢量调制的调制波为马鞍波，对应输出电压将出现基波频率三倍频的奇数倍频分量，即 $f_3 = 3nf_0 (n = 1, 3, 5, \cdots)$，其中 f_3 为共模频率。

基于上述伺服电机 PWM 电压频率特征分析，结合图 4-13 所示的主绝缘退化等效电路模型，可得漏电流 I_g 频域数学模型如下：

$$I_\mathrm{g} = \frac{U}{Z} = \frac{(1 + \mathrm{j}\omega C_\mathrm{g})\left[(3 - 2x)U_\mathrm{C} + x(U_\mathrm{A} + U_\mathrm{B}) \right]}{3k\left(R_\mathrm{s} - \omega^2 C_\mathrm{g} L_\mathrm{s} \right) + 3R_\mathrm{g} + \mathrm{j}3k\omega\left(C_\mathrm{g} R_\mathrm{s} + L_\mathrm{s} \right)} \tag{4-26}$$

式中，R_g 和 C_g 分别为等效绝缘电阻及等效绝缘电容；U_A、U_B、U_C 表示三相 PWM 电压；R_s 和 L_s 分别表示定子电阻和电感；$\omega = 2\pi f_0$ 或 $2\pi f_c$ 为基波及载波角频率，f_0、f_c 分别为基波及载波频率。由于共模电压可由三相电压的平均值计算获得，结合式(4-15)可得主绝缘阻抗等效激励电压的共模分量为

$$U_{CM} = (1-x)U_{C,CM} + \frac{x\left(U_{A,CM} + U_{B,CM} + U_{C,CM}\right)}{3} = U_{C,CM} \qquad (4\text{-}27)$$

结合式(4-26)可得漏电流共模分量为

$$I_{g,CM} = \frac{U_{CM}}{Z_{CM}} = \frac{\left(1 + j\omega_{CM}C_g\right)U_{C,CM}}{k\left(R_s - \omega_{CM}^2 C_g L_s\right) + R_g + jk\omega_{CM}\left(C_g R_s + L_s\right)} \qquad (4\text{-}28)$$

式中，$\omega_{CM} = 2\pi f_{CM}$，$f_{CM}$ 为共模频率。由式(4-28)可知，漏电流共模分量与等效绝缘电阻、等效绝缘电容均有关系。

通过研究关节伺服电机在紧凑空间和高温环境中寄生参数分布情况，明确电机内部漏电流产生机理和主要流通路径，基于伺服电机漏电流流通路径等效电路模型，建立漏电流时域和频域数学模型，阐明漏电流共模分量与绝缘电容、绝缘电阻之间的关系，可以为工业机器人伺服电机绝缘退化演变规律及绝缘状态评估奠定基础。

4.3.2　伺服电机绝缘退化状态演变规律

伺服电机主绝缘在退化初期和末期的绝缘阻抗特性不同，需要分别研究绝缘退化初期和末期漏电流特征参数的变化规律，确定主绝缘在不同退化阶段的显著特征量。

1. 绝缘退化初期漏电流演变规律

工业机器人伺服电机主绝缘退化初期，其等效绝缘电阻通常在几兆欧至几十兆欧，仅基于绝缘电阻参数变化评估绝缘退化状态难以识别初期退化。由于不同绝缘材料的绝缘电容在主绝缘初期退化阶段呈单调递增趋势，故可通过监测漏电流时频域特征与绝缘电容演变规律实现主绝缘退化初期状态评估。

基于图 4-14 所示的主绝缘简化电路，设 C_g 为 220pF，退化位置为 C 相绕组中点处($x=0.5$)，仿真获得漏电流暂态响应时域波形如图 4-15 所示。由图可知，A、B 两个健康相在 PWM 电压激励下的漏电流初始振幅 AMP_h 一致，均为 58mA，而主绝缘退化相 C 相产生的漏电流初始振幅 AMP_d 为 150mA。因此，通过比较三相 PWM 电压激励产生的漏电流初始振幅可定位伺服电机主绝缘退化相。

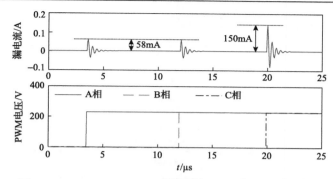

图 4-15　三相 PWM 电压激励下漏电流暂态响应时域波形

退化相漏电流初始振幅 AMP_d 随等效绝缘电阻 R_g 和等效绝缘电容 C_g 的变化情况如图 4-16 所示。由图 4-16 可知，当等效绝缘电阻 R_g 减小时，退化相的漏电流初始振幅 AMP_d 增大，当等效绝缘电容 C_g 增大时，退化相的漏电流初始振幅 AMP_d 也增大。当等效绝缘电阻 R_g 较大时，尤其当等效绝缘电阻超过 20kΩ 时，退化相的漏电流初始振幅 AMP_d 几乎不变；而当等效绝缘电阻 R_g 较小时，退化相漏电流初始振幅 AMP_d 有明显增大。因此，退化相的漏电流初始振幅 AMP_d 对于等效绝缘电容 C_g 的变化始终敏感，而对于等效绝缘电阻 R_g 的变化仅在伺服电机主绝缘严重退化时敏感，故可通过等效绝缘电容监测绝缘早期退化状态。通过比较伺服电机三相 PWM 电压激励产生的漏电流初始振幅，能够识别主绝缘退化程度。

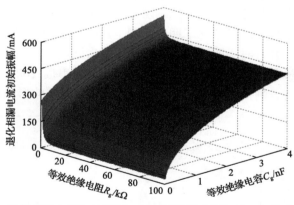

图 4-16　退化相漏电流初始振幅 AMP_d 随等效绝缘电阻和电容变化情况[7]

图 4-17 为主绝缘等效阻抗参数改变时漏电流频谱分布情况，其中开关频率为 4kHz，基波频率为 50Hz，主绝缘退化模拟电路的电容值为 600pF，退化位置 $x = 0.5$。从图 4-17 中可以看出，当发生主绝缘退化后，漏电流共模分量 $I_{g,\text{CM}}$（开关频率 f_c=4000Hz）对应幅值由 18mA 增加至 36mA，漏电流开关频率倍频边带分量 $I_{g,\text{DM}}$（频率为 7950Hz 和 8050Hz）对应幅值由 3mA 增大至 6mA。因此，亦可通过

监测 $I_{g,CM}$ 和 $I_{g,DM}$ 的变化来评估伺服电机主绝缘初期退化状况。

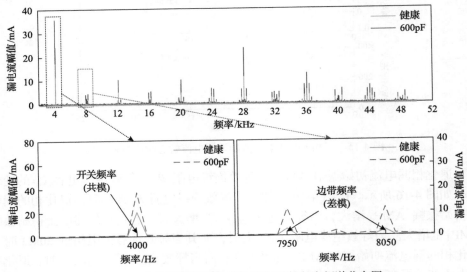

图 4-17 主绝缘等效阻抗参数改变时漏电流频谱分布图

2. 绝缘退化末期漏电流演变规律

主绝缘退化末期主要表现为等效绝缘电阻减小，在瞬时过电压或者极端环境应力下，主绝缘电阻可能从几兆欧急剧减小至几十千欧，极易演变为对地短路故障。因此，伺服电机主绝缘退化末期的监测重点在于识别其阻性变化，预测主绝缘失效演变趋势，并及时采取故障预警与停机等措施。

对某伺服电机进行加工，在电机绕组和大地之间串接 20kΩ 电阻模拟电机主绝缘退化末期状态，测得 PWM 电压及其对应漏电流时域波形如图 4-18 所示。由

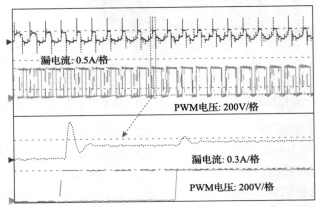

图 4-18 主绝缘退化末期 PWM 电压及其对应漏电流时域波形

图 4-18 可知，漏电流由主绝缘退化初期的衰减振荡波形变为含有尖刺的阶梯状波形，这是由于主绝缘退化末期阻抗中阻性分量占比较高，当 PWM 电压施加在主绝缘时，等效绝缘电阻和等效绝缘电容之间短时间内发生大量能量交换，导致漏电流波形振荡。当能量交换结束后，由于等效绝缘电容承受的电压固定，PWM 电压的高电平直接施加于等效绝缘电阻，使得漏电流波形衰减至稳定值。

图 4-19 为不同等效绝缘电阻下漏电流特征频率的变化规律。由图 4-19 可知，随着伺服电机主绝缘退化程度加深，等效绝缘电阻逐渐降低，漏电流低频段各频率分量幅值均有所增加，除开关频率的相关特征频率分量显著增大外，漏电流基频分量及其三倍频分量同样出现较大的幅值变化。因此，当主绝缘处于退化末期时，可通过比较漏电流中基波分量、三倍基波分量、开关频率及二倍开关频率边带分量的变化规律，实现主绝缘退化末期状态监测。

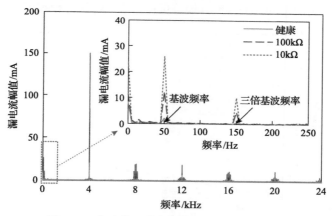

图 4-19　主绝缘退化末期漏电流特征频率分布

4.3.3　伺服电机绝缘退化状态评估

本节基于前述漏电流特征频率分量与主绝缘退化之间的映射关系及其演变规律，介绍一种伺服电机主绝缘状态评估技术，准确且及时评估主绝缘退化状态，以确保伺服电机可靠运行。由 4.3.2 节分析可知，电机漏电流初始振幅可用来鉴别主绝缘退化相，而电机漏电流共模分量则能反映主绝缘退化程度，结合式(4-22)及式(4-28)可得漏电流共模分量表达式如下：

$$I_{\text{g,CM}} = \frac{2E_{\text{d}}J_0\left(\dfrac{\beta n\pi}{2}\right)\left(1 + j\omega C_{\text{g}}R_{\text{g}}\right)}{n\pi\left[k\left(R_{\text{s}} + j\omega L_{\text{s}}\right)\left(1 + j\omega C_{\text{g}}R_{\text{g}}\right) + R_{\text{g}}\right]} \tag{4-29}$$

式中，$\omega = 2\pi(nf_{\text{c}} \pm kf_0)$，$f_{\text{c}}$ 为逆变器开关频率，f_0 为基波频率，当 $n=1, 3, 5, \cdots$ 时，

$k = 6l(l=0, 1, 2, \cdots)$，当 $n=2, 4, 6, \cdots$ 时，$k=6l-3(l=1, 2, 3, \cdots)$；$E_d$ 为直流母线电压；J_0 为 0 阶贝塞尔函数。由式(4-29)可知，漏电流共模分量 $I_{g,CM}$ 主要包含开关频率倍频及其部分边带频率分量。为了更好地体现绝缘阻抗与漏电流之间的对应关系，选择幅值特征较明显的开关频率奇数倍频($f_c, 3f_c, 5f_c, \cdots$)作为研究对象。基于式(4-29)仿真得出不同等效绝缘电容和不同退化位置下漏电流共模分量 $I_{g,CM}$ 的变化分别如图 4-20 和图 4-21 所示，其中开关频率 f_c=4000Hz。由图 4-20 可以看出，$I_{g,CM}$ 随等效绝缘电容增加而线性增大，开关频率处共模分量对应的幅值最大，其他频率下共模分量幅值随频率增大而逐渐递减。由图 4-21 可知，当退化位置 x 改变时，$I_{g,CM}$ 几乎保持不变。因此，$I_{g,CM}$ 对定子主绝缘电容 C_g 高度敏感，且不受主绝缘退化位置 x 的影响，利用漏电流共模分量可识别主绝缘退化程度。由于不同频率共模分量随等效绝缘电容的变化规律基本一致，实际应用中需根据工业机器人各关节伺服电机的具体工况选择幅值变化最为明显的开关频率共模分量作为表征绝缘退化程度的特征参数。

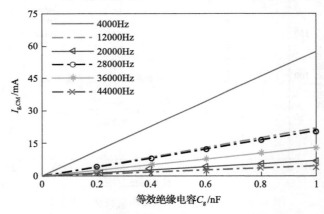

图 4-20　不同等效绝缘电容下漏电流共模分量

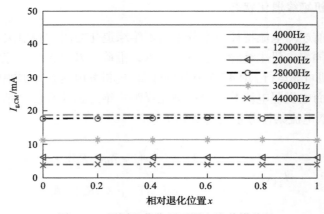

图 4-21　不同退化位置下漏电流共模分量

综上，在评估实际服役中工业机器人伺服电机主绝缘状态时，可将伺服电机健康状态下漏电流特征量作为参考值，利用漏电流共模分量的变化量 $\Delta I_{\mathrm{g,CM}}$ 评估电机主绝缘退化程度。伺服电机绝缘状态在线评估流程如图 4-22 所示，具体步骤如下。

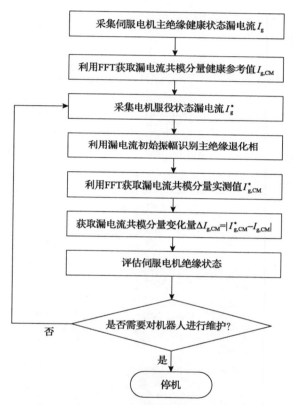

图 4-22　机器人伺服电机绝缘状态在线评估流程

步骤 1：采集工业机器人各关节伺服电机主绝缘在健康状态下的漏电流 I_{g}，利用 FFT 获得漏电流特征频率分量，并将其作为健康状态的参考值 $I_{\mathrm{g,CM}}$；

步骤 2：实时采集伺服电机主绝缘的漏电流，利用漏电流初始振幅识别主绝缘退化相，基于 FFT 获得漏电流特征频率分量实测值 $I_{\mathrm{g,CM}}^{*}$；

步骤 3：将漏电流共模分量实测值与参考值比较，利用其变化量 $\Delta I_{\mathrm{g,CM}}$ 计算主绝缘电容退化量，并对伺服电机主绝缘进行状态评估；

步骤 4：依据评估结果判断是否需对机器人各关节伺服电机进行针对性维护，如发生严重绝缘退化则需停机维护，否则继续采集漏电流评估电机绝缘状态。

4.3.4　实例分析

以执行点焊工作的焊接机器人第三关节伺服电机为试验对象进行主绝缘退化状态评估，搭建如图 4-23 所示的测试平台。平台主要包括功率电路、控制电路和主绝缘退化模拟电路，其中，功率电路包括供电电源、驱动器以及测试电机，控制电路包括驱动电路以及漏电流信号采样电路，主绝缘退化模拟电路为电阻值、电容值可变的并联阻抗电路。

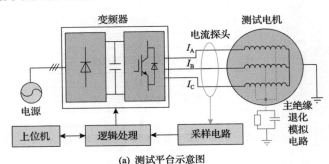

(a) 测试平台示意图

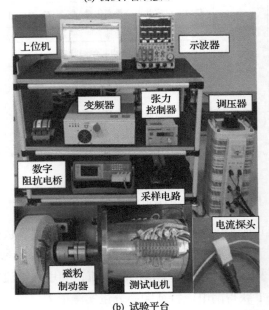

(b) 试验平台

图 4-23　伺服电机主绝缘测试平台[8]

测试电机初始主绝缘电容为 1nF，为有效模拟主绝缘的退化过程，在电机绕组与大地之间并联 0.1~1nF 的电容，如图 4-23(a) 所示。图 4-24 为退化相和健康相的电压及漏电流波形，图 4-24 中上方曲线为伺服电机漏电流，下方曲线为 PWM

电压。可以看出，退化相的漏电流初始振幅 AMP_d 为 186mA，且漏电流振幅持续衰减；健康相的漏电流初始振幅 AMP_h 为 47mA。从图 4-24 中两组漏电流波形可以明显看出，退化相的漏电流初始振幅 AMP_d 大于健康相的漏电流初始振幅 AMP_h。

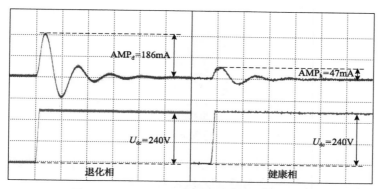

图 4-24　退化相和健康相电压及漏电流波形[7]

不同等效绝缘电容以及不同退化位置下的漏电流初始振幅增量 ΔAMP 分别如图 4-25 和图 4-26 所示，其中 ΔAMP_A、ΔAMP_B、ΔAMP_C 分别表示在 A、B、C 相 PWM 电压激励下的漏电流增量。由图 4-25 和图 4-26 可知，退化相的漏电流初始振幅增量 ΔAMP_C 随等效绝缘电容 C_g 增大而增大，健康相 PWM 电压激励下的漏电流初始振幅增量 ΔAMP_A 与 ΔAMP_B 基本不变，且始终小于退化相的漏电流初始振幅增量 ΔAMP_C。当绝缘阻抗模拟电路电容值为 0.1nF 时，退化相的漏电流初始振幅增量 ΔAMP_C 为 30mA，而健康相 A、B 对应的增量 ΔAMP_A 和 ΔAMP_B 几乎为零，且基本不受退化位置影响。因此，可通过 PWM 电压激励下产生的漏电流初始振幅差异识别伺服电机主绝缘退化相。

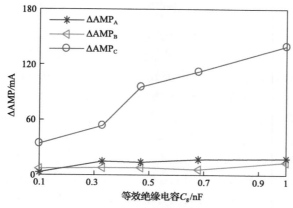

图 4-25　不同等效绝缘电容下漏电流初始振幅增量

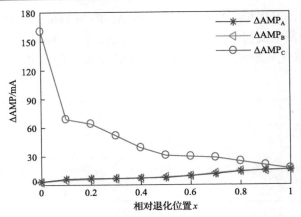

图 4-26　不同退化位置下漏电流初始振幅增量

根据式（4-29）获得的不同等效绝缘电容下漏电流共模分量增量如图 4-27 所示，其中频率取值分别为开关频率前六次奇数倍频。

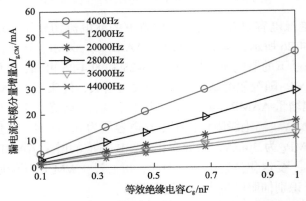

图 4-27　不同等效绝缘电容下漏电流共模分量增量[6]

从图 4-27 可以看出，不同频率的漏电流共模分量增量 $\Delta I_{g,CM}$ 随等效绝缘电容增大线性增长，$\Delta I_{g,CM}$ 最大值和最小值分别位于开关频率 4000Hz 及其倍频 44000Hz。随着绝缘阻抗模拟电路中等效绝缘电容 C_g 由 100pF 增加至 1nF，漏电流共模分量增量 $\Delta I_{g,CM}$ 幅值由约 5mA 增加至 45mA。因此，漏电流共模分量与等效绝缘电容变化高度相关，能够表征主绝缘电容的 pF 级变化。

此外，选取幅值较为明显的漏电流共模分量 $I_{g,CM}$ 为特征量，根据式（4-29），获得其增量随伺服电机主绝缘退化位置 x 的变化规律如图 4-28 所示。从图中可以看出，共模分量的增量随等效绝缘电容线性增长，当模拟主绝缘退化位置 x 由入线端逐渐接近中性点时，漏电流共模分量幅值增长率几乎不变。因此，漏电流共模分量对绝缘电容变化敏感，且不受退化位置 x 影响。

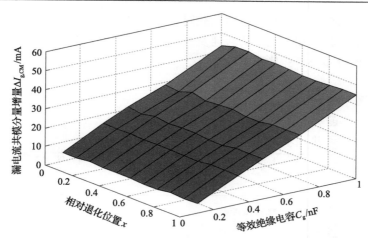

图 4-28 不同等效绝缘电容及退化位置下漏电流共模分量增量[6]

通过改变控制参数可得不同转速、负载和开关频率下的漏电流初始振幅如图 4-29 所示。从图中可以看出，当伺服电机转速、负载和逆变器开关频率发生变化时，漏电流初始振幅 AMP 均无明显变化。因此，电机运行工况变化对漏电流时域特性的影响可以忽略，试验结果与理论分析结果一致。

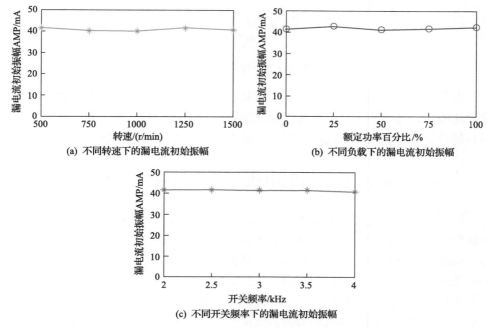

(a) 不同转速下的漏电流初始振幅

(b) 不同负载下的漏电流初始振幅

(c) 不同开关频率下的漏电流初始振幅

图 4-29 不同工况下的漏电流初始振幅试验结果

不同负载下漏电流共模分量频谱图如图 4-30 所示。从图 4-30 中可以看出，当电机空载、50%额定负载和额定负载时，其漏电流共模分量幅值无明显变化。此外，由式(4-28)可知，电机的转速及开关频率只影响共模漏电流幅值大小，对于漏电流频谱分布不产生影响。

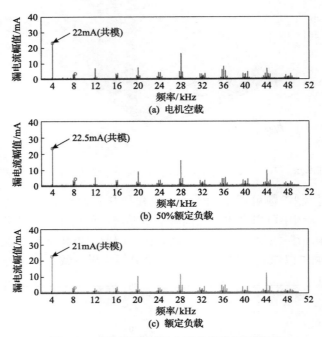

图4-30　不同负载下漏电流共模分量频谱图

　　由上述试验实例分析可知，漏电流初始振幅以及共模分量对于伺服电机主绝缘退化敏感，易于测量且不受绝缘退化位置以及工况影响，基于漏电流初始振幅与共模分量能够实现工业机器人伺服电机主绝缘状态监测与评估。

4.4　工业机器人伺服电机绝缘故障特征分析与检测

　　机器人伺服电机通常采用闭环驱动，以满足高精度和快速响应要求。电机定子匝间绝缘长期承受电应力和热应力作用，易发生老化、磨损，引发匝间短路故障。实际工况下机器人伺服电机转速、载荷频繁变化，为保证电机的控制精度与响应速度，控制器带宽需同步调整，这会影响电机电压和电流的故障特征分量，导致电机出现匝间短路故障的误判和漏判。为此，需要研究不同绕组结构和控制参数下伺服电机匝间绝缘故障特征演变规律。本节介绍一种基于瑞利商函数的伺服电机匝间短路故障检测方法，根据运行工况和控制参数自适应融合故障特征分量并最大限度消除工况与参数变化对匝间短路故障检测的影响，从而提高机器人伺服电机故障检测的准确性和鲁棒性。

4.4.1　伺服电机绝缘故障特征及其演变规律

本节分别建立单支路绕组和并联支路绕组结构下电机定子匝间短路故障的等效电路,推导出该故障在三相静止坐标系与同步旋转坐标系(d-q 坐标系)的数学模型,并以同步旋转坐标系中电流和电压的二次谐波为故障检测特征量,获得不同工况下故障特征的演变规律。基于同步旋转坐标系能够实现电机电流解耦控制,且电流二次谐波故障特征不受绕组拓扑影响,故在同步旋转坐标系下对发生匝间绝缘故障的伺服电机进行分析。该坐标系与三相静止坐标系关系如图 4-31 所示。

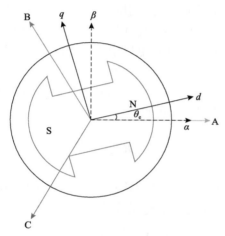

图 4-31　电机三相静止坐标系与同步旋转坐标系关系

1. 单支路绕组伺服电机绝缘故障模型及特征量

工业机器人功率较低的关节通常采用单支路绕组结构的伺服电机,电机匝间绝缘磨损、老化会引发匝间短路故障,该类故障的等效电路如图 4-32 所示,其中,

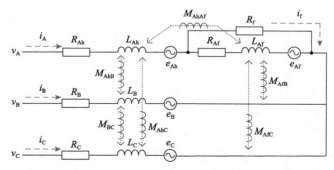

图 4-32　永磁同步伺服电机定子匝间短路故障等效电路[9]

每相绕组均由电阻 R、自感 L、互感 M 和反电动势 e 构成。在 A 相引入匝间短路故障，以短路电阻 R_f 表示匝间绝缘退化程度，i_f 为短路环流，则 A 相可分为无故障绕组 Ah 和故障绕组 Af 两部分。

当伺服电机绝缘退化到一定程度时即可形成早期匝间短路故障，此时短路电阻 R_f 值较高。若早期故障未被及时检测，由短路环流产生的热应力将持续加速绝缘退化，短时间内可形成金属性短路（$R_f=0$），产生更大的短路环流以及更高温升，严重时可烧毁电机甚至引起整机故障。

由上述分析可知，伺服电机内短路环流的大小与发生匝间短路故障点的绝缘状态有关，即 R_f 越大 i_f 越小，反之亦然。此外，短路环流大小亦与短路匝数有关。为了表征匝间短路故障的严重程度，引入短路匝数比 $N= N_f/N_s$，即被短路匝数 N_f 与故障相总匝数 N_s 之比。伺服电机定子匝间短路环路形成一个额外的故障相，且被短路绕组将产生稳定磁场，并在电机中引入第四个耦合磁路，改变原三相电机的电磁耦合关系。

对图 4-32 所示电压关系进行分析，机器人伺服电机发生匝间短路故障时，在三相静止坐标系的模型如式（4-30）所示：

$$v_s^f = R_s^f i_s^f + \frac{d\lambda_s^f}{dt} \tag{4-30}$$

式中，下标"s"表示静止坐标系；上标"f"表示故障状态。电压向量 v_s^f、电流向量 i_s^f、磁链向量 λ_s^f 和电阻矩阵 R_s^f 分别为

$$v_s^f = \left[v_{Ah}, v_{Af}, v_B, v_C\right]^T \tag{4-31}$$

$$i_s^f = \left[i_A, i_A - i_f, i_B, i_C\right]^T \tag{4-32}$$

$$\lambda_s^f = \left[\lambda_{Ah}, \lambda_{Af}, \lambda_B, \lambda_C\right]^T = L_s^f i_s^f + \lambda_{pm}^f \tag{4-33}$$

$$R_s^f = \begin{bmatrix} (1-N)R_s & 0 & 0 & 0 \\ 0 & NR_s & 0 & 0 \\ 0 & 0 & R_s & 0 \\ 0 & 0 & 0 & R_s \end{bmatrix} \tag{4-34}$$

式中，v_{Ah} 为 A 相无故障绕组电压；v_{Af} 为 A 相故障绕组电压；λ_{Ah} 为 A 相无故障绕组磁链；λ_{Af} 为 A 相故障绕组磁链。

伺服电机健康状态下 A、B、C 三相自感为 L_A、L_B 和 L_C，A、B、C 三相之间互感分别为 M_{AB}、M_{AC} 和 M_{BC}，则式（4-33）中电感矩阵 L_s^f 和永磁体磁链向量 λ_{pm}^f 可分别表示为

$$\boldsymbol{L}_{\mathrm{s}}^{\mathrm{f}} = \begin{bmatrix} (1-N)^2 L_{\mathrm{A}} & N(1-N)L_{\mathrm{A}} & (1-N)M_{\mathrm{AB}} & (1-N)M_{\mathrm{AC}} \\ N(1-N)L_{\mathrm{A}} & N^2 L_{\mathrm{A}} & NM_{\mathrm{AB}} & NM_{\mathrm{AC}} \\ (1-N)M_{\mathrm{AB}} & NM_{\mathrm{AB}} & L_{\mathrm{B}} & M_{\mathrm{BC}} \\ (1-N)M_{\mathrm{AC}} & NM_{\mathrm{AC}} & M_{\mathrm{CB}} & L_{\mathrm{C}} \end{bmatrix} \tag{4-35}$$

$$\boldsymbol{\lambda}_{\mathrm{pm}}^{\mathrm{f}} = \begin{bmatrix} (1-N)\lambda_{\mathrm{pm}}\sin\theta_{\mathrm{e}} \\ N\lambda_{\mathrm{pm}}\sin\theta_{\mathrm{e}} \\ \lambda_{\mathrm{pm}}\sin\left(\theta_{\mathrm{e}} - 2\pi/3\right) \\ \lambda_{\mathrm{pm}}\sin\left(\theta_{\mathrm{e}} + 2\pi/3\right) \end{bmatrix} \tag{4-36}$$

式中，λ_{pm} 为永磁体磁链；N 为短路匝数比；θ_{e} 为同步旋转坐标系的 q 轴与 A 相之间的电角度，如图 4-31 所示。伺服电机健康状态时 A、B、C 三相绕组自感和互感分别为

$$\begin{cases} L_{\mathrm{A}} = L_{\mathrm{k}} + L_{\mathrm{o}} - L_{\mathrm{v}}\cos\left(2\theta_{\mathrm{e}}\right) \\ L_{\mathrm{B}} = L_{\mathrm{k}} + L_{\mathrm{o}} - L_{\mathrm{v}}\cos\left(2\theta_{\mathrm{e}} + 2\pi/3\right) \\ L_{\mathrm{C}} = L_{\mathrm{k}} + L_{\mathrm{o}} - L_{\mathrm{v}}\cos\left(2\theta_{\mathrm{e}} - 2\pi/3\right) \\ M_{\mathrm{AB}} = M_{\mathrm{BA}} = -0.5L_{\mathrm{o}} - L_{\mathrm{v}}\cos\left(2\theta_{\mathrm{e}} - 2\pi/3\right) \\ M_{\mathrm{BC}} = M_{\mathrm{CB}} = -0.5L_{\mathrm{o}} - L_{\mathrm{v}}\cos\left(2\theta_{\mathrm{e}}\right) \\ M_{\mathrm{CA}} = M_{\mathrm{AC}} = -0.5L_{\mathrm{o}} - L_{\mathrm{v}}\cos\left(2\theta_{\mathrm{e}} + 2\pi/3\right) \end{cases} \tag{4-37}$$

式中，L_{k} 为单相绕组漏感；L_{o} 为气隙磁导恒定分量的电感；L_{v} 为气隙磁导随转子位置角变化分量的电感。将式 (4-37) 代入式 (4-30) 并将式 (4-30) 中第二行与第四行互换，忽略转子位置角对电感的影响，即 $L_{\mathrm{v}}=0$，可得匝间短路故障下单支路绕组伺服电机数学模型为

$$\begin{bmatrix} v_{\mathrm{A}} \\ v_{\mathrm{B}} \\ v_{\mathrm{C}} \\ 0 \end{bmatrix} = \begin{bmatrix} R_{\mathrm{s}} & 0 & 0 & R_{\mathrm{Af}} \\ 0 & R_{\mathrm{s}} & 0 & 0 \\ 0 & 0 & R_{\mathrm{s}} & 0 \\ R_{\mathrm{Af}} & 0 & 0 & R_{\mathrm{Af}} + R_{\mathrm{f}} \end{bmatrix} \begin{bmatrix} i_{\mathrm{A}} \\ i_{\mathrm{B}} \\ i_{\mathrm{C}} \\ -i_{\mathrm{f}} \end{bmatrix} + \begin{bmatrix} L_{\mathrm{A}} & M_{\mathrm{AB}} & M_{\mathrm{AC}} & L_{\mathrm{f}} \\ M_{\mathrm{BA}} & L_{\mathrm{B}} & M_{\mathrm{BC}} & M_{\mathrm{BAf}} \\ M_{\mathrm{CA}} & M_{\mathrm{CB}} & L_{\mathrm{C}} & M_{\mathrm{CAf}} \\ L_{\mathrm{f}} & M_{\mathrm{AfB}} & M_{\mathrm{AfC}} & L_{\mathrm{Af}} \end{bmatrix} \frac{\mathrm{d}}{\mathrm{d}t} \begin{bmatrix} i_{\mathrm{A}} \\ i_{\mathrm{B}} \\ i_{\mathrm{C}} \\ -i_{\mathrm{f}} \end{bmatrix} + \begin{bmatrix} e_{\mathrm{A}} \\ e_{\mathrm{B}} \\ e_{\mathrm{C}} \\ e_{\mathrm{Af}} \end{bmatrix} \tag{4-38}$$

记转子旋转电角速度为 ω_{e}，则电感 L_{f} 和反电动势向量 $\boldsymbol{e}$ 为

$$L_{\mathrm{f}} = L_{\mathrm{Af}} + M_{\mathrm{AhAf}} \tag{4-39}$$

$$
e = \begin{bmatrix} e_A \\ e_B \\ e_C \\ e_{Af} \end{bmatrix} = \begin{bmatrix} \omega_e \lambda_{pm} \cos \theta_e \\ \omega_e \lambda_{pm} \cos (\theta_e - 2\pi/3) \\ \omega_e \lambda_{pm} \cos (\theta_e + 2\pi/3) \\ N \omega_e \lambda_{pm} \cos \theta_e \end{bmatrix} \tag{4-40}
$$

从三相静止坐标系到同步旋转坐标系需经过 Park 矩阵变换，由式(4-38)可知，发生匝间短路故障的伺服电机包含四个电压方程，此时 Park 变换矩阵可表示为[7]

$$
T_f = \frac{2}{3} \begin{bmatrix} \sin \theta_e & \sin (\theta_e - 2\pi/3) & \sin (\theta_e + 2\pi/3) & 0 \\ \cos \theta_e & \cos (\theta_e - 2\pi/3) & \cos (\theta_e + 2\pi/3) & 0 \\ 1/2 & 1/2 & 1/2 & 0 \\ 0 & 0 & 0 & 3/2 \end{bmatrix} \tag{4-41}
$$

其逆矩阵为

$$
T_f^{-1} = \begin{bmatrix} \sin \theta_e & \cos \theta_e & 1 & 0 \\ \sin (\theta_e - 2\pi/3) & \cos (\theta_e - 2\pi/3) & 1 & 0 \\ \sin (\theta_e + 2\pi/3) & \cos (\theta_e + 2\pi/3) & 1 & 0 \\ 0 & 0 & 0 & 1 \end{bmatrix} \tag{4-42}
$$

伺服电机的匝间短路故障会在电压中引入包含短路环流的故障分量。通常情况下，三相反电动势均含有明显的三次谐波电压，因此，当机器人伺服电机发生匝间短路后，短路环流中也会含有明显的三次谐波。为了进一步描述故障分量特征，忽略短路环流中更高次谐波，将其定义如下：

$$
i_f = I_{f1} \sin (\theta_e + \phi_{f1}) + I_{f3} \sin (3\theta_e + \phi_{f3}) \tag{4-43}
$$

式中，I_{f1} 和 I_{f3} 分别是短路环流基波和三次谐波的幅值；ϕ_{f1} 和 ϕ_{f3} 分别表示短路环流基波和三次谐波的相位角。将式(4-41)和式(4-42)应用于匝间短路故障下伺服电机数学模型(4-38)，结合式(4-43)可得匝间短路故障时伺服电机在同步旋转坐标系的电压方程 v_d 和 v_q 分别为

$$
\begin{aligned}
v_d = {} & R_s i_d + L_d \frac{\mathrm{d} i_d}{\mathrm{d} t} - \omega_e L_q i_q \\
& - \frac{1}{3} \Big[I_{f1} \big(R_{Af} \cos \phi_{f1} - N \omega_e L_q \sin \phi_{f1} \big) - R_{Af} \big(I_{f1} \cos (2\theta_e + \phi_{f1}) + I_{f3} \cos (2\theta_e + \phi_{f3}) \big) \\
& + N \omega_e \big(2L_d - L_q \big) I_{f1} \sin (2\theta_e + \phi_{f1}) + N \omega_e \big(2L_d + L_q \big) I_{f3} \sin (2\theta_e + \phi_{f3}) \\
& - R_{Af} I_{f3} \cos (4\theta_e + \phi_{f3}) + N \omega_e \big(4L_d - L_q \big) I_{f3} \sin (4\theta_e + \phi_{f3}) \Big]
\end{aligned}
$$

$$
\tag{4-44}
$$

$$v_q = R_s i_q + L_q \frac{\mathrm{d}i_q}{\mathrm{d}t} + \omega_e \left(L_d i_d + \lambda_{\mathrm{pm}} \right)$$

$$- \frac{1}{3} \Big[I_{\mathrm{f1}} \left(R_{\mathrm{Af}} \sin \phi_{\mathrm{f1}} + N \omega_e L_d \cos \phi_{\mathrm{f1}} \right) - R_{\mathrm{Af}} \left(I_{\mathrm{f1}} \sin \left(2\theta_e + \phi_{\mathrm{f1}} \right) + I_{\mathrm{f3}} \sin \left(2\theta_e + \phi_{\mathrm{f3}} \right) \right)$$

$$+ N \omega_e \left(2L_d - L_q \right) I_{\mathrm{f1}} \cos \left(2\theta_e + \phi_{\mathrm{f1}} \right) + N \omega_e \left(2L_d + L_q \right) I_{\mathrm{f3}} \cos \left(2\theta_e + \phi_{\mathrm{f3}} \right)$$

$$+ R_{\mathrm{Af}} I_{\mathrm{f3}} \sin \left(4\theta_e + \phi_{\mathrm{f3}} \right) + N \omega_e \left(4L_d - L_q \right) I_{\mathrm{f3}} \cos \left(4\theta_e + \phi_{\mathrm{f3}} \right) \Big]$$

$$(4\text{-}45)$$

由式(4-44)和式(4-45)可知，当工业机器人伺服电机因绝缘退化出现匝间短路故障时，故障将在同步旋转坐标系的电压中引入直流分量、二次和四次等偶次谐波。当故障程度较轻时，同步旋转坐标系的电压直流分量变化不明显，因此可选择同步旋转坐标系中电压和电流的二次谐波分量作为机器人伺服电机匝间短路故障检测的特征量。

2. 并联支路绕组伺服电机绝缘故障模型及特征量

一些大负载工业机器人对伺服电机功率要求较高，通常采用并联支路绕组结构提升伺服电机功率。然而，不同于单支路绕组电机，并联支路绕组电机会发生绕组支路间短路故障，因此，需要明确并联支路绕组结构电机定子匝间短路故障特征的演变规律。并联支路绕组电机定子匝间短路故障的等效电路如图4-33所示，电机每相绕组均由 u 条支路组成，其中 u 为正整数；S_1、S_2 表示 A 相（故障相）的故障支路，$S_3 \sim S_u$ 代表 A 相剩余的 u–2 条健康支路，每条支路均由电阻 R、电感 L 和反电动势 e 组成；R_f 为短路电阻，表示匝间绝缘劣化程度；O 为电机中性点；F_1 和 F_2 分别表示 A 相 S_1 支路和 S_2 支路的短路点。短路电阻 R_f 将两条故障支路分为四个部分，分别为短路点前部分绕组电阻与短路点后部分绕组电阻，分别记为 R_{A1h}、R_{A2h} 和 R_{A1f}、R_{A2f}，并在 A 相绕组中引入循环电流 i_{cir} 和短路电流 i_f。匝间短路

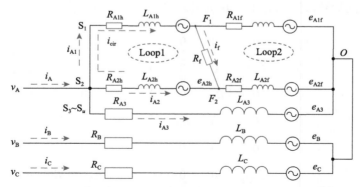

图 4-33　并联支路绕组伺服电机匝间短路故障等效电路[10]

故障在故障相绕组中引入两个短路回路，分别记为 Loop1 和 Loop2；i_{cir} 仅表示 Loop1 中流过的电流，定义为支路电流 i_{A1} 与支路电流 i_{A2} 之差，而 Loop2 中的循环电流可通过 i_{cir} 和 i_f 获得。

图 4-33 中 v_A、v_B、v_C 为三相电压；i_A、i_B、i_C 为三相电流；R_{A1}、R_{A2}、R_{A3} 代表 A 相 S_1、S_2、$S_3 \sim S_u$ 支路的电阻；L_{A1}、L_{A2}、L_{A3} 代表 A 相 S_1、S_2、$S_3 \sim S_u$ 支路的自感；e_{A1}、e_{A2}、e_{A3} 分别代表 A 相 S_1、S_2、$S_3 \sim S_u$ 支路的反电动势；R_B、R_C 为 B、C 相电阻；L_B、L_C 为 B、C 相电感；e_B、e_C 为 B、C 相反电动势。在电机健康状态下，三相绕组各支路电阻、电感、反电动势幅值相同，如下式所示：

$$
\begin{cases}
R_A = R_B = R_C = R_s \\
R_{A1} = R_{A2} = uR_s = (u-2)R_{A3} \\
L_{A1} = L_{A2} = uL_s = (u-2)L_{A3} \\
e_{A1} = e_{A2} = e_{A3} = \omega_e \lambda_{pm} \\
e_A = \alpha e_B = \alpha^2 e_C = \omega_e \lambda_{pm}
\end{cases}
\tag{4-46}
$$

式中，α 表示相位为 120° 的单位相量；u 为各相支路数；R_s 为单相绕组电阻。

循环电流 i_{cir} 和短路电流 i_f 的大小与绕组匝间绝缘劣化程度直接相关，即短路电阻 R_f 越大循环电流 i_{cir} 和短路电流 i_f 越小。此外，循环电流 i_{cir} 和短路电流 i_f 还与短路点电压差有关，即与有效短路匝数 N_f 相关。对于单支路绕组伺服电机，匝间短路故障特征量的幅值受短路匝数、短路电阻、电机运行工况的影响，而对于并联支路绕组伺服电机，故障特征量的幅值还受绕组支路数、故障模式、故障位置的影响，其故障特征演变规律明显区别于单支路绕组伺服电机。

与单支路绕组伺服电机分析过程一致，根据图 4-33 所示等效电路列写电压方程，可得匝间短路故障状态下并联绕组伺服电机数学模型为

$$
\begin{bmatrix} v_{A1} \\ v_{A2} \\ v_{A3} \\ v_B \\ v_C \\ 0 \end{bmatrix} =
\begin{bmatrix}
R_{A1} & 0 & 0 & 0 & 0 & R_{A1f} \\
0 & R_{A2} & 0 & 0 & 0 & -R_{A2f} \\
0 & 0 & R_{A3} & 0 & 0 & 0 \\
0 & 0 & 0 & R_B & 0 & 0 \\
0 & 0 & 0 & 0 & R_C & 0 \\
R_{A1f} & -R_{A2f} & 0 & 0 & 0 & R_f + R_{A1f} + R_{A2f}
\end{bmatrix}
\begin{bmatrix} i_{A1} \\ i_{A2} \\ i_{A3} \\ i_B \\ i_C \\ -i_f \end{bmatrix}
$$

$$
+ \mathrm{j}\omega_{\mathrm{e}}
\begin{bmatrix}
L_{\mathrm{A1}} & M_{\mathrm{A1A2}} & M_{\mathrm{A1A3}} & M_{\mathrm{A1B}} & M_{\mathrm{A1C}} & L_1 \\
M_{\mathrm{A2A1}} & L_{\mathrm{A2}} & M_{\mathrm{A2A3}} & M_{\mathrm{A2B}} & M_{\mathrm{A2C}} & M_2 \\
M_{\mathrm{A3A1}} & M_{\mathrm{A3A2}} & L_{\mathrm{A3}} & M_{\mathrm{A3B}} & M_{\mathrm{A2C}} & M_{\mathrm{A3Af}} \\
M_{\mathrm{BA1}} & M_{\mathrm{BA2}} & M_{\mathrm{BA3}} & L_{\mathrm{B}} & M_{\mathrm{BC}} & M_{\mathrm{BAf}} \\
M_{\mathrm{CA1}} & M_{\mathrm{CA2}} & M_{\mathrm{CA3}} & M_{\mathrm{CB}} & L_{\mathrm{C}} & M_{\mathrm{CAf}} \\
L_1 & M_2 & M_{\mathrm{AfA3}} & M_{\mathrm{AfB}} & M_{\mathrm{AfC}} & L_{\mathrm{f}}
\end{bmatrix}
\begin{bmatrix}
i_{\mathrm{A1}} \\ i_{\mathrm{A2}} \\ i_{\mathrm{A3}} \\ i_{\mathrm{B}} \\ i_{\mathrm{C}} \\ -i_{\mathrm{f}}
\end{bmatrix}
+
\begin{bmatrix}
e_{\mathrm{A1}} \\ e_{\mathrm{A2}} \\ e_{\mathrm{A3}} \\ e_{\mathrm{B}} \\ e_{\mathrm{C}} \\ e_{\mathrm{Af}}
\end{bmatrix}
\tag{4-47}
$$

$$
\begin{cases}
L_1 = L_{\mathrm{A1f}} + M_{\mathrm{A1fA1h}} \\
L_{\mathrm{A1f}} = x^2 L_{\mathrm{A1}} \\
L_{\mathrm{A2f}} = y^2 L_{\mathrm{A2}} \\
M_2 = -L_{\mathrm{A2f}} - M_{\mathrm{A2fA2h}} \\
M_{\mathrm{A1hA1f}} = M_{\mathrm{A1fA1h}} = x(1-x)L_{\mathrm{A1}} \\
M_{\mathrm{A2hA2f}} = M_{\mathrm{A2fA2h}} = y(1-y)L_{\mathrm{A2}} \\
L_{\mathrm{f}} = L_{\mathrm{A1f}} + L_{\mathrm{A2f}}
\end{cases}
\tag{4-48}
$$

$$
\begin{bmatrix}
e_{\mathrm{A1}} \\ e_{\mathrm{A2}} \\ e_{\mathrm{A3}} \\ e_{\mathrm{B}} \\ e_{\mathrm{C}} \\ e_{\mathrm{Af}}
\end{bmatrix}
= \mathrm{j}\omega_e
\begin{bmatrix}
\lambda_{\mathrm{pm}} \sin\theta_{\mathrm{e}} \\
\lambda_{\mathrm{pm}} \sin\theta_{\mathrm{e}} \\
\lambda_{\mathrm{pm}} \sin\theta_{\mathrm{e}} \\
\lambda_{\mathrm{pm}} \sin(\theta_{\mathrm{e}} - 2\pi/3) \\
\lambda_{\mathrm{pm}} \sin(\theta_{\mathrm{e}} + 2\pi/3) \\
(y-x)\lambda_{\mathrm{pm}} \sin\theta_{\mathrm{e}}
\end{bmatrix}
\tag{4-49}
$$

式(4-47)、式(4-48)中，M_{A1A2}、M_{A1A3}、M_{A2A3}、M_{A3Af} 表示伺服电机 A 相绕组各支路间互感；M_{AfB}、M_{AfC} 代表相间互感；M_{A1hA1f}、M_{A2hA2f} 表示故障相短路回路 Loop1 中绕组(R_{A1h}、R_{A2h})与 Loop2 中绕组(R_{A1f}、R_{A2f})之间的互感；x、y 表示短路位置，其中，$x=N_{\mathrm{f1}}/N_{\mathrm{S1}}$，$N_{\mathrm{f1}}$ 为短路点 F_1 至中性点 O 的线圈匝数，N_{S1} 为 S_1 支路总匝数；$y=N_{\mathrm{f2}}/N_{\mathrm{S2}}$，$N_{\mathrm{f2}}$ 为短路点 F_2 至中性点 O 的线圈匝数，N_{S2} 为 S_2 支路总匝数。

由上述分析可知，匝间短路故障下，并联支路绕组伺服电机数学模型可认为由受故障影响的健康部分即式(4-47)前五行和流过循环电流 i_{cir} 与短路电流 i_{f} 的故障部分即式(4-47)第六行组成。其中，健康部分表明发生匝间短路故障后，伺服电机仍能持续运行，并保持一定的转矩输出能力；而故障部分则表明短路电流与循环电流(由短路电流和相电流决定)的大小受有效短路匝数 $N_{\mathrm{e}} = |y-x|$、相电流(i_{AB}、i_{BC}、i_{CA})短路点绝缘状况 R_{f}、转速 ω_{e}、短路位置(x, y)和故障模式(当某个

短路点位于入线端或中性点时，故障为单支路匝间短路，其他情况则为支路间匝间短路）的影响。

此外，循环电流 i_{cir} 和短路电流 i_f 与匝间短路回路电阻成反比，短路回路电阻包括体现短路点匝间绝缘劣化程度的短路电阻 R_f 和短路部分绕组电阻。与单支路绕组伺服电机不同，匝间短路故障下并联支路绕组伺服电机各参数不仅与短路匝数和短路点绝缘劣化程度相关，还受定子绕组拓扑结构的影响。三相静止坐标系下相电压负序分量与相电流三次谐波共同决定了同步旋转坐标系下电压和电流的二次谐波分量，因此，并联支路绕组伺服电机典型故障特征量与单支路绕组伺服电机故障特征量相同，故障特征量的变化与电机工况、参数和故障程度有关，并受控制带宽影响。但并联支路绕组结构下定子匝间短路的故障形式更加复杂、故障特征更加微弱、故障检测更加困难。

3. 不同控制带宽下故障特征量的变化规律

在实际应用中，电机电流通常不能被精准调节为给定值，而是含有一定谐波分量。随着电流控制带宽增加，电流中的谐波含量逐渐减小，而电压中的谐波含量相应增加。因此，匝间短路故障发生后，同步旋转坐标系中电流的二次谐波含量会随控制带宽增加而减小，电压的二次谐波含量则呈相反趋势。通过建立闭环控制驱动模型，以及匝间短路故障后同步旋转坐标系中电压和电流的二次谐波与控制带宽之间的数学关系，可明确不同带宽下故障特征量的变化规律，从而提高伺服电机绝缘故障检测的鲁棒性。

当转动惯量或负载足够大时，伺服电机可用带有恒定扰动电压（即同步旋转坐标系中 d 轴和 q 轴的反电动势 e_d 和 e_q）的 R-L 模型表示，其控制框图如图 4-34 所示。

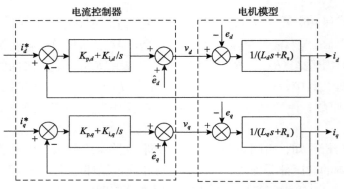

图 4-34　同步旋转坐标系电流闭环控制框图[10]

图 4-34 中，i_d^* 和 i_q^* 为同步旋转坐标系 d 轴和 q 轴电流的给定值，反电动势 e_d 和 e_q 的估计值为

$$\begin{cases} \hat{e}_d = -\omega_{\mathrm{e}} L_q i_q \\ \hat{e}_q = \omega_{\mathrm{e}} \left(L_d i_d + \lambda_{\mathrm{pm}} \right) \end{cases} \tag{4-50}$$

式中，L_d 和 L_q 分别表示 d 轴和 q 轴电感；i_q 和 i_d 表示同步旋转坐标系中 d 轴和 q 轴电流的真实值。根据伺服电机参数和 PI 控制预设带宽 ω_{c} 设置控制器的比例增益 $K_{\mathrm{p},d}$、$K_{\mathrm{p},q}$ 和积分增益 $K_{\mathrm{i},d}$、$K_{\mathrm{i},q}$ 为

$$\begin{cases} K_{\mathrm{p},d} = L_d \omega_{\mathrm{c}} \\ K_{\mathrm{p},q} = L_q \omega_{\mathrm{c}} \\ K_{\mathrm{i},d} = K_{\mathrm{i},q} = R_{\mathrm{s}} \omega_{\mathrm{c}} \end{cases} \tag{4-51}$$

如图 4-34 所示，d 轴和 q 轴电压可以表示为

$$v_d = \left(i_d^* - i_d \right) \left(K_{\mathrm{p},d} + \frac{K_{\mathrm{i},d}}{s} \right) + \hat{e}_d \tag{4-52}$$

$$v_q = \left(i_q^* - i_q \right) \left(K_{\mathrm{p},q} + \frac{K_{\mathrm{i},q}}{s} \right) + \hat{e}_q \tag{4-53}$$

为获得匝间短路故障后同步旋转坐标系中电压和电流的二次谐波与控制带宽之间的数学关系，联立式(4-52)和式(4-53)，可推导出以 d 轴和 q 轴电流为变量的二阶微分方程如下所示：

$$\begin{aligned} L_d \frac{\mathrm{d}^2 i_d}{\mathrm{d}t^2} + \left(R_{\mathrm{s}} + K_{\mathrm{p},d} \right) \frac{\mathrm{d}i_d}{\mathrm{d}t} + K_{\mathrm{i},d} i_d = {}& K_{\mathrm{i},d} i_d^* + \frac{2\omega_{\mathrm{e}}}{3} \Big[R_{\mathrm{Af}} \left(I_{\mathrm{f1}} \sin\left(2\theta_{\mathrm{e}} + \phi_{\mathrm{f1}} \right) + I_{\mathrm{f3}} \sin\left(2\theta_{\mathrm{e}} + \phi_{\mathrm{f3}} \right) \right) \\ & + N\omega_{\mathrm{e}} \left(2L_d - L_q \right) I_{\mathrm{f1}} \cos\left(2\theta_{\mathrm{e}} + \phi_{\mathrm{f1}} \right) \\ & + N\omega_{\mathrm{e}} \left(2L_d + L_q \right) I_{\mathrm{f3}} \cos\left(2\theta_{\mathrm{e}} + \phi_{\mathrm{f3}} \right) \Big] \end{aligned}$$
$$\tag{4-54}$$

$$\begin{aligned} L_q \frac{\mathrm{d}^2 i_q}{\mathrm{d}t^2} + \left(R_{\mathrm{s}} + K_{\mathrm{p},q} \right) \frac{\mathrm{d}i_q}{\mathrm{d}t} + K_{\mathrm{i},q} i_q = {}& K_{\mathrm{i},q} i_q^* - \frac{2\omega_{\mathrm{e}}}{3} \Big[R_{\mathrm{Af}} \left(I_{\mathrm{f1}} \cos\left(2\theta_{\mathrm{e}} + \phi_{\mathrm{f1}} \right) + I_{\mathrm{f3}} \cos\left(2\theta_{\mathrm{e}} + \phi_{\mathrm{f3}} \right) \right) \\ & + N\omega_{\mathrm{e}} \left(2L_d - L_q \right) I_{\mathrm{f1}} \sin\left(2\theta_{\mathrm{e}} + \phi_{\mathrm{f1}} \right) \\ & + N\omega_{\mathrm{e}} \left(2L_d + L_q \right) I_{\mathrm{f3}} \sin\left(2\theta_{\mathrm{e}} + \phi_{\mathrm{f3}} \right) \Big] \end{aligned}$$
$$\tag{4-55}$$

求解式(4-54)和式(4-55)，可得 i_d 和 i_q 的二次谐波 i_{d2} 和 i_{q2} 为

$$i_{d2} = \frac{2\omega_e F_d |Z_f|}{3X_d} \sin\left(2\theta_e + \phi_o + \phi_d\right) \tag{4-56}$$

$$i_{q2} = \frac{2\omega_e F_q |Z_f|}{3X_q} \sin\left(2\theta_e + \phi_o' + \phi_q\right) \tag{4-57}$$

式中，Z_f 为被短路部分阻抗；ϕ_d 和 ϕ_q 为相角；ϕ_o 和 ϕ_o' 表示短路环路阻抗角；F_d、F_q、X_d、X_q 为自定义中间变量，上述变量可由式(4-58)获得。由此可知，在伺服电机的电流闭环驱动系统中，匝间短路故障会在同步旋转坐标系电流中引入二次谐波，且二次谐波幅值与控制器带宽 ω_c 有关。

$$\begin{cases} Z_F = R_{Af} + \mathrm{j}2\omega_e L_f \\[2mm] F_d = \sqrt{I_{f1}^2 + I_{f3}^2 - 2I_{f1}I_{f3}\cos\left(\phi_{f1} - \phi_{f3}\right)} \\[2mm] F_q = \sqrt{I_{f1}^2 + I_{f3}^2 + 2I_{f1}I_{f3}\cos\left(\phi_{f1} - \phi_{f3}\right)} \\[2mm] X_d = \sqrt{\left(R_s^2 + 4\omega_e^2 L_d^2\right)\left(4\omega_e^2 + \omega_c^2\right)} \\[2mm] X_q = \sqrt{\left(R_s^2 + 4\omega_e^2 L_q^2\right)\left(4\omega_e^2 + \omega_c^2\right)} \\[2mm] \phi_o = \arctan\left(\dfrac{-2\omega_e L_f}{R_{Af}}\right), \quad \phi_o' = \phi_o + \dfrac{\pi}{2} \end{cases} \tag{4-58}$$

将式(4-56)和式(4-57)分别代入式(4-52)和式(4-53)，可得同步旋转坐标系中电压 v_d 和 v_q 的二次谐波 v_{d2} 和 v_{q2} 表达式如下：

$$v_{d2} = |i_{d2}|\left(\frac{K_{i,d}}{2\omega_e}\cos\delta_d - K_{p,d}\sin\delta_d\right) - \omega_e L_q |i_{q2}|\sin\delta_q \tag{4-59}$$

$$v_{q2} = |i_{q2}|\left(\frac{K_{i,q}}{2\omega_e}\cos\delta_q - K_{p,q}\sin\delta_q\right) + \omega_e L_d |i_{d2}|\sin\delta_d \tag{4-60}$$

式中，$|i_{d2}|$ 和 $|i_{q2}|$ 分别表示 i_{d2} 和 i_{q2} 的幅值；δ_d 和 δ_q 为二次谐波的阻抗角，可由式(4-61)和式(4-62)求得：

$$\delta_d = 2\theta_e + \phi_o + \phi_d \tag{4-61}$$

$$\delta_q = 2\theta_e + \phi_o' + \phi_q \tag{4-62}$$

根据工业机器人伺服电机控制精度和响应速度要求，假设电流调节器带宽以 100rad/s 为步长，从 100rad/s 增加到 1500rad/s；电机运行转速为 300r/min；输出转矩为 6N·m；故障严重度即短路匝比为 20%，短路电阻为 200mΩ。基于式(4-51)、式(4-56)~式(4-62)仿真可得同步旋转坐标系中电流和电压的二次谐波幅值与电流控制带宽的关系如图 4-35 所示。由图可知，电流中故障特征谐波含量随带宽增加而减小，而电压中故障特征谐波含量随带宽增加而增加。

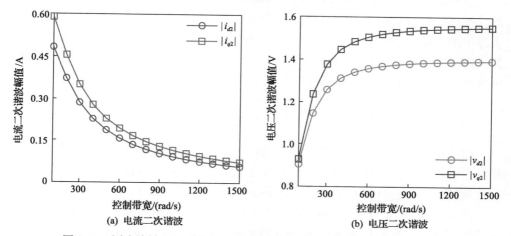

图 4-35　同步旋转坐标系中电流和电压在不同电流控制带宽下的二次谐波

4.4.2　伺服电机绝缘故障鲁棒检测方法

本节介绍一种基于瑞利商函数的伺服电机匝间短路故障检测方法。该方法通过对同步旋转坐标系中电压和电流的二次谐波进行自适应加权融合，使得表征匝间短路故障的指标始终最大，从而提高伺服电机故障检测的准确率。瑞利商函数 $R(X, w)$ 定义如下[9,11]：

$$R(X, w) = \frac{w^* X w}{w^* w} \tag{4-63}$$

式中，X 为 Hermite(厄米)矩阵，其中第 i 行第 j 列的元素与第 j 行第 i 列的元素共轭相等，且主对角线上元素均为实数，特征值也为实数；w 为非零向量。当 X 和 w 所有元素均为实数时，Hermite 矩阵 X 即为实对称矩阵，w 的共轭转置 w^* 也等价于一般转置 w^T。实对称矩阵 $X_{n \times n}$ 可由实数矩阵 $A_{n \times n}$ 的转置与其本身乘积构成。

将同步旋转坐标系中电压和电流，即 i_d、i_q、v_d、v_q 的二次谐波分量作为匝间短路故障检测特征量，对这四个变量进行加权融合。记变量向量 $a = [a_1, a_2, a_3, a_4]$，权重向量 $w = [w_1, w_2, w_3, w_4]^T$。若权重向量 $w^T w = \|w\|^2 = 1$，即 $w_i \leqslant 1$，$i = 1, 2, 3, 4$，则

瑞利商函数可记为

$$R\left(A^{\mathrm{T}}A, w\right) = \left\| w_1 a_1 + w_2 a_2 + w_3 a_3 + w_4 a_4 \right\|^2 \tag{4-64}$$

由式(4-64)可知，瑞利商函数是变量向量 a 中四个变量加权平均的平方，根据这一规则对电流和电压中的故障信息进行加权。由于单位量纲不同，不能直接对电流和电压的二次谐波进行加权，因此对故障后同步旋转坐标系中电压和电流的二次谐波与故障前的二次谐波比值进行加权，既能反映故障引起的变化，又能去除量纲对加权值的影响。记 i_d、i_q、v_d 和 v_q 的二次谐波幅值在匝间短路故障后与故障前的比值分别为 a_{i_d}、a_{i_q}、a_{v_d} 和 a_{v_q}(称为电流比和电压比)，则由式(4-64)可得出电流比和电压比的瑞利商为

$$R\left(A^{\mathrm{T}}A, w\right) = \left\| w_1 a_{i_d} + w_2 a_{i_q} + w_3 a_{v_d} + w_4 a_{v_q} \right\|^2 \tag{4-65}$$

故障特征矩阵 X 的瑞利商即为故障后与故障前电流和电压二次谐波比加权平均的平方。由于电流和电压中二次谐波含量随电流控制带宽而变化，为了提高故障检测精度，应始终最大化不同带宽下故障信息加权平均值，即权重 w_1、w_2、w_3 和 w_4 应随控制带宽而改变。对于给定的矩阵 X，瑞利商函数的最大值即为 X 的最大特征值 $\lambda_{\max}$，此时向量 w 对应最大特征向量 $v_{\max}$；而瑞利商函数最小值即为 X 的最小特征值 $\lambda_{\min}$，此时向量 w 对应最小特征向量 $v_{\min}$。记瑞利商函数的最大值为 Ray，由式(4-63)可得：

$$\text{Ray} = R\left(X, v_{\max}\right) = \lambda_{\max} \tag{4-66}$$

以故障后 Ray 与健康状态下 Ray_h 的比值(称为 Ray 比)作为故障检测指标，当伺服电机处于健康状态时，电流比和电压比 a_{i_d}、a_{i_q}、a_{v_d}、a_{v_q} 均为 1，故障特征矩阵 X 具有四个特征值，即 0、0、0、4。其中 $\lambda_{\max}$ 为 4，对应的最大特征向量为 $E_{\max}$=[0.5, 0.5, 0.5, 0.5]^{T}。

由瑞利商函数性质可知，Ray 与故障特征矩阵 X 的最大特征值相同，可通过计算故障特征矩阵 X 的特征值来确定 Ray 值。尽管工业机器人运行工况变化导致电流控制带宽改变，使得电流比和电压比发生变化，但瑞利商函数能够适应运行工况和控制参数变化，并始终给出电流比和电压比加权平均后的最大值，大大提高了机器人伺服电机匝间短路故障检测的准确性和鲁棒性。

4.4.3　实例分析

本节分别以某焊接机器人第三关节、第一关节伺服电机为例，验证所提方法对于单支路绕组结构伺服电机和并联支路绕组结构伺服电机的有效性和适用性。

1. 单支路绕组伺服电机实例

以焊接机器人第三关节伺服电机为例，进行单支路绕组电机匝间短路故障试验。搭建伺服电机匝间短路故障测试平台如图 4-36 所示，结合焊接机器人实际运行条件，验证不同控制带宽下电压和电流故障特征的二次谐波变化规律，实现伺服电机匝间短路故障检测。

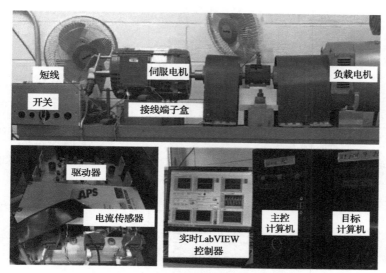

图 4-36   伺服电机匝间短路故障测试平台[9]

伺服电机参数如表 4-5 所示。为了引入匝间短路故障，对伺服电机 A 相绕组进行了特殊设计，能够在试验过程中模拟不同短路匝数、不同故障程度的匝间短路故障。

表 4-5   伺服电机参数

参数	数值	参数	数值
相数	3	额定电流/A	18
定子槽数	12	额定电压/V	480
极数	10	额定转速/(r/min)	600
转子直径/mm	69	每相绕组匝数 N_s	300
定子直径/mm	110	相电阻 r_s/Ω	1.5
气隙宽度/mm	1	L_d/mH	31.03
电机长度/mm	72	L_q/mH	62.4
永磁体材料	NdFeB	永磁体磁链 λ_{pm}/Wb	0.28

　　不同控制带宽下匝间短路故障前后同步旋转坐标系中电流和电压二次谐波幅值的变化情况如图 4-37 所示，图中变量后缀"H"和"F"分别表示伺服电机"健康状态"和匝间短路"故障状态"。

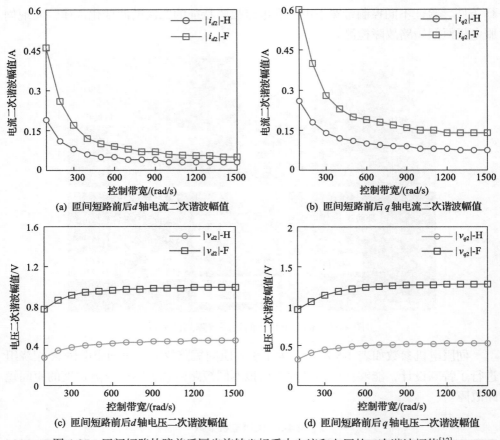

(a) 匝间短路前后 d 轴电流二次谐波幅值　　　(b) 匝间短路前后 q 轴电流二次谐波幅值

(c) 匝间短路前后 d 轴电压二次谐波幅值　　　(d) 匝间短路前后 q 轴电压二次谐波幅值

图 4-37　匝间短路故障前后同步旋转坐标系中电流和电压的二次谐波幅值[12]

　　由图 4-37 可知，故障导致同步旋转坐标系中电压和电流的二次谐波幅值升高，且各二次谐波的变化规律与理论分析相同：二次谐波电流 $|i_{d2}|$ 和 $|i_{q2}|$ 随控制带宽增加而降低，二次谐波电压 $|v_{d2}|$ 和 $|v_{q2}|$ 随带宽增加而升高。由于伺服电机三相绕组存在固有不平衡，健康状态时同步旋转坐标系中电流和电压也含有二次谐波，如控制带宽为 400rad/s 时 $|i_{d2}|$-H 约为 50mA。根据图 4-37 中二次谐波含量的变化，计算不同控制带宽下电流比和电压比，并进一步由式(4-66)计算得出 Ray 比，结果如图 4-38 所示。

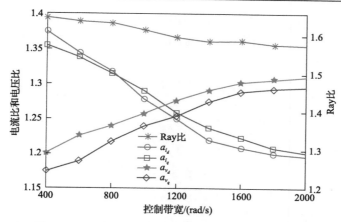

图 4-38　不同控制带宽下电流比、电压比和 Ray 比[9]

由图 4-38 可以看出，在整个带宽范围内，Ray 比远远高于电流比和电压比的值，说明 Ray 比更适合作为匝间短路故障检测指标。为了进一步验证所提方法的优势，将其与基于瞬时无功功率(instantaneous reactive power，IRP) 的故障检测方法[13]进行了对比。表 4-6 为不同控制带宽下 Ray 比与 IRP 比的计算结果，其中，IRP 比定义为故障前后二次谐波幅值比。基于表 4-6 计算变异系数(coefficient of variation，CV)，即标准差 σ_x 与其均值 μ_x 的比值 $CV = \sigma_x / \mu_x$，以评估各故障检测指标对控制带宽的鲁棒性，所得结果如表 4-7 所示，CV 值越小表明对应方法的鲁棒性越高。由表 4-7 可知，基于 Ray 比方法获得的变异系数 CV 比基于电压比和电流比以及 IRP 比方法所得结果均要小，证明基于 Ray 比的匝间短路故障检测方法具有更高的鲁棒性。

表 4-6　不同控制带宽下 Ray 比和 IRP 比计算结果[9]

ω_c/(100rad/s)	4	6	8	10	12	14	16	18	20
Ray 比	1.65	1.64	1.63	1.61	1.60	1.59	1.588	1.58	1.577
IRP 比	1.13	1.16	1.18	1.21	1.22	1.23	1.236	1.239	1.24

表 4-7　电流比、电压比、IRP 比和 Ray 比的变异系数 CV 值[9]

故障检测指标	a_{id}	a_{iq}	a_{vd}	a_{vq}	IRP 比	Ray 比
CV/$\times 10^{-2}$	5.49	4.68	3.2	3.77	3.26	1.75

在不同控制带宽下对基于 Ray 比和 IRP 比的故障检测方法的效率进行了对比，结果如图 4-39 所示。其中，在 0.5s 处引入早期单支路短路故障，为了避免误报警，故障检测指标阈值设定为 1.2。由图 4-39 可知，基于 Ray 比的方法能够在整个控制带宽范围内实现匝间短路故障检测，检测时间最短约为 60ms，最长约为 85ms。而基于 IRP 比的方法故障检测时间约为 115～156ms，在控制带宽为

400rad/s（IRP-ω_c 400 曲线）和 800rad/s（IRP-ω_c 800 曲线）时故障检测指标未能达到阈值而导致检测失败，该结果进一步证明了基于 Ray 比的方法能够更加有效地实现匝间短路故障检测。

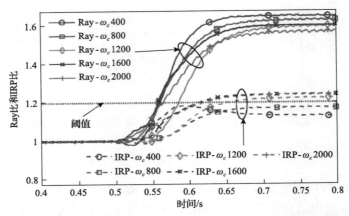

图 4-39　不同控制带宽下基于 Ray 比和 IRP 比方法的匝间短路故障检测效率[9]

　　尽管工业机器人暂态、稳态工况频繁交替导致伺服电机运行工况多变，但上述基于瑞利商函数的匝间短路故障检测方法能够根据运行工况与控制参数自适应融合故障特征量，极大地提高了机器人伺服电机匝间短路故障检测鲁棒性。

　　2. 并联支路绕组结构伺服电机实例

　　以焊接机器人第一关节伺服电机为例，开展并联支路绕组伺服电机匝间短路故障试验。搭建并联支路绕组伺服电机匝间短路故障测试平台如图 4-40 所示，结

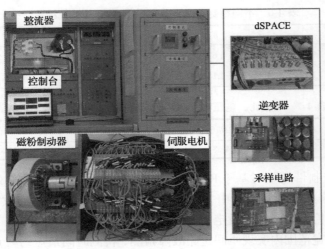

图 4-40　并联支路绕组伺服电机匝间短路故障测试平台

合焊接机器人实际运行条件，获得不同工况下并联支路绕组伺服电机发生单支路与支路间匝间短路故障特征的变化规律。

　　机器人并联支路绕组伺服电机具体参数如表 4-8 所示。为了对试验中电机引入匝间短路故障，对试验样机 A 相绕组进行了特殊设计，可模拟不同故障程度、不同故障模式和不同短路位置下的匝间短路故障。如图 4-41 所示，对于并联支路绕组伺服电机，匝间短路可能发生在某一相的某个支路上，也可能发生在某一相的不同支路间。

表 4-8　并联支路绕组伺服电机参数

参数	数值	参数	数值
额定功率/kW	2	额定电流/A	14.14
额定转矩/(N·m)	20	额定电压/V	220
定子电阻 R_s/Ω	0.8	额定转速/(r/min)	700
定子电感 L_s/mH	3	永磁体磁链 λ_{pm}/Wb	0.16
并联支路数	2	每相绕组匝数 N_s	192

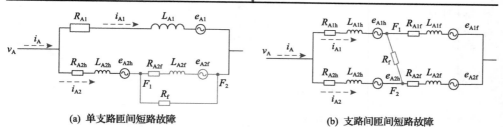

(a) 单支路匝间短路故障　　　　　　　　　(b) 支路间匝间短路故障

图 4-41　并联绕组伺服电机匝间短路故障

　　由 4.4.1 节分析可知，三相静止坐标系中电流三次谐波和电压负序分量可作为并联支路绕组伺服电机的故障特征量，分别对不同故障程度、不同转速及不同短路位置下伺服电机的电流三次谐波 i_{A3rd} 和电压负序分量 v^- 的演变规律进行分析，结果如图 4-42～图 4-44 所示。其中，图 4-42 中单支路故障短路位置为 $x=1/6$、$y=0$，支路间故障短路位置为 $x=1/3$、$y=1/6$，短路匝比为 $N_e=|y-x|=1/6$，电机转速 $\omega_e=400$r/min，转矩 $T_L=2$N·m，短路电阻 R_f 从 1Ω 递减至 0Ω，电机相关参数如表 4-8 所示；图 4-43 为不同转速下电机故障特征量的演变规律，其他工况设置与图 4-42 一致；图 4-44 为不同短路位置下电机故障特征量的演变规律，短路位置为 $x=1/6$、$y=0$，$x=1/3$、$y=1/6$，$x=1/2$、$y=1/3$，$x=2/3$、$y=1/2$，$x=5/6$、$y=2/3$，$x=1$、$y=5/6$。

　　由图 4-42 可知，当匝间绝缘退化程度相同时，与单支路短路故障相比，支路间短路故障下的相电流三次谐波幅值 $|i_{A3rd}|$ 和相电压负序分量幅值 $|v^-|$ 始终更小，利用 $|i_{A3rd}|$ 和 $|v^-|$ 检测支路间匝间短路故障更加困难；由图 4-43 可知，匝间短路

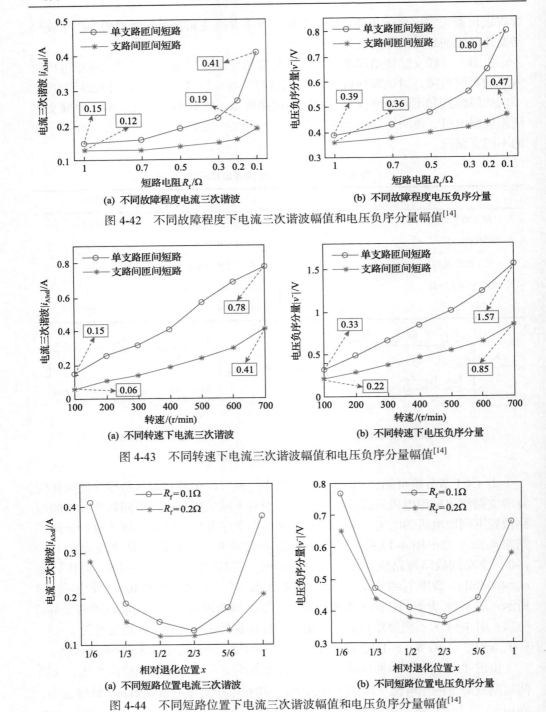

(a) 不同故障程度电流三次谐波　　　　　　(b) 不同故障程度电压负序分量

图 4-42　不同故障程度下电流三次谐波幅值和电压负序分量幅值[14]

(a) 不同转速下电流三次谐波　　　　　　(b) 不同转速下电压负序分量

图 4-43　不同转速下电流三次谐波幅值和电压负序分量幅值[14]

(a) 不同短路位置电流三次谐波　　　　　　(b) 不同短路位置电压负序分量

图 4-44　不同短路位置下电流三次谐波幅值和电压负序分量幅值[14]

故障发生后，两种故障模式下相电流三次谐波幅值$|i_{A3rd}|$和相电压负序分量$|v^-|$均随转速增加而增加，单支路匝间短路故障在电机电压和电流中引入的故障特征量随转速上升增长更快；由图 4-44 可知，绕组中点附近的支路间短路故障在电机中引入的相电流三次谐波幅值$|i_{A3rd}|$和相电压负序分量幅值$|v^-|$最小，尽管支路间短路故障的特征量变化较微弱，但仍可以利用瑞利商方法进行故障检测。具体分析过程与实例 1 相同，此处不再赘述。

以上试验结果表明，在伺服电机额定运行范围内，提出的故障检测方法能够准确检测到伺服电机的匝间短路故障，为复杂服役环境下机器人大功率、并联支路绕组伺服电机匝间短路故障检测提供了理论与技术基础。

4.5　本　章　小　结

本章以工业机器人伺服电机为研究对象，从电机绝缘退化建模、绝缘状态评估和绝缘故障检测三个层面对机器人伺服电机绝缘故障机理及检测评估方法进行研究。首先，基于伺服电机绝缘加速退化试验进行退化建模，结合模型与试验数据实现了伺服电机绝缘寿命预测；其次，分析伺服电机绝缘故障机理，给出了绝缘故障状态有效表征方法与评估技术；最后，基于单支路绕组及并联支路绕组结构伺服电机匝间短路故障的演变规律，利用瑞利商函数对多个故障特征量进行自适应加权融合以消除工况影响，实现伺服电机匝间短路故障的鲁棒性检测。

参 考 文 献

[1] 中华人民共和国第四机械工业部. 恒定应力寿命试验和加速寿命试验方法 总则: GB/T 2689.1—1981. 北京: 中国标准出版社, 1981.

[2] 李贵衡, 张健, 黄少坡, 等. 基于 Wiener 过程的电机主绝缘材料寿命预测方法. 电机与控制学报, 2023, 27(11): 40-47.

[3] 张健, 张钦, 黄晓艳, 等. 基于加速退化数据和现场实测退化数据的电机绝缘剩余寿命预测模型. 电工技术学报, 2023, 38(3): 599-609.

[4] Hu C H, Lee M Y, Tang J. Optimum step-stress accelerated degradation test for Wiener degradation process under constraints. European Journal of Operational Research, 2015, 241(2): 412-421.

[5] Cao S, Niu F, Huang X, et al. Time-frequency characteristics research of common mode current in PWM motor system. IEEE Transactions on Power Electronics, 2019, 35(2): 1450-1458.

[6] Huang S, Zhang P, Liu L, et al. Diversified assessment of ground-wall insulation in inverter-fed motors by using transient characteristics of leakage current[J]. IEEE Transactions on Power

Electronics, 2024, 39(10): 13783-13794.

[7] Niu F, Wang Y, Huang S, et al. An online groundwall insulation monitoring method based on transient characteristics of leakage current for inverter-fed motors. IEEE Transactions on Power Electronics, 2022, 37(8): 9745-9753.

[8] 张超凡, 牛峰, 孙庆国, 等. 基于漏电流多频率特征的变频电机主绝缘状态在线监测方法. 电机与控制学报, 2023, 27(8): 64-72.

[9] Huang S, Aggarwal A, Strangas E G, et al. Robust stator winding fault detection in pmsms with respect to current controller bandwidth. IEEE Transactions on Power Electronics, 2020, 36(5): 5032-5042.

[10] Niu F, Bi Z, Wu Z, et al. Assessment of inter-turn short-circuit faults in PMSMs with parallel-connected winding. IEEE Journal of Emerging and Selected Topics in Industrial Electronics, 2023, 5(1): 104-114.

[11] Papastavridis J G. Rayleigh's principle via least action. Journal of Sound and Vibration, 1987, 113(2): 395-399.

[12] Niu F, Feng W, Huang S, et al. Robust inter-turn short-circuit fault detection in PMSGs with respect to the bandwidths of current and voltage controllers. IEEE Transactions on Power Electronics, 2023, 38(8): 10269-10279.

[13] Huang S, Strangas E G, Aggarwal A, et al. Robust inter-turn short-circuit detection in PMSMs with respect to current controller bandwidth. IEEE Energy Conversion Congress and Exposition, Baltimore, 2019.

[14] Huang S, Bi Z, Sun Z, et al. Detection of stator winding faults in PMSMs based on second harmonics of phase instantaneous reactive powers. Energies, 2022, 15(9): 3248.

第5章 工业机器人定位精度可靠性评估与优化

本章针对服役环境、加工、装配等不确定因素导致机器人运动精度低的问题，建立了工业机器人定位误差模型并提出机器人单点定位精度、多点定位精度、轨迹精度可靠性统一分析方法；构建机器人关节动力学模型，开展工业机器人关节转矩精度可靠性分析与评估方法研究；在此基础上，提出一种工业机器人运动学和动力学参数容差鲁棒性设计方法，有效降低机器人末端定位精度对不确定因素的敏感程度，提高工业机器人定位精度可靠性。

5.1 工业机器人定位误差模型

在工业机器人基座处建立其运动参考坐标系(该坐标系通常称为基坐标系)，并在各关节处建立描述机器人关节和连杆相对于基坐标系空间位置和姿态的坐标系(该坐标系通常称为动坐标系或关节坐标系)。由两个连杆连接的三个关节处坐标系关系及其参数如图 5-1 所示，其中两个连杆分别记为连杆 $i-1$ 和连杆 i，三个关节分别记为关节 $i-1$、关节 i 和关节 $i+1$，连杆 $i-1$ 的一端连接机器人关节 $i-1$ 处的坐标系 O_{i-1}，另一端连接机器人关节 i 处的坐标系 O_i。

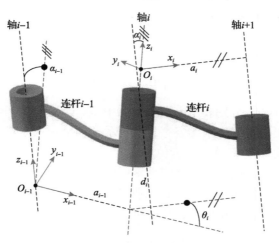

图 5-1　连杆坐标系关系及其参数示意图

图 5-1 中相邻两坐标系之间的变换关系可通过 a_i、d_i、θ_i 和 α_i 四参数表示，此四参数通常被称为连杆四参数。其中 a_i 表示连杆 i 的长度；d_i 表示两坐标轴 x_i 和

x_{i-1} 之间的偏移距离；θ_i 表示连杆 i 和连杆 i–1 之间的夹角，即关节 i 的旋转角度，通常称为关节转角；α_i 表示旋转轴 i 和旋转轴 i–1 之间的夹角，即关节 i 的扭转角度，通常称为关节扭角。对于六轴机器人，i=1, 2, …, 6，其相邻坐标系之间的变换关系可表述为平移变换和旋转变换[1-3]。记 $\boldsymbol{T}(\cdot)$ 为坐标系平移矩阵，$\boldsymbol{R}(\cdot)$ 为坐标系旋转矩阵，从坐标系 O_{i-1} 到坐标系 O_i 之间的齐次变换矩阵 $^{i-1}\boldsymbol{A}_i$ 为

$$
\begin{aligned}
^{i-1}\boldsymbol{A}_i &= \boldsymbol{R}(z_{i-1},\theta_i)\boldsymbol{T}(z_{i-1},d_i)\boldsymbol{T}(x_{i-1},a_i)\boldsymbol{R}(x_{i-1},\alpha_i) \\
&= \begin{bmatrix}
\cos\theta_i & -\sin\theta_i\cos\alpha_i & \sin\theta_i\sin\alpha_i & a_i\cos\theta_i \\
\sin\theta_i & \cos\theta_i\cos\alpha_i & -\cos\theta_i\sin\alpha_i & a_i\sin\theta_i \\
0 & \sin\alpha_i & \cos\alpha_i & d_i \\
0 & 0 & 0 & 1
\end{bmatrix}
\end{aligned}
\tag{5-1}
$$

对于六轴机器人，从基坐标系到其末端动坐标系的齐次变换矩阵 $\boldsymbol{T}_6^0$ 为[2]

$$
\boldsymbol{T}_6^0 = {}^0\boldsymbol{A}_1{}^1\boldsymbol{A}_2{}^2\boldsymbol{A}_3{}^3\boldsymbol{A}_4{}^4\boldsymbol{A}_5{}^5\boldsymbol{A}_6 = \begin{bmatrix}
n_x & o_x & b_x & p_x \\
n_y & o_y & b_y & p_y \\
n_z & o_z & b_z & p_z \\
0 & 0 & 0 & 1
\end{bmatrix}
\tag{5-2}
$$

式中，$[n_x, n_y, n_z]^{\mathrm{T}}$、$[o_x, o_y, o_z]^{\mathrm{T}}$ 和 $[b_x, b_y, b_z]^{\mathrm{T}}$ 分别表示末端坐标系中 x_6、y_6 和 z_6 相对于基坐标系中 x_0、y_0 和 z_0 的方向余弦；$[p_x, p_y, p_z]^{\mathrm{T}}$ 表示末端坐标系原点在基坐标系中 x_0、y_0 和 z_0 方向的投影，即工业机器人末端在由基坐标系确定的三维空间中的坐标值。记 $\boldsymbol{n}=[n_x, n_y, n_z]^{\mathrm{T}}$、$\boldsymbol{o}=[o_x, o_y, o_z]^{\mathrm{T}}$、$\boldsymbol{b}=[b_x, b_y, b_z]^{\mathrm{T}}$ 和 $\boldsymbol{p}=[p_x, p_y, p_z]^{\mathrm{T}}$，则式 (5-2) 可表示为[2]

$$
\boldsymbol{T}_6^0 = \begin{bmatrix}
\boldsymbol{n} & \boldsymbol{o} & \boldsymbol{b} & \boldsymbol{p} \\
0 & 0 & 0 & 1
\end{bmatrix}
\tag{5-3}
$$

换言之，$\boldsymbol{n}$、$\boldsymbol{o}$ 和 $\boldsymbol{b}$ 分别表示末端坐标系中 x_6、y_6 和 z_6 在基坐标系的空间矢量方向，即定义了工业机器人末端姿态；$\boldsymbol{p}$ 表示末端坐标系原点在基坐标系中的位置矢量。因此，式 (5-3) 矩阵又称为位姿矩阵。

在关节间隙及装配误差等不确定因素影响下，关节转角、关节扭角等理论值与其实际值之间存在随机偏差，导致工业机器人实际定位点与理想定位点在三个坐标方向通常存在一定随机偏差，该随机偏差可用下式表示：

$$
\begin{cases}
\varepsilon_x(\boldsymbol{e}) = |x_e - x_\mu| \\
\varepsilon_y(\boldsymbol{e}) = |y_e - y_\mu| \\
\varepsilon_z(\boldsymbol{e}) = |z_e - z_\mu|
\end{cases}
\tag{5-4}
$$

式中，$e=[e_1, e_2, \cdots, e_u]^T$ 表示影响工业机器人运动性能的随机变量，如连杆长度、关节转角和关节扭角等，均为服从正态分布的随机变量；x_μ、y_μ 和 z_μ 表示工业机器人末端的理想位置坐标；x_e、y_e 和 z_e 表示工业机器人末端的实际位置坐标。式(5-4)即为工业机器人定位点在 x、y、z 三坐标方向的定位误差模型。

5.2　工业机器人定位精度可靠性评估

本节基于前述定位误差模型，考虑定位点三坐标方向定位误差的相关性，提出一种适用于工业机器人多种位姿的定位精度可靠性分析方法，结合具体实例分析随机变量对工业机器人性能指标的影响规律，为提高机器人定位精度保持性奠定基础。

5.2.1　定位精度可靠性表征

1. 单点定位精度可靠性

工业机器人在进行焊接、装配等工作时往往涉及单点定位精度的评估。根据式(5-4)，工业机器人理想定位点与实际定位点之间的距离 $D(e)$（工业机器人单点定位精度可靠性分析的功能函数）可表示为关节转角、关节扭角等随机变量组成的向量 e 的函数：

$$D(e) = \sqrt{\varepsilon_x^2(e) + \varepsilon_y^2(e) + \varepsilon_z^2(e)} \tag{5-5}$$

假设定位精度失效阈值为 r_p，则工业机器人单点定位精度可靠性的极限状态方程为

$$G_p(e) = r_p - D(e) = r_p - \sqrt{\varepsilon_x(e)^2 + \varepsilon_y(e)^2 + \varepsilon_z(e)^2} \tag{5-6}$$

设 $D(e)$ 的概率密度函数为 $f_D(D)$，工业机器人单点定位精度可靠度可表示为

$$R_p = \Pr\left(G_p(e) > 0\right) = \int_{G_p(e)>0} f_D(D)\mathrm{d}D \tag{5-7}$$

当向量 e 的维数较高时，基于式(5-7)计算工业机器人单点定位精度可靠度为高维积分问题，直接求解难度较大。图 5-2 为工业机器人单点定位精度失效准则，即以理想定位点为球心，以精度失效阈值为半径绘制球形精度域。在一次单点定位过程中，当实际定位点落在精度域内时记为可靠样本，落在精度域外时记为失效样本。

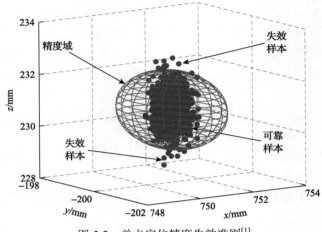

图 5-2   单点定位精度失效准则[1]

因此，工业机器人单点定位精度可靠度可表示为可靠样本数量 n_{R_p} 与总样本数量 n_t 的比值，即

$$R_\mathrm{p} = \Pr\left(G_\mathrm{p}(\boldsymbol{e}) > 0\right) = \frac{n_{R_\mathrm{p}}}{n_\mathrm{t}} \tag{5-8}$$

则工业机器人单点定位精度失效概率为

$$p_{f_\mathrm{p}} = 1 - R_\mathrm{p} \tag{5-9}$$

2. 多点定位精度可靠性

工业机器人在处理上下料、搬运等任务时，其末端执行器需同时满足多个定位点处的精度要求。工业机器人在多个定位点处的定位误差极值 Y_m 可表示为[4]

$$Y_\mathrm{m} = \max\left\{D_1(\boldsymbol{e}), D_2(\boldsymbol{e}), \cdots, D_s(\boldsymbol{e}), \cdots, D_n(\boldsymbol{e})\right\} \tag{5-10}$$

式中，$D_s(\boldsymbol{e})$ 为 $\boldsymbol{e}$ 的函数，表示在第 s 个定位点处工业机器人实际定位点与理想定位点之间的距离；n 表示定位点数量。

设 Y_m 的概率密度函数为 $f_{Y_\mathrm{m}}(Y_\mathrm{m})$，工业机器人定位精度失效阈值为 r_m，则多点定位精度可靠度可表示为

$$R_\mathrm{m} = \Pr\left(Y_\mathrm{m} < r_\mathrm{m}\right) = \int_{Y_\mathrm{m} < r_\mathrm{m}} f_{Y_\mathrm{m}}(Y_\mathrm{m}) \mathrm{d}Y_\mathrm{m} \tag{5-11}$$

当 e 的维数较高时，基于式(5-11)计算工业机器人多点定位精度可靠性为高维积分问题，直接求解存在较大难度。

以不同定位点为球心，以相同精度失效阈值为半径在工业机器人不同定位点处绘制精度域，如图 5-3 所示。在一次多点运动过程中，若有任意一个定位点处的实际定位落在精度域以外，则认为本次多点运动失效，记为失效样本；若全部定位点处的实际定位都落在精度域以内，则认为本次多点运动精度满足要求，记为可靠样本。因此，工业机器人多点定位精度的可靠度表示为可靠样本数量 n_{R_m} 与总样本数量 n_t 的比值：

$$R_m = \Pr\left(Y_m < r_m\right) = \frac{n_{R_m}}{n_t} \tag{5-12}$$

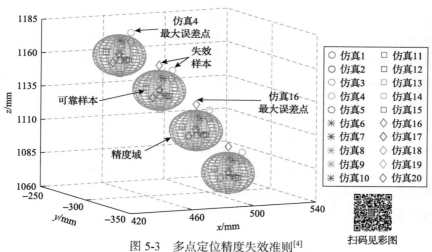

图 5-3　多点定位精度失效准则[4]

仿真 i 表示对第 i 次多点运动的仿真($i=1,2,\cdots,20$)

相应地，工业机器人多点定位精度失效概率为

$$p_{f_m} = 1 - R_m \tag{5-13}$$

3. 轨迹精度可靠性

轨迹精度可靠性可表示为工业机器人在预定轨迹上所有离散点处的样本均落在要求精度域内的概率，机器人在执行焊接、搬运、打磨等工作时需满足特定轨迹下的精度可靠性要求。如图 5-4 所示，精度域是以预定轨迹上所有离散点为球心，以精度失效阈值为半径的球，当离散点十分密集时，所有球形精度域即形成一个以预定轨迹为轴线的管状精度域。实际轨迹上任意一点落在球形精度域外时，

则认为此次运动轨迹为失效样本。

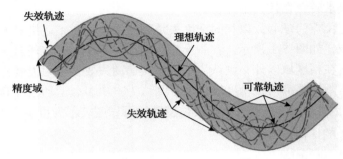

图 5-4　轨迹精度失效准则[4]

将工业机器人预定运动轨迹离散化，则单次运动轨迹精度可用各离散点处定位误差的最大值表示，即工业机器人在各离散点处定位精度的最差情况。工业机器人轨迹精度可靠性与多点定位精度可靠性的区别是：①预定轨迹离散点更加密集；②各离散点均受预定轨迹约束，不能在运动空间任意选择。若预定轨迹上所有离散点处定位误差的最大值用 Y_t 表示，则工业机器人轨迹精度可靠性功能函数可表示为[4]

$$Y_t = \max\left\{D_1(e), D_2(e), \cdots, D_s(e), \cdots, D_n(e)\right\}, \quad P_{s,s+1} = d \leqslant \varepsilon \tag{5-14}$$

式中，n 表示工业机器人运动轨迹离散点个数；$P_{s,s+1}$ 表示相邻两离散点之间的距离；d、ε 均为正实数。设 Y_t 的概率密度函数为 $f_{Y_t}(Y_t)$，精度失效阈值为 r_t，则轨迹精度可靠度为

$$R_t = \Pr(Y_t < r_t) = \int_{Y_t < r_t} f_{Y_t}(Y_t)\mathrm{d}Y_t \tag{5-15}$$

与工业机器人单点、多点定位精度可靠度求解类似，若对机器人运动轨迹进行 n_t 次仿真，设可靠运动轨迹的数量为 n_{R_t}，则工业机器人轨迹精度可靠度表示为可靠样本数量 n_{R_t} 与总样本数量 n_t 的比值：

$$R_t = \frac{n_{R_t}}{n_t} \tag{5-16}$$

则其轨迹精度失效概率为

$$p_{f_t} = 1 - R_t \tag{5-17}$$

5.2.2　定位精度可靠性评估

本节介绍工业机器人在不同位姿下的定位精度可靠性综合评估方法，即稀疏网格鞍点近似(sparse grid and saddlepoint approximation, SGSA)方法。该方法包括工业机器人定位误差统计矩、坐标协方差矩阵特征值分解变换、定位误差平方极值概率分布和算法流程四部分，下面分别就各部分进行论述。

1. 工业机器人定位误差统计矩

以六轴机器人为例，假设连杆四参数，即机器人第 $i(i=1,2,\cdots,6)$ 关节的连杆长度 a_i、基坐标系与动坐标系的偏移距离 d_i、关节转角 θ_i 和关节扭角 α_i 为相互独立且服从正态分布的随机变量，即

$$\begin{cases} a_i \sim N\left(\mu_{a_i}, \sigma_{a_i}^2\right) \\ d_i \sim N\left(\mu_{d_i}, \sigma_{d_i}^2\right) \\ \theta_i \sim N\left(\mu_{\theta_i}, \sigma_{\theta_i}^2\right) \\ \alpha_i \sim N\left(\mu_{\alpha_i}, \sigma_{\alpha_i}^2\right) \end{cases}, \quad i=1,2,\cdots,6 \tag{5-18}$$

式中，μ 和 σ 分别表示随机变量的均值和标准差。利用 Rosenblatt(罗森布拉特)变换将上述随机变量转换为服从标准正态分布的变量如下：

$$\begin{cases} \varPhi\left(v_j\right) = F_{a_i}\left(a_{ij}\right) \\ \varPhi\left(v_j\right) = F_{d_i}\left(d_{ij}\right) \\ \varPhi\left(v_j\right) = F_{\theta_i}\left(\theta_{ij}\right) \\ \varPhi\left(v_j\right) = F_{\alpha_i}\left(\alpha_{ij}\right) \end{cases}, \quad i=1,2,\cdots,6; \ j=1,2,\cdots,6 \tag{5-19}$$

式中，$\varPhi(\cdot)$ 为服从正态分布变量的 CDF；$F_{a_i}(\cdot)$、$F_{d_i}(\cdot)$、$F_{\theta_i}(\cdot)$ 和 $F_{\alpha_i}(\cdot)$ 表示随机变量 a_i、d_i、θ_i 和 α_i 的 CDF；v_j 表示服从标准正态分布的 Gauss-Hermite(高斯-厄米)积分节点[5]；a_{ij}、d_{ij}、θ_{ij} 和 α_{ij} 分别表示随机变量 a_i、d_i、θ_i 和 α_i 所对应的积分节点。根据式(5-19)，a_{ij}、d_{ij}、θ_{ij} 和 α_{ij} 可表示为[6]

$$\begin{cases} a_{ij} = T_{a_i}^{-1}\left(v_j\right) \\ d_{ij} = T_{d_i}^{-1}\left(v_j\right) \\ \theta_{ij} = T_{\theta_i}^{-1}\left(v_j\right) \\ \alpha_{ij} = T_{\alpha_i}^{-1}\left(v_j\right) \end{cases}, \quad i=1,2,\cdots,6; \ j=1,2,\cdots,6 \tag{5-20}$$

式中，$T_r^{-1}(\cdot)$ 表示变换函数 $F_r\big(\Phi(v_j)\big)$。

采用 Gauss-Hermite 积分节点计算 x、y、z 三坐标方向定位误差的统计矩时，需要对各随机变量对应的积分节点进行组合。本节采用稀疏网格数值积分法将 Gauss-Hermite 积分节点组合，当稀疏网格数值积分法精度水平为 m、随机变量维数为 c 时，组合后的 Gauss-Hermite 积分节点构成的多维节点矩阵 $\boldsymbol{X}_c^m$ 为[4]

$$\boldsymbol{X}_c^m = \bigcup_{m+1\leqslant k\leqslant m+c} \Big\{ \boldsymbol{a}_{a_1}^{k_{a_1}} \otimes \cdots \otimes \boldsymbol{a}_{a_6}^{k_{a_6}} \otimes \boldsymbol{d}_{d_1}^{k_{d_1}} \otimes \cdots \otimes \boldsymbol{d}_{d_6}^{k_{d_6}} \otimes \boldsymbol{\theta}_{\theta_1}^{k_{\theta_1}} \otimes \cdots \otimes \boldsymbol{\theta}_{\theta_6}^{k_{\theta_6}}$$
$$\otimes \boldsymbol{a}_{\alpha_1}^{k_{\alpha_1}} \otimes \cdots \otimes \boldsymbol{a}_{\alpha_6}^{k_{\alpha_6}} \Big\} \tag{5-21}$$

式中，$\boldsymbol{a}_{a_i}^{k_{a_i}}$、$\boldsymbol{d}_{d_i}^{k_{d_i}}$、$\boldsymbol{\theta}_{\theta_i}^{k_{\theta_i}}$ 和 $\boldsymbol{a}_{\alpha_i}^{k_{\alpha_i}}$ 表示 a_i、d_i、θ_i 和 α_i 对应的积分节点形成的向量，k_{a_i}、k_{d_i}、k_{θ_i} 和 k_{α_i} 表示第 i 个关节的不确定参数在 Gauss-Hermite 正交准则中对应的单变量指标；$\otimes$ 表示卷积运算；k 表示所有单变量指标的和，其计算过程如下[4]：

$$k = k_{a_1} + \cdots + k_{a_6} + k_{d_1} + \cdots + k_{d_6} + k_{\theta_1} + \cdots + k_{\theta_6} + k_{\alpha_1} + \cdots + k_{\alpha_6} \tag{5-22}$$

结合式(5-20)可将式(5-21)等效表示为

$$\boldsymbol{X}_c^m = \bigcup_{m+1\leqslant k\leqslant m+c} \Big\{ T_{a_1}^{-1}\big(\boldsymbol{V}^{k_{a_1}}\big) \otimes \cdots \otimes T_{a_6}^{-1}\big(\boldsymbol{V}^{k_{a_6}}\big) \otimes T_{d_1}^{-1}\big(\boldsymbol{V}^{k_{d_1}}\big) \otimes \cdots \otimes T_{d_6}^{-1}\big(\boldsymbol{V}^{k_{d_6}}\big)$$
$$\otimes T_{\theta_1}^{-1}\big(\boldsymbol{V}^{k_{\theta_1}}\big) \otimes \cdots \otimes T_{\theta_6}^{-1}\big(\boldsymbol{V}^{k_{\theta_6}}\big) \otimes T_{\alpha_1}^{-1}\big(\boldsymbol{V}^{k_{\alpha_1}}\big) \otimes \cdots \otimes T_{\alpha_6}^{-1}\big(\boldsymbol{V}^{k_{\alpha_6}}\big) \Big\} \tag{5-23}$$

式中，$\boldsymbol{V}^{k_{a_i}}$、$\boldsymbol{V}^{k_{d_i}}$、$\boldsymbol{V}^{k_{\theta_i}}$ 和 $\boldsymbol{V}^{k_{\alpha_i}}$ 表示当单变量指标为 k_{a_i}、k_{d_i}、k_{θ_i} 和 k_{α_i} 时，对应的 Gauss-Hermite 积分节点 v_j 所形成的积分节点向量。多维节点矩阵 $\boldsymbol{X}_c^m$ 的第 l 个多维节点 $\boldsymbol{x}_l$ 可表示为

$$\boldsymbol{x}_l = \Big[x_{a_1,j_{a_1}}^{k_{a_1}}, \cdots, x_{a_6,j_{a_6}}^{k_{a_6}}, x_{d_1,j_{d_1}}^{k_{d_1}}, \cdots, x_{d_6,j_{d_6}}^{k_{d_6}}, x_{\theta_1,j_{\theta_1}}^{k_{\theta_1}}, \cdots, x_{\theta_6,j_{\theta_6}}^{k_{\theta_6}}, x_{\alpha_1,j_{\alpha_1}}^{k_{\alpha_1}}, \cdots, x_{\alpha_6,j_{\alpha_6}}^{k_{\alpha_6}} \Big] \tag{5-24}$$

式中，$x_{a_i,j_{a_i}}^{k_{a_i}}$ 表示当单变量指标为 k_{a_i} 时第 i 个关节不确定参数 a_i 对应的第 j_{a_i} 个积分节点；$x_{d_i,j_{d_i}}^{k_{d_i}}$ 表示当单变量指标为 k_{d_i} 时第 i 个关节不确定参数 d_i 对应的第 j_{d_i} 个积分节点；$x_{\theta_i,j_{\theta_i}}^{k_{\theta_i}}$ 表示当单变量指标为 k_{θ_i} 时第 i 个关节不确定参数 θ_i 对应的第 j_{θ_i} 个积分节点；$x_{\alpha_i,j_{\alpha_i}}^{k_{\alpha_i}}$ 表示当单变量指标为 k_{α_i} 时第 i 个关节不确定参数 α_i 对应的第

j_{α_i} 个积分节点。多维节点矩阵 $\boldsymbol{X}_c^m$ 中的第 l 个多维节点 $\boldsymbol{x}_l$ 的权重 ω_l 可表示为[4]

$$
\begin{aligned}
\omega_l = (-1)^{m+c-k} \binom{c-1}{m+c-k} & \left\{ \omega_{a_1,j_{a_1}}^{k_{a_1}} \times \cdots \times \omega_{a_6,j_{a_6}}^{k_{a_6}} \times \omega_{d_1,j_{d_1}}^{k_{d_1}} \times \cdots \times \omega_{d_6,j_{d_6}}^{k_{d_6}} \right. \\
& \left. \times \omega_{\theta_1,j_{\theta_1}}^{k_{\theta_1}} \times \cdots \times \omega_{\theta_6,j_{\theta_6}}^{k_{\theta_6}} \times \omega_{\alpha_1,j_{\alpha_1}}^{k_{\alpha_1}} \times \cdots \times \omega_{\alpha_6,j_{\alpha_6}}^{k_{\alpha_6}} \right\}
\end{aligned}
\tag{5-25}
$$

式中，$\omega_{a_i,j_{a_i}}^{k_{a_i}}$、$\omega_{d_i,j_{d_i}}^{k_{d_i}}$、$\omega_{\theta_i,j_{\theta_i}}^{k_{\theta_i}}$ 和 $\omega_{\alpha_i,j_{\alpha_i}}^{k_{\alpha_i}}$ 分别为节点 $x_{a_i,j_{a_i}}^{k_{a_i}}$、$x_{d_i,j_{d_i}}^{k_{d_i}}$、$x_{\theta_i,j_{\theta_i}}^{k_{\theta_i}}$ 和 $x_{\alpha_i,j_{\alpha_i}}^{k_{\alpha_i}}$ 的权重；$\binom{c-1}{m+c-k}$ 表示对其中数据进行排列。

多维节点矩阵 $\boldsymbol{X}_c^m$ 中通常包含一些相同节点，为提高稀疏网格数值积分方法的计算效率，将相同节点的权重相加并剔除，即计算时相同节点只调用一次功能函数。剔除相同节点后多维节点矩阵 $\boldsymbol{X}_c^m$ 中包含的节点个数可由下式求得[4]：

$$
\begin{cases}
N_e = 2c + 1, & m=1 \\
N_e = 2c^2 + 6c + 1, & m=2
\end{cases}
\tag{5-26}
$$

式中，N_e 表示节点个数。假设某一关节的 D-H 参数为随机变量，则随机变量的维数为 4，即 $c=4$。若所有随机变量均服从标准正态分布且相互独立，当精度水平 $m=2$ 时，多维节点矩阵为 $\boldsymbol{X}_4^2$。将多维节点矩阵 $\boldsymbol{X}_4^2$ 中关于随机变量 a_i、d_i、θ_i 和 α_i 的第 l 个节点表示为 $x_{a_i,l}$、$x_{d_i,l}$、$x_{\theta_i,l}$ 和 $x_{\alpha_i,l}$，则多维节点矩阵 $\boldsymbol{X}_4^2$ 中随机变量 a_i、d_i、θ_i 和 α_i 的所有节点组成的向量 $\boldsymbol{x}_{a_i}$、$\boldsymbol{x}_{d_i}$、$\boldsymbol{x}_{\theta_i}$ 和 $\boldsymbol{x}_{\alpha_i}$ 可表示为

$$
\begin{cases}
\boldsymbol{x}_{a_i} = \left[x_{a_i,1}, x_{a_i,2}, \cdots, x_{a_i,l}, \cdots, x_{a_i,N_e} \right]^T \\
\boldsymbol{x}_{d_i} = \left[x_{d_i,1}, x_{d_i,2}, \cdots, x_{d_i,l}, \cdots, x_{d_i,N_e} \right]^T \\
\boldsymbol{x}_{\theta_i} = \left[x_{\theta_i,1}, x_{\theta_i,2}, \cdots, x_{\theta_i,l}, \cdots, x_{\theta_i,N_e} \right]^T \\
\boldsymbol{x}_{\alpha_i} = \left[x_{\alpha_i,1}, x_{\alpha_i,2}, \cdots, x_{\alpha_i,l}, \cdots, x_{\alpha_i,N_e} \right]^T
\end{cases}
\tag{5-27}
$$

工业机器人第 i 个关节不确定参数组成的多维节点向量 $\boldsymbol{x}_{i,l}$ 为

$$
\boldsymbol{x}_{i,l} = \left[x_{a_i,l}, x_{d_i,l}, x_{\theta_i,l}, x_{\alpha_i,l} \right]^T
\tag{5-28}
$$

进而得出机器人第 i 个关节不确定参数的多维节点矩阵 $\boldsymbol{X}_{i,4}^2$ 为

$$
\boldsymbol{X}_{i,4}^2 = \left[\boldsymbol{x}_{i,1}, \boldsymbol{x}_{i,2}, \cdots, \boldsymbol{x}_{i,l}, \cdots, \boldsymbol{x}_{i,N_e} \right]^T, \quad l=1,2,\cdots,N_e
\tag{5-29}
$$

若用 $\omega_{i,l}$ 表示多维节点 $x_{i,l}$ 的权重，则多维节点矩阵 $X_{i,4}^2$ 对应的权重向量 ω_i 为

$$\omega_i = \left[\omega_{i,1},\omega_{i,2},\cdots,\omega_{i,l},\cdots,\omega_{i,N_e}\right]^{\mathrm{T}} \tag{5-30}$$

基于式(5-29)中机器人第 i 关节随机变量多维节点矩阵 $X_{i,4}^2$ 及式(5-30)所示权重向量 ω_i，可计算工业机器人定位点在 x、y、z 三坐标方向的定位误差统计矩。

将式(5-28)代入式(5-1)可得由多维节点表示的工业机器人第 $i-1$ 关节坐标系 O_{i-1} 和第 i 关节坐标系 O_i 之间的齐次变换矩阵 $^{i-1}A_i$ 为

$$^{i-1}A_i = \begin{bmatrix} \cos x_{\theta_i} & -\sin x_{\theta_i}\cos x_{\alpha_i} & \sin x_{\theta_i}\sin x_{\alpha_i} & x_{a_i}\cos x_{\theta_i} \\ \sin x_{\theta_i} & \cos x_{\theta_i}\cos x_{\alpha_i} & -\cos x_{\theta_i}\sin x_{\alpha_i} & x_{a_i}\sin x_{\theta_i} \\ 0 & \sin x_{\alpha_i} & \cos x_{\alpha_i} & x_{d_i} \\ 0 & 0 & 0 & 1 \end{bmatrix} \tag{5-31}$$

式中，$^{i-1}A_i$ 包含 N_e 个 4×4 的矩阵，$N_e=2\times4^2+6\times4+1=57$。

根据式(5-2)，机器人末端执行器动坐标系与其基坐标系的变换关系为

$$T_h^0 = {}^0A_1^1A_2\cdots{}^{i-1}A_i\cdots{}^{h-1}A_h = \begin{bmatrix} n_x & o_x & b_x & p_x \\ n_y & o_y & b_y & p_y \\ n_z & o_z & b_z & p_z \\ 0 & 0 & 0 & 1 \end{bmatrix} \tag{5-32}$$

式中，h 表示机器人自由度；n_x、n_y、n_z、o_x、o_y、o_z、b_x、b_y 和 b_z 分别为 $N_e\times1$ 的列向量，令 $n=[n_x, n_y, n_z]^{\mathrm{T}}$，$o=[o_x, o_y, o_z]^{\mathrm{T}}$，$b=[b_x, b_y, b_z]^{\mathrm{T}}$，则 n、o、b 均为 $3\times N_e$ 矩阵；p_x、p_y 和 p_z 分别为 $N_e\times1$ 的列向量，令 $p=[p_x, p_y, p_z]^{\mathrm{T}}$，则 p 为 $3\times N_e$ 的矩阵，且矩阵中每一列表示工业机器人末端在基坐标系中的位置坐标。

将工业机器人末端执行器在工作空间内第 s 个定位点处的位置坐标记为 $p_s=[x_s, y_s, z_s]^{\mathrm{T}}$，则有

$$\begin{cases} x_s = p_x \\ y_s = p_y, \quad s=1,2,\cdots \\ z_s = p_z \end{cases} \tag{5-33}$$

式中，x_s、y_s 和 z_s 为 $N_e\times1$ 的列向量。由式(5-4)可知工业机器人在第 s 个定位点处三个坐标方向的定位误差为

$$\begin{cases} \varepsilon_{s,x} = \left| \boldsymbol{x}_s(\cdot,1) - x_{s,\mu} \right| \\ \varepsilon_{s,y} = \left| \boldsymbol{y}_s(\cdot,1) - y_{s,\mu} \right| \\ \varepsilon_{s,z} = \left| \boldsymbol{z}_s(\cdot,1) - z_{s,\mu} \right| \end{cases} \tag{5-34}$$

式中，$\boldsymbol{x}_s(\cdot,1)$、$\boldsymbol{y}_s(\cdot,1)$ 和 $\boldsymbol{z}_s(\cdot,1)$ 分别表示 $\boldsymbol{x}_s$、$\boldsymbol{y}_s$ 和 $\boldsymbol{z}_s$ 中第一列的所有元素；$\varepsilon_{s,x}$、$\varepsilon_{s,y}$ 和 $\varepsilon_{s,z}$ 均为 $N_e \times 1$ 的列向量，是多维节点的函数；$x_{s,\mu}$、$y_{s,\mu}$ 和 $z_{s,\mu}$ 分别表示第 s 个定位点的理想位置坐标。

工业机器人在第 s 个定位点处三个坐标方向定位误差的 t 阶原点矩 M_{s,x_o}^t、M_{s,y_o}^t、M_{s,z_o}^t 和 t 阶中心矩 M_{s,x_c}^t、M_{s,y_c}^t、M_{s,z_c}^t 可分别用下式表示[4]：

$$\begin{cases} M_{s,x_o}^t = \sum_{l=1}^{N_e} \omega_l \left(\varepsilon_{s,x_l}(\boldsymbol{x}_l) \right)^t \\ M_{s,y_o}^t = \sum_{l=1}^{N_e} \omega_l \left(\varepsilon_{s,y_l}(\boldsymbol{x}_l) \right)^t \\ M_{s,z_o}^t = \sum_{l=1}^{N_e} \omega_l \left(\varepsilon_{s,z_l}(\boldsymbol{x}_l) \right)^t \end{cases} \tag{5-35}$$

$$\begin{cases} M_{s,x_c}^t = \sum_{l=1}^{N_e} \omega_l \left(\varepsilon_{s,x_l}(\boldsymbol{x}_l) - M_{s,x_o}^1 \right)^t \\ M_{s,y_c}^t = \sum_{l=1}^{N_e} \omega_l \left(\varepsilon_{s,y_l}(\boldsymbol{x}_l) - M_{s,y_o}^1 \right)^t \\ M_{s,z_c}^t = \sum_{l=1}^{N_e} \omega_l \left(\varepsilon_{s,z_l}(\boldsymbol{x}_l) - M_{s,z_o}^1 \right)^t \end{cases} \tag{5-36}$$

式中，ε_{s,x_l}、ε_{s,y_l} 和 ε_{s,z_l} 分别表示 $\varepsilon_{s,x}$、$\varepsilon_{s,y}$ 和 $\varepsilon_{s,z}$ 中的第 l 个元素。工业机器人在第 s 个定位点处三个坐标方向定位误差的均值、标准差、偏度和峰度分别为

$$\begin{cases} \mu_{s,x} = M_{s,x_o}^1, \quad \sigma_{s,x} = \sqrt{M_{s,x_c}^2}, \quad \tau_{s,x} = \dfrac{M_{s,x_c}^3}{\left(\sigma_{s,x}\right)^3}, \quad \kappa_{s,x} = \dfrac{M_{s,x_c}^4}{\left(\sigma_{s,x}\right)^4} \\[2mm] \mu_{s,y} = M_{s,y_o}^1, \quad \sigma_{s,y} = \sqrt{M_{s,y_c}^2}, \quad \tau_{s,y} = \dfrac{M_{s,y_c}^3}{\left(\sigma_{s,y}\right)^3}, \quad \kappa_{s,y} = \dfrac{M_{s,y_c}^4}{\left(\sigma_{s,y}\right)^4} \\[2mm] \mu_{s,z} = M_{s,z_o}^1, \quad \sigma_{s,z} = \sqrt{M_{s,z_c}^2}, \quad \tau_{s,z} = \dfrac{M_{s,z_c}^3}{\left(\sigma_{s,z}\right)^3}, \quad \kappa_{s,z} = \dfrac{M_{s,z_c}^4}{\left(\sigma_{s,z}\right)^4} \end{cases} \tag{5-37}$$

2. 坐标协方差矩阵特征值分解变换

工业机器人在第 s 个定位点处三个坐标方向定位误差的均值向量 $\boldsymbol{\mu}_s$ 和协方差矩阵 $\boldsymbol{C}_s$ 分别为

$$\boldsymbol{\mu}_s = \left[\mu_{s,x}, \mu_{s,y}, \mu_{s,z} \right]^{\mathrm{T}} \tag{5-38}$$

$$\boldsymbol{C}_s = \begin{bmatrix} \sigma_{s,x}^2 & c_{s_{x,y}} & c_{s_{x,z}} \\ c_{s_{x,y}} & \sigma_{s,y}^2 & c_{s_{y,z}} \\ c_{s_{x,z}} & c_{s_{y,z}} & \sigma_{s,z}^2 \end{bmatrix} \tag{5-39}$$

式中，$\boldsymbol{C}_s$ 为 3×3 对称正定方阵；$c_{s_{x,y}}$ 表示 x 方向定位误差 $\varepsilon_{s,x}$ 与 y 方向定位误差 $\varepsilon_{s,y}$ 的协方差，$c_{s_{x,z}}$ 表示 x 方向定位误差 $\varepsilon_{s,x}$ 与 z 方向定位误差 $\varepsilon_{s,z}$ 的协方差，$c_{s_{y,z}}$ 表示 y 方向定位误差 $\varepsilon_{s,y}$ 与 z 方向定位误差 $\varepsilon_{s,z}$ 的协方差[5]，分别表示如下：

$$\begin{cases} c_{s_{x,y}} = \sum_{l=1}^{N_e} \omega_l \varepsilon_{s,x_l}(\boldsymbol{x}_l) \varepsilon_{s,y_l}(\boldsymbol{x}_l) - \mu_{s,x}\mu_{s,y} \\ c_{s_{x,z}} = \sum_{l=1}^{N_e} \omega_l \varepsilon_{s,x_l}(\boldsymbol{x}_l) \varepsilon_{s,z_l}(\boldsymbol{x}_l) - \mu_{s,x}\mu_{s,z} \\ c_{s_{y,z}} = \sum_{l=1}^{N_e} \omega_l \varepsilon_{s,y_l}(\boldsymbol{x}_l) \varepsilon_{s,z_l}(\boldsymbol{x}_l) - \mu_{s,y}\mu_{s,z} \end{cases} \tag{5-40}$$

令 ε_s^2 表示工业机器人第 s 个定位点的实际位置与理想位置间距离（定位误差）的平方，即[5]

$$\varepsilon_s^2 = \left(x_{s,e} - x_{s,\mu}\right)^2 + \left(y_{s,e} - y_{s,\mu}\right)^2 + \left(z_{s,e} - z_{s,\mu}\right)^2 \tag{5-41}$$

式中，$x_{s,e}$、$y_{s,e}$ 和 $z_{s,e}$ 分别表示工业机器人第 s 个定位点的实际坐标值。假设工业机器人定位点处三个坐标方向定位误差为相互独立且服从标准正态分布的随机变量[4]，即满足：

$$\begin{aligned} \varepsilon_s^2 &= \left(\boldsymbol{\mu}_s + \boldsymbol{C}_s^{1/2}\boldsymbol{h}\right)^{\mathrm{T}} \left(\boldsymbol{\mu}_s + \boldsymbol{C}_s^{1/2}\boldsymbol{h}\right) = \left[\boldsymbol{C}_s^{1/2}\left(\boldsymbol{C}_s^{1/2}\boldsymbol{\mu}_s + \boldsymbol{h}\right)\right]^{\mathrm{T}} \left[\boldsymbol{C}_s^{1/2}\left(\boldsymbol{C}_s^{1/2}\boldsymbol{\mu}_s + \boldsymbol{h}\right)\right] \\ &= \left(\boldsymbol{C}_s^{1/2}\boldsymbol{\mu}_s + \boldsymbol{h}\right)^{\mathrm{T}} \boldsymbol{C}_s \left(\boldsymbol{C}_s^{1/2}\boldsymbol{\mu}_s + \boldsymbol{h}\right) \end{aligned} \tag{5-42}$$

式中，h 为由三个相互独立的标准正态分布随机变量组成的向量，其维数为 3×1。对工业机器人在第 s 个定位点处三坐标方向定位误差的协方差矩阵 C_s 进行特征值分解可得：

$$C_s = B_s \Lambda_s B_s^{\mathrm{T}} \tag{5-43}$$

式中，B_s 是由协方差矩阵 C_s 正则化特征向量组成的 3×3 维矩阵，矩阵中的列向量两两正交；Λ_s 为 3×3 维对角阵，其对角元素为协方差矩阵 C_s 的特征值，即

$$\Lambda_s = \begin{bmatrix} \lambda_{s,x} & 0 & 0 \\ 0 & \lambda_{s,y} & 0 \\ 0 & 0 & \lambda_{s,z} \end{bmatrix} \tag{5-44}$$

将式(5-44)和式(5-43)代入式(5-42)可得[4]：

$$\begin{aligned} \varepsilon_s^2 &= \left(C_s^{1/2} \mu_s + h \right)^{\mathrm{T}} C_s \left(C_s^{1/2} \mu_s + h \right) = \left(C_s^{1/2} \mu_s + h \right)^{\mathrm{T}} B_s \Lambda_s B_s^{\mathrm{T}} \left(C_s^{1/2} \mu_s + h \right) \\ &= \left(B_s^{\mathrm{T}} C_s^{1/2} \mu_s + B_s^{\mathrm{T}} h \right)^{\mathrm{T}} \Lambda_s \left(B_s^{\mathrm{T}} C_s^{1/2} \mu_s + B_s^{\mathrm{T}} h \right) \end{aligned} \tag{5-45}$$

假设 μ_s 是由相互独立、服从标准正态分布的随机变量组成的向量，令 $\mu_s=[\mu_{s,x}, \mu_{s,y}, \mu_{s,z}]^{\mathrm{T}} = B_s^{\mathrm{T}} h$，$\beta_s=[\beta_{s,x}, \beta_{s,y}, \beta_{s,z}]^{\mathrm{T}} = B_s^{\mathrm{T}} C_s^{1/2} \mu_s$，则 ε_s^2 可表示为[4]

$$\varepsilon_s^2 = \lambda_{s,x} \left(\beta_{s,x} + \mu_{s,x} \right)^2 + \lambda_{s,y} \left(\beta_{s,y} + \mu_{s,y} \right)^2 + \lambda_{s,z} \left(\beta_{s,z} + \mu_{s,z} \right)^2 \tag{5-46}$$

根据 5.2.1 节对工业机器人定位精度可靠性的定义，结合式(5-46)可得第 e 次仿真中所有定位点处误差平方的极值 $\varepsilon_{\max}^e$ 为

$$\begin{aligned} \varepsilon_{\max}^e &= \max\left\{ \varepsilon_1^e, \varepsilon_2^e, \cdots, \varepsilon_s^e, \cdots \right\} \\ &= \max\left\{ \lambda_{1,x} \left(\beta_{1,x} + \mu_{1,x} \right)^2 + \lambda_{1,y} \left(\beta_{1,y} + \mu_{1,y} \right)^2 + \lambda_{1,z} \left(\beta_{1,z} + \mu_{1,z} \right)^2, \right. \\ &\quad \lambda_{2,x} \left(\beta_{2,x} + \mu_{2,x} \right)^2 + \lambda_{2,y} \left(\beta_{2,y} + \mu_{2,y} \right)^2 + \lambda_{2,z} \left(\beta_{2,z} + \mu_{2,z} \right)^2, \cdots, \\ &\quad \left. \lambda_{s,x} \left(\beta_{s,x} + \mu_{s,x} \right)^2 + \lambda_{s,y} \left(\beta_{s,y} + \mu_{s,y} \right)^2 + \lambda_{s,z} \left(\beta_{s,z} + \mu_{s,z} \right)^2, \cdots \right\} \end{aligned} \tag{5-47}$$

式中，$\varepsilon_{\max}^e$ 为相互独立的标准正态分布随机变量 $\mu_{s,x}$、$\mu_{s,y}$ 和 $\mu_{s,z}$ 的函数；s 为离散点个数。当 $s=1$ 时，式(5-47)只包含单个定位点处的定位误差，对应于工业机器人单点定位精度可靠性；当 s 为大于 1 的正整数时，对应于工业机器人多点定

位精度可靠性；当 s 为大于 1 的正整数且各点的分布满足式 (5-14) 的要求时，对应于工业机器人轨迹精度可靠性。综上，基于 s 的不同取值可实现对工业机器人单点、多点定位精度和轨迹精度的可靠性分析。

3. 定位误差平方极值概率分布

利用稀疏网格 (sparse grid, SPGR) 数值积分法计算 $\varepsilon_{\max}^e$ 的前四阶原点矩，根据积分节点及对应权重可得：

$$M_{\text{o,max}}^t = \sum_{l=1}^{N_e} \omega_l \left(\varepsilon_{\max}^e (\boldsymbol{x}_l) \right)^t, \quad t=1,2,3,4 \tag{5-48}$$

基于式 (5-48) 计算出的定位误差平方极值的前四阶原点矩须进一步拟合以获得定位误差平方极值的概率分布。本节采用鞍点近似法拟合，其累积量生成函数按幂展开为[7]

$$K_{\varepsilon_{\max}^e} (t_s) = \sum_{g=1}^{\infty} k_g \frac{t_s^g}{g!} \tag{5-49}$$

式中，$K_{\varepsilon_{\max}^e}$ 表示 $\varepsilon_{\max}^e$ 的累积量生成函数；t_s 为鞍点；g 为阶次；k_g 表示 $\varepsilon_{\max}^e$ 的 g 阶累积量。计算前四阶累积量即可有效近似系统响应的 PDF 和 CDF[7]。各阶累积量和原点矩的关系为

$$\begin{cases} k_1 = M_{\text{o,max}}^1 \\ k_2 = M_{\text{o,max}}^2 - \left(M_{\text{o,max}}^1 \right)^2 \\ k_3 = M_{\text{o,max}}^3 - 3M_{\text{o,max}}^2 M_{\text{o,max}}^1 + 2\left(M_{\text{o,max}}^1 \right)^3 \\ k_4 = M_{\text{o,max}}^4 - 4M_{\text{o,max}}^3 M_{\text{o,max}}^1 - 3\left(M_{\text{o,max}}^2 \right)^2 + 12M_{\text{o,max}}^2 \left(M_{\text{o,max}}^1 \right)^2 - 6\left(M_{\text{o,max}}^1 \right)^4 \end{cases} \tag{5-50}$$

式中，k_1、k_2、k_3 和 k_4 用于近似 $\varepsilon_{\max}^e$ 累积量生成函数 $K_{\varepsilon_{\max}^e}$，$\varepsilon_{\max}^e$ 的 PDF 可表示为[7]

$$f_{\varepsilon_{\max}^e} (r) = \left(\frac{1}{2\pi K_{\varepsilon_{\max}^e}'' (t_s)} \right)^{1/2} \text{e}^{K_{\varepsilon_{\max}^e} (t_s) - t_s r} \tag{5-51}$$

式中，$K_{\varepsilon_{\max}^e}'' (t_s)$ 表示累积量生成函数对鞍点 t_s 的二阶导数；r 表示精度失效阈值。鞍点 t_s 可由下式求解：

$$K'_{\varepsilon^e_{\max}}\left(t_s\right)=r \tag{5-52}$$

式中，$K'_{\varepsilon^e_{\max}}\left(t_s\right)$ 表示累积量生成函数对 t_s 的一阶导数。系统响应 CDF 可表示为[8]

$$F_{\varepsilon^e_{\max}}\left(r\right)=\Pr\left(\varepsilon^e_{\max}\leqslant r\right)=\varPhi(\zeta)+\phi(\zeta)\left(\frac{1}{\zeta}-\frac{1}{v}\right) \tag{5-53}$$

式中，$\varPhi(\zeta)$ 为标准正态分布的 CDF；$\phi(\zeta)$ 为标准正态分布的 PDF；ζ 满足

$$\zeta=\mathrm{sgn}\left(t_s\right)\left[2\left(t_s r-K_{\varepsilon^e_{\max}}\left(t_s\right)\right)\right]^{1/2} \tag{5-54}$$

式中，$\mathrm{sgn}(t_s)$ 为符号函数，当 $t_s>0$ 时，$\mathrm{sgn}(t_s)=1$，当 $t_s=0$ 时，$\mathrm{sgn}(t_s)=0$，当 $t_s<0$ 时，$\mathrm{sgn}(t_s)=-1$；参数 v 可由下式计算：

$$v=t_s\left(K''_{\varepsilon^e_{\max}}\left(t_s\right)\right)^{1/2} \tag{5-55}$$

综上，可求得工业机器人定位误差的 PDF 和 CDF，实现工业机器人单点定位精度、多点定位精度和轨迹精度的可靠性评估。

4. 算法流程

上述工业机器人单点、多点定位精度和轨迹精度可靠性统一分析流程如图 5-5 所示，各步骤可概括如下。

步骤 1：输入参数。工业机器人各关节连杆四参数的均值 μ 和标准差 σ，SPGR 数值积分法精度水平 m 和随机变量维数 c。

步骤 2：计算多维节点矩阵 $\boldsymbol{X}^m_c$ 和权重列向量 $\boldsymbol{\omega}$。当 SPGR 数值积分法的精度水平 m 和随机变量维数 c 已知时，可根据式 (5-23) 和式 (5-25) 计算获得多维节点矩阵 $\boldsymbol{X}^m_c$ 和权重列向量 $\boldsymbol{\omega}$。

步骤 3：将多维节点矩阵 $\boldsymbol{X}^m_c$ 和权重列向量 $\boldsymbol{\omega}$ 代入式 (5-35) 与式 (5-36) 计算工业机器人定位点三个坐标方向定位误差的前四阶原点矩和中心矩。对于机器人单点定位精度可靠性分析问题可直接执行步骤 5；对于工业机器人多点定位精度可靠性和轨迹精度可靠性分析须先执行步骤 4，将存在相关性的工业机器人定位点三坐标方向定位误差用三个相互独立且服从标准正态分布的随机变量的函数表示，再执行步骤 5。

步骤 4：将工业机器人定位点在三个坐标方向定位误差变换为相互独立的服

从标准正态分布的随机变量的函数。

①根据式(5-37)计算式(5-38)工业机器人第 s 个定位点处三个坐标方向定位误差的均值向量 $\boldsymbol{\mu}_s$ 和式(5-39)中协方差矩阵 $\boldsymbol{C}_s$ 的对角线元素，根据式(5-40)计算协方差矩阵 $\boldsymbol{C}_s$ 的非对角线元素。

②基于式(5-43)对工业机器人定位点三坐标方向定位误差协方差矩阵 $\boldsymbol{C}_s$ 进行特征值分解，获得由协方差矩阵 $\boldsymbol{C}_s$ 的正则化特征向量组成的矩阵 $\boldsymbol{B}_s$ 及以协方差矩阵 $\boldsymbol{C}_s$ 的特征值为对角线元素的矩阵 $\boldsymbol{\Lambda}_s$；通过式(5-45)和式(5-46)推导工业机器人在第 s 个定位点处定位误差的平方 ε_s^2，其中，$s=1$ 对应于工业机器人单点定位精度可靠性求解，$s>1$ 对应于工业机器人多点定位精度可靠性和轨迹精度可靠性求解；由式(5-47)计算第 e 次仿真中所有定位点处定位误差平方极值 $\varepsilon_{\max}^e$；利用 SPGR 数值积分法将多维节点代入式(5-48)计算定位误差平方极值 $\varepsilon_{\max}^e$ 的前四阶原点矩 $M_{\text{o,max}}^t$。

步骤 5：采用鞍点近似法计算系统响应的 PDF 和 CDF。由式(5-49)和式(5-50)计算累积量生成函数 $K_{\varepsilon_{\max}^e}(t_s)$；给定精度失效阈值 r，计算鞍点 t_s；由式(5-51)计算工业机器人定位误差的 PDF；由式(5-53)计算工业机器人定位误差的 CDF，进一步得到对应精度失效阈值 r 下工业机器人的定位精度失效概率 p_f。

步骤 6：获得工业机器人运动误差的 PDF 和 CDF。

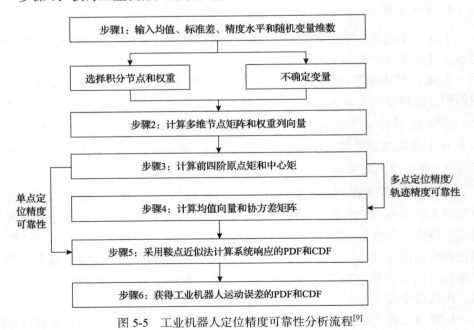

图 5-5　工业机器人定位精度可靠性分析流程[9]

5.2.3　实例分析

本节通过三个具体实例介绍所提方法对工业机器人单点、多点定位精度和轨迹精度可靠性问题的求解过程，并将结果与蒙特卡罗仿真(Monte Carlo simulations, MCS)方法运行 1×10^6 次仿真结果和基于分数矩的最大熵(maximum entropy with fractional moments, ME-FM)方法[1]的计算结果进行对比，验证所提方法的准确度和效率。

1. 单点定位精度可靠性实例分析

对如图 5-6(a)所示的某型焊接机器人执行点焊任务的单点定位精度可靠性进行分析，以其工作空间内定位点 $A(750, -200, 230)$ 为理想点对机器人单点定位精度进行测试。以相同速度和位姿控制机器人到达理想点 A 并重复测量 6664 次，记录测试得到的实际定位点坐标数据如图 5-7 所示。实际定位点在三维空间的位置用 "*" 表示，理想定位点在三维空间的位置用 "○" 表示。

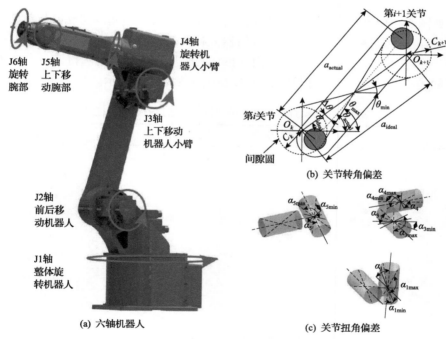

图 5-6　某型焊接机器人关节间隙与扭角偏差示意图[4]

从图 5-7 中可以看出，实际定位点组成的形状近似为椭球形，表明工业机器人定位点在 x、y 和 z 三个坐标之间存在相关性，且实际定位点的分布较密集，表明工业机器人重复定位精度较高。然而，实际定位点与理想定位点之间均存在一定距离，说明该焊接机器人绝对定位精度较差，这一现象是由连杆长度、关节间隙、关节转角、关节扭角、关节转矩等不确定性因素引起的。

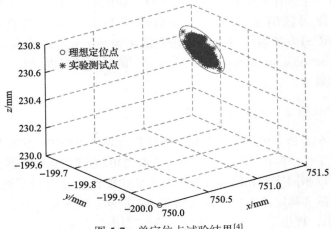

图 5-7　单定位点试验结果[4]

如图 5-6(b)和(c)所示，工业机器人关节转角、关节扭角的实际值与理想值之间通常存在一定偏差。假设该型工业机器人各关节转角 $\theta_i(i=1, 2,\cdots, 6)$ 和第 1、3、4、5 关节扭角 α_1、α_3、α_4、α_5 为相互独立的服从正态分布的随机变量，其统计特征如表 5-1 所示，各连杆长度 $a_i(i=1, 2,\cdots, 6)$ 如表 5-2 所示。

表 5-1　某型焊接机器人关节转角和扭角的统计特征[4]

变量	分布类型	均值/rad	标准差/rad
θ_1	正态分布	−0.2922	4.0964×10^{-6}
θ_2	正态分布	1.2582	6.0876×10^{-5}
θ_3	正态分布	−0.9188	1.1130×10^{-5}
θ_4	正态分布	2.4965	2.2024×10^{-4}
θ_5	正态分布	−0.3881	4.6380×10^{-6}
θ_6	正态分布	0.4525	3.1404×10^{-6}
α_1	正态分布	$\pi/2$	7.9713×10^{-7}
α_3	正态分布	$\pi/2$	3.5717×10^{-5}
α_4	正态分布	$-\pi/2$	1.2664×10^{-4}
α_5	正态分布	$\pi/2$	7.8503×10^{-7}

表 5-2　某型焊接机器人各连杆长度[4]

连杆	a_1	a_2	a_3	a_4	a_5	a_6
长度/mm	199.830	200.000	628.096	139.792	560.359	110.000

应用提出的 SGSA 方法、MCS 方法，以及单点定位精度试验测试结果（experimental results, ER）获得的该型机器人单点定位误差平方极值的前四阶原点矩与相对误差如表 5-3 所示。

表 5-3　机器人单点定位误差平方极值的前四阶原点矩与相对误差[4]

原点矩	ER	MCS (相对误差-ER)	SGSA (相对误差-ER) (相对误差-MCS)
M_o^1	1.6980	1.6908 (0.42%)	1.6908 (0.42%) (0.00%)
M_o^2	2.8873	2.8618 (0.88%)	2.8619 (0.88%) (0.00%)
M_o^3	4.9170	4.8491 (1.38%)	4.8494 (1.37%) (0.01%)
M_o^4	8.3861	8.2252 (1.92%)	8.2252 (1.92%) (0.00%)
函数调用次数	6664	1×10^6	261 ($m=2$)

从表中数据可以看出，以 MCS 方法运行 1×10^6 次的结果为参考基准，SGSA 方法调用 261 次功能函数即可得到较为精确的结果，且相对误差均接近于 0，证明所提方法在解决工业机器人单点定位精度可靠性问题时具有较高的准确度和效率。以试验 6664 次的数据统计分析结果作为参考基准，基于 MCS 方法和 SGSA 方法的计算结果与试验测试结果基本吻合，其中最大相对误差仅为 1.92%，证明对不确定参数分布信息的假设符合实际情况。

ME-FM 方法计算工业机器人单点定位误差的相关参数如表 5-4 所示。分别利用 ME-FM 方法、MCS 方法、试验测试结果（ER）和 SGSA 方法计算该型机器人单点定位误差平方极值的 PDF 和 p_f 如图 5-8(a) 和(b) 所示。从图中可以看出，SGSA 方法调用 261 次功能函数的计算结果与 MCS 方法运行 1×10^6 次的结果基本重合，而 ME-FM 方法调用 500 次功能函数的计算结果与 MCS 方法计算结果之间仍存在一定偏差，表明 SGSA 方法能够更加准确高效地评估工业机器人单点定位精度可靠性。

表 5-4　ME-FM 方法计算工业机器人单点定位误差的相关参数[4]

参数	i				函数调用次数
	0	1	2	3	
分数阶 α_i	0.0000	−3.1979	5.5763	4.8678	
拉格朗日乘子 λ_i	29.8347	9.3942	12.4551	−20.6738	500
分数矩 M^{α_i}	—	0.1875	19.0011	13.0478	

此外，从分析结果可知，工业机器人关节转角和扭角误差对其末端定位精度影响较大，在机器人误差参数识别及误差补偿过程中需要重点考虑，且随工业机器人服役时间的增长，其关节转角及扭角误差会逐渐增大，需要定期检修并进行误差标定。

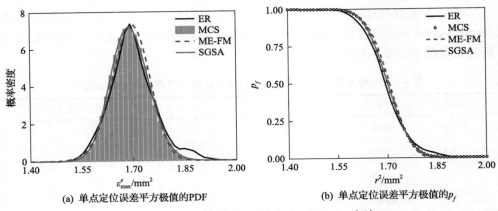

(a) 单点定位误差平方极值的PDF

(b) 单点定位误差平方极值的p_f

图 5-8 SGSA 方法与 MCS 方法、ME-FM 方法
计算单点定位误差平方极值的 PDF 和 p_f 结果[4]

2. 多点定位精度可靠性实例分析

以图 5-9(a)中 $A(750, -200, 230)$、$B(750, 200, 230)$、$C(1150, 200, 630)$ 和 $D(1150, -200, 630)$ 四个点为理想点，对某搬运机器人多点定位精度进行测试。采

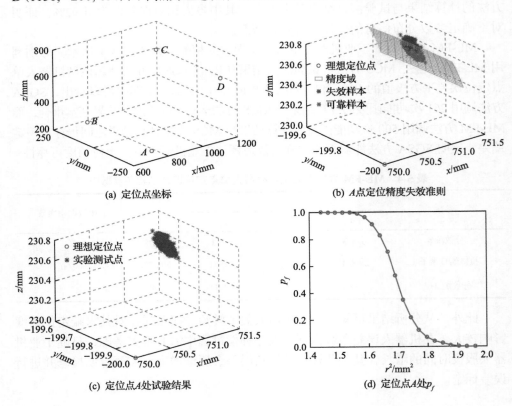

(a) 定位点坐标

(b) A点定位精度失效准则

(c) 定位点A处试验结果

(d) 定位点A处p_f

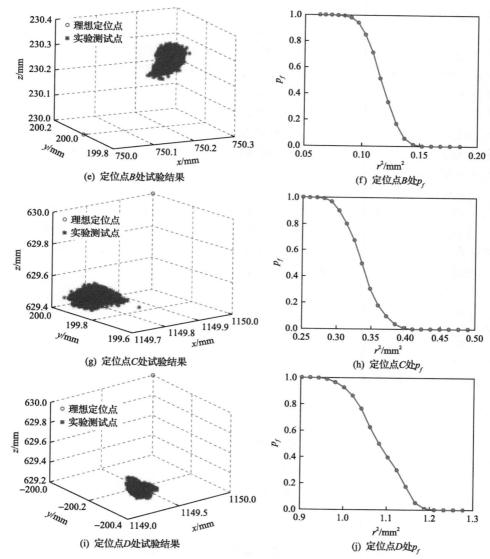

(e) 定位点B处试验结果　　　　　　(f) 定位点B处p_f

(g) 定位点C处试验结果　　　　　　(h) 定位点C处p_f

(i) 定位点D处试验结果　　　　　　(j) 定位点D处p_f

图 5-9　多点定位精度失效准则及不同定位点测试结果与失效概率[4]

用与单点定位精度相同的测试方式，控制机器人以相同的速度和姿态依次运动到点 A、B、C 和 D 并重复测试 6664 次，各定位点的测试结果如图 5-9(c)、(e)、(g)和(i)所示。由图可知，在四个预设理想定位点处测得的实际结果在三维空间的分布均近似椭球形，且所有实际定位点与理想定位点之间均存在一定距离。

根据 5.2.1 节多点定位精度可靠性的定义建立各点处的失效准则，其中 A 点定位精度失效准则如图 5-9(b)所示。计算不同精度失效阈值要求下不同定位点处的定位精度失效概率，结果如图 5-9(d)、(f)、(h) 和 (j) 所示。由图可知，工业机器人在不同定位点处定位精度可靠性不同，在图 5-9(d) 中当定位精度阈值的平方为 1.95mm² 时，工业机器人定位精度失效概率降为 0；在图 5-9(f) 中当定位精度阈值的平方等于 0.18mm² 时，工业机器人定位精度失效概率已下降至 0。综合比较图 5-6(d)、(f)、(h) 和 (j) 可知，该机器人在理想定位点 A 处的定位精度可靠性最差，定位点 A 处定位误差的最小值高于点 B、C 和 D 处定位误差的最大值。因此，对 A、B、C 和 D 四个理想定位点进行多点定位精度可靠性分析时，A 点处的定位误差代表了多点运动过程中定位精度的最差情况。因此，A、B、C 和 D 四点的多点定位精度可靠性可由 A 点的定位精度可靠性表示。

采用最大定位误差准则对某型搬运机器人开展多点定位精度可靠性分析，如图 5-10 所示，工业机器人运动轨迹被离散成 43 个点，以第 1、10、15、32、37 和 43 定位点为例验证所提 SGSA 方法处理工业机器人多点定位精度可靠性评估问题的优势。假设该型搬运机器人前五个连杆长度 $a_i(i=1, 2, \cdots, 5)$，第 1、5 关节扭角 α_1、α_5 为相互独立且服从正态分布的随机变量，其分布及统计特征如表 5-5 所示。

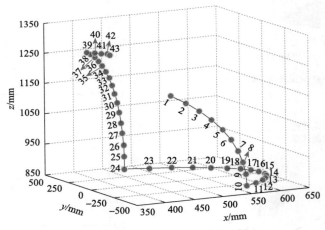

图 5-10　机器人理想运动轨迹[1]

表 5-5　某型搬运机器人随机变量的分布及统计特征[4]

变量	分布类型	均值	标准差
a_1/mm	正态分布	300.000	0.300
a_2/mm	正态分布	475.000	0.475
a_3/mm	正态分布	500.000	0.500
a_4/mm	正态分布	175.000	0.175
a_5/mm	正态分布	450.000	0.450
α_1/(°)	正态分布	90.000	0.010
α_5/(°)	正态分布	−90.000	0.010

基于 SGSA 方法和 MCS 方法计算该机器人多点定位误差平方极值的前四阶原点矩如表 5-6 所示。从表中可以看出，SGSA 方法调用 141 次功能函数得到的前四阶原点矩与 MCS 方法运行 $1×10^6$ 次的计算结果非常接近，最大相对误差不超过 0.21%，证明 SGSA 方法在计算工业机器人大间隔、多点定位误差平方极值的统计矩时具有较高精度和效率。

表 5-6　某型搬运机器人多点定位误差平方极值的前四阶原点矩[4]

方法	M_o^1	M_o^2	M_o^3	M_o^4	函数调用次数
MCS	4.0411	16.5998	69.3214	294.3242	$1×10^6$
SGSA（误差/%）	4.0389(0.0543)	16.5821(0.1065)	69.2125(0.1572)	293.7157(0.2068)	141(m=2)

基于表 5-7 中的参数，利用 ME-FM 方法拟合得到工业机器人多点定位误差平方极值的 PDF 和 p_f 曲线，并与 SGSA 方法和 MCS 方法获得的结果进行比较，如图 5-11 所示。由图 5-11 可知，基于 SGSA 方法能够获得更加准确的机器人多点定位精度可靠性评估结果。进一步分析工业机器人多点定位精度可靠性可知，该型机器人在工作空间内不同定位点处的定位精度可靠性差别较大，需有选择地对定位精度进行补偿，以保障加工质量一致性。

表 5-7　ME-FM 方法求解多点定位误差的相关参数[4]

参数	i				函数调用次数
	0	1	2	3	
分数阶 α_i	0.0000	−1.3280	1.6944	1.4601	
拉格朗日乘子 λ_i	20.1429	7.4258	12.8701	−20.5901	500
分数矩 M^{α_i}	—	0.1599	10.8082	7.7552	

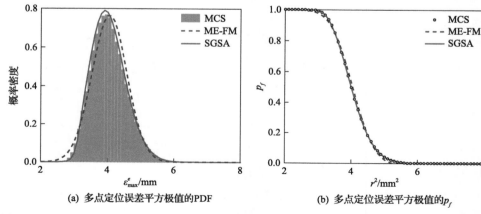

(a) 多点定位误差平方极值的PDF　　　　(b) 多点定位误差平方极值的p_f

图 5-11　SGSA 方法与 MCS 方法、ME-FM 方法计算多点定位误差平方极值的 PDF 和 p_f 结果[4]

3. 轨迹精度可靠性实例分析

根据《工业机器人 性能规范及其试验方法》[10]，以图 5-12 所示矩形 *ABCD* 为轨迹对某型搬运机器人轨迹精度进行测试。控制机器人沿矩形 *ABCD* 运动，以相同的速度和姿态重复测试 6000 次。

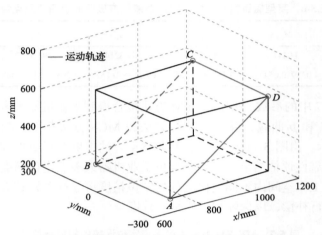

图 5-12 某型搬运机器人轨迹精度试验轨迹[4]

对试验数据进行处理，可得如图 5-13 (a) 所示的实际运动轨迹。将 A 部分、B 部分和 C 部分三处轨迹放大可得图 5-13 (b) ～ (d)。从图中可以看出，该型搬运机器人实际运动轨迹在一定范围内波动。由 5.2.1 节工业机器人轨迹精度可靠性定义可知，当运动轨迹上任意一点处的波动幅值超出阈值时视为运动轨迹失效。

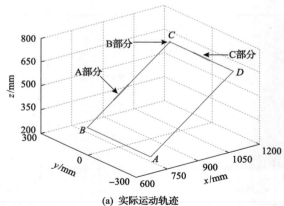

(a) 实际运动轨迹

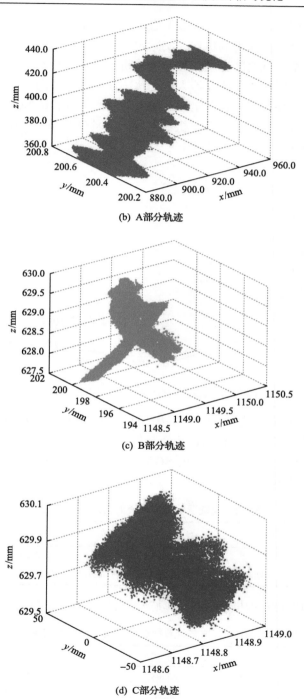

(b) A部分轨迹

(c) B部分轨迹

(d) C部分轨迹

图 5-13　实际运动轨迹及局部放大图[4]

　　通过试验可得出以下结论：①该型搬运机器人实际定位点与理想定位点之间存在较大偏差；②试验测得的机器人实际定位点在三维空间的分布形状近似为椭球形，定位点三个坐标之间存在相关性；③机器人在工作空间内不同定位点处的定位精度可靠性不同；④工业机器人运动轨迹存在较大波动。

　　选择图 5-14 中第 11～30 个定位点确定的一段轨迹验证 SGSA 方法解决机器人轨迹精度可靠性问题的有效性，机器人随机变量分布和统计信息与多点定位精度可靠性实例相同，此处不再赘述。

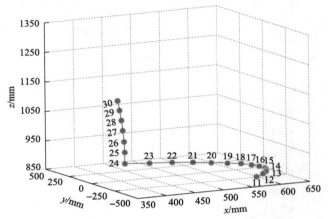

图 5-14　机器人理想运动轨迹中的一段[4]

　　分别应用 SGSA 方法和 MCS 方法计算该型搬运机器人运动轨迹上所有离散点处定位误差平方极值的前四阶原点矩，结果如表 5-8 所示。以 MCS 方法运行 $1×10^6$ 次计算结果为基准，可以看出 SGSA 方法仅需要调用 141 次功能函数便可将相对误差控制在 0.33%以下。

表 5-8　轨迹误差平方极值的前四阶原点矩[4]

方法	M_o^1	M_o^2	M_o^3	M_o^4	函数调用次数
MCS	4.0509	16.6679	69.6307	295.2151	$1×10^6$
SGSA（误差/%）	4.0538（0.0705）	16.6925（0.1480）	69.7921（0.2318）	296.1640（0.3214）	141（$m=2$）

　　ME-FM 调用 500 次功能函数计算轨迹精度误差时所需相关参数如表 5-9 所示，

表 5-9　ME-FM 方法计算轨迹精度误差的所需相关参数[4]

参数	0	1	2	3	函数调用次数
分数阶 α_i	0.0000	−1.3208	1.7158	1.4802	
拉格朗日乘子 λ_i	20.6734	7.4239	12.8202	−20.5467	500
分数矩 M^{α_i}	—	0.1609	11.2003	8.0160	

根据参数拟合工业机器人理想运动轨迹上所有离散点处定位误差平方极值的 PDF 和 p_f，并与 SGSA 方法的计算结果进行比较，结果如图 5-15 所示。

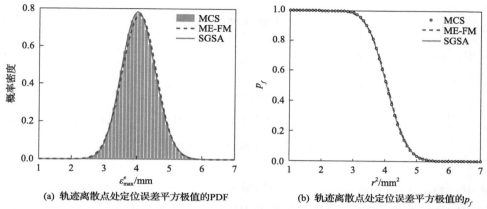

(a) 轨迹离散点处定位误差平方极值的PDF　　　　(b) 轨迹离散点处定位误差平方极值的p_f

图 5-15　SGSA 方法与 MCS 方法、ME-FM 方法计算轨迹误差平方极值的 PDF 和 p_f 结果[4]

从图 5-15 可以看出，SGSA 方法比 ME-FM 方法计算结果更精确，且调用功能函数的次数更少，能够准确高效地获得机器人轨迹精度可靠性评估结果。进一步分析发现，工业机器人不确定参数对其运动轨迹影响较大，需针对具体应用场景进行运动轨迹规划，以保障工业机器人轨迹精度的可靠性。

5.3　工业机器人关节转矩精度可靠性评估

频繁启停变载的服役工况严重影响工业机器人关节转矩精度，而连杆转动惯量、关节摩擦等动力学及连杆长度、关节转角等运动学不确定参数也在一定程度上影响关节转矩精度的可靠性[11,12]。本节建立工业机器人动力学模型并进行求解，在此基础上，提出一种考虑多源不确定参数影响的机器人关节转矩精度可靠性评估方法，并以六轴机器人为例，验证所提方法的准确性和适用性。

5.3.1　机器人动力学建模与求解

六轴机器人动力学方程的一般形式为

$$\boldsymbol{M}(\boldsymbol{q}(t))\boldsymbol{\rho}(t) + \boldsymbol{C}(\boldsymbol{q}(t), \boldsymbol{w}(t))\boldsymbol{w}(t) + \boldsymbol{\tau}_{\mathrm{f}}(t) = \boldsymbol{\tau}(t) \tag{5-56}$$

式中，$\boldsymbol{q}(t)$ 表示工业机器人各关节角位移组成的 6×1 列向量；$\boldsymbol{w}(t)$ 和 $\boldsymbol{\rho}(t)$ 分别表示工业机器人各关节角速度和角加速度，均为 6×1 的列向量；$\boldsymbol{\tau}(t)$ 为各个关节转矩组成的 6×1 列向量；$\boldsymbol{M}(\cdot)$ 表示 6×6 惯性矩阵；$\boldsymbol{C}(\cdot)$ 表示 6×6 广义力矩阵，包含

离心力、科氏力和重力；$\tau_f(t)$ 表示各关节摩擦力组成的 6×1 列向量。式(5-56)的线性化形式为[13]

$$\tau(t) = Y(q(t), w(t), \rho(t))\beta \tag{5-57}$$

式中，$q(t)$、$w(t)$ 和 $\rho(t)$ 的表达式为

$$\begin{cases} q(t) = \left[q_1(t), q_2(t), \cdots, q_6(t)\right]^T \\ w(t) = \left[w_1(t), w_2(t), \cdots, w_6(t)\right]^T \\ \rho(t) = \left[\rho_1(t), \rho_2(t), \cdots, \rho_6(t)\right]^T \end{cases} \tag{5-58}$$

式中，$Y(q(t), w(t), \rho(t)) \in \mathbb{R}^{n \times N_b}$ 为回归矩阵，n 表示工业机器人自由度，N_b 表示待识别参数个数。用 $\beta \in \mathbb{R}^{N_b}$ 表示模型中待识别参数组成的向量，包含工业机器人第 i 个连杆相对于坐标系原点的惯量（I_{xxi}, I_{xyi}, I_{xzi}, I_{yyi}, I_{yzi}, I_{zzi}）、连杆 i 的惯性矩（m_{xi}, m_{yi}, m_{zi}）、连杆 i 的质量（m_i）、驱动器转子和齿轮总惯量（I_{ai}）、第 i 关节处库伦摩擦系数（f_{ci}）和黏性摩擦系数（f_{vi}），因此 β 可表示为

$$\beta = \left[I_{xxi}, I_{xyi}, I_{xzi}, I_{yyi}, I_{yzi}, I_{zzi}, m_{xi}, m_{yi}, m_{zi}, m_i, I_{ai}, f_{ci}, f_{vi}\right]^T, \quad i = 1, 2, \cdots, 6 \tag{5-59}$$

为便于计算，将工业机器人第 i 关节的激励角位移 $q_i(t)$、角速度 $w_i(t)$ 和角加速度 $\rho_i(t)$ 表示为傅里叶级数的形式如下[13]：

$$\begin{cases} q_i(t) = \sum_{l=1}^{N_i} \left(\dfrac{a_l^i}{\omega_f l} \sin(\omega_f lt) - \dfrac{b_l^i}{\omega_f l} \cos(\omega_f lt) + p_{i0} \right) \\ w_i(t) = \sum_{l=1}^{N_i} \left(a_l^i \cos(\omega_f lt) - b_l^i \sin(\omega_f lt) \right) \\ \rho_i(t) = \sum_{l=1}^{N_i} \left(-a_l^i \omega_f l \sin(\omega_f lt) + b_l^i \omega_f l \cos(\omega_f lt) \right) \end{cases} \tag{5-60}$$

式中，ω_f、a_l^i、b_l^i、p_{i0} 和 N_i 分别表示傅里叶级数的基频、正弦函数幅值、余弦函数幅值、角位移偏移量和谐波个数；l 表示参数的个数。

假设某型工业机器人谐波个数 $N_i = 5$，基频 $\omega_f = 0.1\pi$，激励轨迹周期为 20s，当采样频率为 100Hz 时，单个轨迹周期内共采样 200 次，此时式(5-57)可表示为

$$\begin{cases} \boldsymbol{\Gamma} = \boldsymbol{F\beta} \\ \boldsymbol{F} = \begin{bmatrix} \boldsymbol{Y}\big(\boldsymbol{q}(t_1), \boldsymbol{w}(t_1), \boldsymbol{\rho}(t_1)\big)_{n \times N_b} \\ \boldsymbol{Y}\big(\boldsymbol{q}(t_2), \boldsymbol{w}(t_2), \boldsymbol{\rho}(t_2)\big)_{n \times N_b} \\ \vdots \\ \boldsymbol{Y}\big(\boldsymbol{q}(t_M), \boldsymbol{w}(t_M), \boldsymbol{\rho}(t_M)\big)_{n \times N_b} \end{bmatrix} \end{cases} \tag{5-61}$$

工业机器人第 i 关节的激励角位移、角速度和角加速度傅里叶级数展开中的参数（a_l^i、b_l^i、p_{i0}）可通过以下优化模型计算[14-15]：

$$\min J = \cfrac{1}{\prod\limits_{g=1}^{N_b}\left(\sum\limits_{k=1}^{nM} F_{kg}^2\right)}$$

$$\text{s.t.}\begin{cases} |q_i(t)| \leqslant q_{i\,\max} \\ |w_i(t)| \leqslant w_{i\,\max} \\ |\rho_i(t)| \leqslant \rho_{i\,\max} \\ q_i(t_0) = q_i(t_f) = 0 \\ w_i(t_0) = w_i(t_f) = 0 \\ \rho_i(t_0) = \rho_i(t_f) = 0 \end{cases} \tag{5-62}$$

式中，F_{kg} 表示矩阵 $\boldsymbol{F}$ 中第 k 行第 g 列的元素；$q_{i\,\max}$、$w_{i\,\max}$ 和 $\rho_{i\,\max}$ 分别表示第 i 关节角位移、角速度和角加速度的最大值；t_0 和 t_f 分别表示初始和最终采样时刻。优化得到的 a_l^i、b_l^i、p_{i0}（$i = 1, 2, \cdots, 6; l = 1, 2, \cdots, 5$）如表 5-10 所示。由此可得各关节最优激励角位移、角速度和角加速度分别如图 5-16 所示。

表 5-10　某型机器人关节最优激励角位移、角速度和角加速度傅里叶级数的相关参数[8]

参数	关节 1	关节 2	关节 3	关节 4	关节 5	关节 6
a_1	0.0247	−0.2576	0.1427	0.0584	−0.0420	0.5953
a_2	−0.1610	0.1101	0.0718	−0.2290	0.1439	−0.8289
a_3	0.7399	0.0364	0.0197	0.3810	0.2034	−0.3914
a_4	−0.1871	−0.1931	−0.5452	−0.6295	−0.7955	0.8909
a_5	−0.0662	−0.0355	0.4320	0.0030	−0.3274	−0.4785
b_1	−0.8832	−0.3660	0.0846	0.5210	0.4962	1.2633
b_2	−0.4063	0.0652	−0.4718	−0.0255	−0.1767	0.0902
b_3	1.3056	0.3999	−0.2888	0.4704	0.0434	−1.2976
b_4	−0.2921	0.1915	−0.1225	−0.4169	0.3427	0.1843
b_5	−0.4075	−0.0451	0.3840	−0.3913	−0.0430	0.0895
p_{i0}	−0.1936	−0.0111	−0.1070	−0.2106	−0.0549	−0.1711

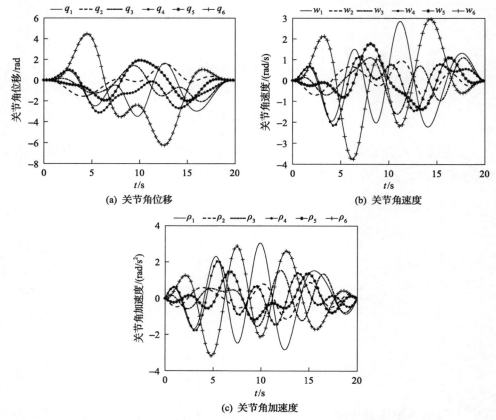

(a) 关节角位移　　　　　　　　　(b) 关节角速度

(c) 关节角加速度

图 5-16　某型机器人各关节最优激励角位移、角速度及角加速度[8]

　　将图 5-16 所示各关节激励角位移、角速度和角加速度输入到工业机器人控制器，提取关节转矩及关节角位移，经滤波处理后代入式(5-57)，采用最小二乘法可得出系统参数矩阵 $\boldsymbol{\beta}$ 的各元素值。对某型工业机器人动力学参数进行如表 5-11 所示的赋值，以便后续进行关节转矩精度可靠性分析。

表 5-11　某型机器人动力学参数[8]

连杆 1		连杆 2		连杆 3		连杆 4		连杆 5		连杆 6	
—	—	—	—	I_{xxr3}	0.77	I_{xxr4}	0.36	I_{xxr5}	0.66	I_{xxr6}	0.48
—	—	—	—	I_{xy3}	0.32	I_{xy4}	0.57	I_{xy5}	0.35	I_{xy6}	0.53
—	—	—	—	I_{xz3}	−1.17	I_{xz4}	0.48	I_{xz5}	0.97	I_{xz6}	0.76
—	—	—	—	I_{yz3}	0.11	I_{yz4}	0.21	I_{yz5}	−0.32	I_{yz6}	0.33
I_{zzr1}	19.44	I_{zzr2}	12.24	I_{zzr3}	0.56	I_{zzr4}	−0.70	I_{zz5}	0.36	I_{zz6}	0.21
I_{mxr1}	−20.16	I_{mxr2}	−14.28	I_{mx3}	−0.39	I_{mx4}	0.48	I_{mx5}	0.55	I_{mx6}	0.24
I_{my1}	4.02	I_{myr2}	3.21	I_{myr3}	4.07	I_{myr4}	−0.18	I_{my5}	0.12	I_{my6}	0.18

续表

连杆 1		连杆 2		连杆 3		连杆 4		连杆 5		连杆 6	
—		—		I_{a3}	−1.88	I_{a4}	1.42	I_{a5}	0.98	I_{a6}	0.73
f_{c1}	68.96	f_{c2}	72.68	f_{c3}	15.27	f_{c4}	10.00	f_{c5}	6.77	f_{c6}	3.37
f_{v1}	21.37	f_{v2}	21.27	f_{v3}	5.80	f_{v4}	4.70	f_{v5}	4.71	f_{v6}	5.05

注：$I_{**,*}$ 表示组合参数。

5.3.2　关节转矩精度可靠性评估

本节介绍旋转稀疏网格 (rotational sparse grid, R-SPGR) 数值积分节点方法，以解决复杂分布类型不确定参数影响下的工业机器人关节转矩精度可靠性分析问题。

1. SPGR 节点在坐标轴上的投影率分析

根据式 (5-35) 和式 (5-36)，不失一般性，系统响应的第 j 阶原点矩和中心矩可分别表示为

$$M_{\text{o}}^{j} = \sum_{l=1}^{N_{\text{e}}} \omega_l G^j \left(T^{-1} \left(\boldsymbol{\xi}_l \right) \right), \quad j = 1, 2, \cdots \tag{5-63}$$

$$M_{\text{c}}^{j} = \sum_{l=1}^{N_{\text{e}}} \omega_l \left[G^j \left(T^{-1} \left(\boldsymbol{\xi}_l \right) \right) - M^1 \right], \quad j = 2, 3, \cdots \tag{5-64}$$

式中，$\boldsymbol{\xi}_l = [\xi_{l,1}, \xi_{l,2}, \cdots, \xi_{l,p}, \cdots, \xi_{l,c}]^{\text{T}}$ 为多维节点向量，其中 $\xi_{l,p}$ ($p = 1, 2, \cdots, c$) 为服从标准正态分布的随机变量，c 表示随机变量的维数；ω_l 为 $\boldsymbol{\xi}_l$ 对应的权重；$T^{-1}(\cdot)$ 为变换函数，可将服从标准正态分布的随机变量变换为服从任意分布的随机变量。多维节点和对应权重可由式 (5-24) 和式 (5-25) 计算，此处不再赘述。

根据式 (5-63)，随机变量 X_p 的第 j 阶边缘矩 M_{e,X_p}^{j} 可表示为[16]

$$M_{\text{e},X_p}^{j} = \sum_{l=1}^{N_{\text{e}}} \omega_l G^j \left(\mu_1, \mu_2, \cdots, T^{-1} \left(\xi_{l,p} \right), \cdots, \mu_c \right), \quad p = 1, 2, \cdots, c \tag{5-65}$$

式中，μ_p 表示第 p 个随机变量的均值；$\xi_{l,p}$ 表示多维节点向量 $\boldsymbol{\xi}_l$ 中对应第 p 个随机变量的取值，即多维节点向量 $\boldsymbol{\xi}_l$ 在 c 维随机变量空间内第 p 个坐标轴方向的投影。

当精度水平 $m = 2$ 时，二维随机变量组成的向量 $\boldsymbol{X} = [X_1, X_2]^{\text{T}}$ 所对应的 SPGR 数值积分节点如图 5-17 所示。假设随机变量 X_1 和 X_2 均服从标准正态分布，向量 $\boldsymbol{X}$ 所对应的 SPGR 节点在坐标轴 x_1 和 x_2 上的投影值如表 5-12 所示。

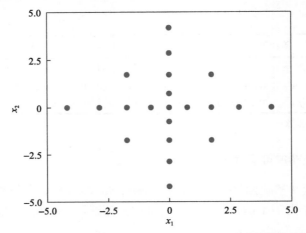

图 5-17　精度水平 $m=2$ 时二维向量的 SPGR 数值积分节点[8]

表 5-12　SPGR 节点在坐标轴上的投影值[8]

坐标	投影值								
x_1	−4.185	−2.861	−1.732	−0.741	0.000	0.741	1.732	2.861	4.185
x_2	−4.185	−2.861	−1.732	−0.741	0.000	0.741	1.732	2.861	4.185

　　由图 5-17 和表 5-12 可以看出，随机变量组成的向量 X 对应的 SPGR 节点共有 21 个(可由式(5-26)计算)，这些节点在 x_1 和 x_2 两坐标轴上的投影仅有 9 个不同值。因此，该二维向量 X 的 SPGR 节点在 x_1 和 x_2 两坐标轴上的投影率均为 3/7，即仅有 3/7 的节点在式(5-65)的计算过程中起到了作用，但是功能函数调用次数为 21 次，浪费了大部分计算资源。因此，提高 SPGR 节点在坐标轴上的投影率，增加式(5-65)计算中起作用的节点个数，即可提高 SPGR 方法的适用性。

　　将所有 SPGR 节点绕坐标原点旋转 60°，旋转后 SPGR 节点的分布如图 5-18 所示。旋转后 SPGR 节点在坐标轴 x_1 和 x_2 上的投影值如表 5-13 所示。比较图 5-18 和表 5-13 可知，旋转后所有 SPGR 节点在坐标轴 x_1 和 x_2 上的投影均不重合，即 21 个 SPGR 节点对应 21 个不同坐标值。因此，旋转后二维向量 X 对应的 SPGR 节点在各坐标轴方向的投影率均达到 100%，即所有 SPGR 节点在式(5-65)的计算中均起作用。

　　综上，旋转 SPGR 节点可使计算随机变量边缘矩的有效节点个数增加，且旋转后 SPGR 节点携带了更多的随机变量信息，采用 R-SPGR 方法能够更精确高效地计算功能函数统计矩。然而，仅对二维节点进行任意角度旋转，节点维数较低，无法确定所选旋转角度对随机变量信息的描述是否为最优。因此，进一步构建适用于工业机器人的多维节点旋转矩阵，并确定其最优旋转角度。

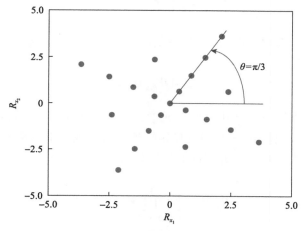

图 5-18　旋转 60°后的 SPGR 节点[8]

表 5-13　旋转 60°后 SPGR 节点在坐标轴上的投影值[8]

坐标				投影值			
x_1	−3.624	−2.478	−2.366	−2.092	−1.500	−1.431	−0.866
x_2	−3.624	−2.478	−2.366	−2.092	−1.500	−1.431	−0.866
x_1	−0.642	−0.634	−0.371	0.000	0.371	0.634	0.642
x_2	−0.642	−0.634	−0.371	0.000	0.371	0.634	0.642
x_1	0.866	1.431	1.500	2.092	2.366	2.478	3.624
x_2	0.866	1.431	1.500	2.092	2.366	2.478	3.624

2. 构建 SPGR 多维节点旋转矩阵

借鉴工业机器人关节坐标系统特定坐标轴旋转矩阵的构建思想，对 c 维随机变量空间中第 l 个多维节点向量的第 e 和 g 个元素在二维平面 (e, g) 内逆时针旋转 θ 角度，则旋转矩阵 $\boldsymbol{W}_{e,g}(\theta)$ 可表示为

$$\boldsymbol{W}_{e,g}(\theta) = \begin{bmatrix} 1 & \cdots & 0 & \cdots & 0 & \cdots & 0 \\ \vdots & & \vdots & & \vdots & & \vdots \\ 0 & \cdots & \cos\theta & \cdots & -\sin\theta & \cdots & 0 \\ \vdots & & \vdots & & \vdots & & \vdots \\ 0 & \cdots & \sin\theta & \cdots & \cos\theta & \cdots & 0 \\ \vdots & & \vdots & & \vdots & & \vdots \\ 0 & \cdots & 0 & \cdots & 0 & \cdots & 0 \end{bmatrix} \begin{matrix} \\ \\ 第e行 \\ \\ 第g行 \\ \\ \\ \end{matrix} \qquad (5\text{-}66)$$

$$\qquad\qquad\qquad 第e列 \qquad\quad 第g列$$

式中，$\boldsymbol{W}_{e,g}(\theta)$ 为 $c \times c$ 方阵。

经一次旋转后多维节点 $\tilde{\boldsymbol{\xi}}_l = \left[\tilde{\xi}_{l,1}, \tilde{\xi}_{l,2}, \cdots, \tilde{\xi}_{l,p}, \cdots, \tilde{\xi}_{l,c} \right]^{\mathrm{T}}$ 可表示为

$$\tilde{\boldsymbol{\xi}}_l = \boldsymbol{W}_{e,g}(\theta)\boldsymbol{\xi}_l \tag{5-67}$$

单次可旋转多维节点 $\boldsymbol{\xi}_l$ 中的两个元素，通过多次操作可实现对多维节点 $\boldsymbol{\xi}_l$ 中所有元素的旋转。根据式(5-1)对变换矩阵连乘可实现从坐标系 $i-1$ 到坐标系 i 的变换，则多维节点 $\boldsymbol{\xi}_l$ 中所有元素的旋转矩阵可表示为

$$\boldsymbol{R}_{\theta}(\boldsymbol{\theta}) = \prod_{e=1}^{c} \prod_{g=e+1}^{c} \boldsymbol{W}_{e,g}\left(\theta_{e,g}\right) \tag{5-68}$$

式中，$\theta_{e,g}$ 表示对多维节点向量 $\boldsymbol{\xi}_l$ 第 e 和 g 个元素在二维平面 (e, g) 内的旋转角度。式(5-68)共进行 $c(c-1)/2$ 次二维平面旋转，则所有旋转角度形成的旋转角向量可表示为 $\boldsymbol{\theta} = \left[\theta_{1,2}, \theta_{1,3}, \cdots, \theta_{c-1,c} \right]^{\mathrm{T}}$，因此，多维节点向量 $\boldsymbol{\xi}_l$ 中所有元素旋转后形成的新的多维节点向量 $\tilde{\boldsymbol{\xi}}_l$ 为

$$\tilde{\boldsymbol{\xi}}_l = \boldsymbol{R}_{\theta}(\boldsymbol{\theta})\boldsymbol{\xi}_l = \prod_{e=1}^{c} \prod_{g=e+1}^{c} \boldsymbol{W}_{e,g}\left(\theta_{e,g}\right)\boldsymbol{\xi}_l \tag{5-69}$$

对多维节点矩阵 $\boldsymbol{\xi}$ 中所有节点进行旋转后的多维节点矩阵 $\tilde{\boldsymbol{\xi}}$ 可表示为

$$\tilde{\boldsymbol{\xi}} = \left[\tilde{\boldsymbol{\xi}}_1, \tilde{\boldsymbol{\xi}}_2, \cdots, \tilde{\boldsymbol{\xi}}_l, \cdots, \tilde{\boldsymbol{\xi}}_c \right]^{\mathrm{T}} \tag{5-70}$$

需要说明的是，与多维节点对应的权重在节点旋转过程中不发生改变。

3. 最优旋转角度求解

最优旋转角度的求解是一个寻优过程，可借助现有优化算法进行求解，其核心问题是确定优化的目标函数及约束条件。其中，目标函数应具备以下特征：①目标函数可通过旋转后的多维节点和对应权重求解，即目标函数是旋转角度向量 $\boldsymbol{\theta}$ 的函数；②目标函数需包含功能函数的统计矩和随机变量的统计矩。满足上述条件的最优旋转角向量 $\boldsymbol{\theta}$ 所对应的多维旋转节点 $\tilde{\boldsymbol{\xi}}$ 在计算功能函数的统计矩时能达到最优精度。

根据式(5-63)，当随机变量服从任意分布时，系统响应的第 j 阶原点矩可由旋转后多维节点向量 $\tilde{\boldsymbol{\xi}}_l$ 及其对应权重 ω_l 表示为[8]

$$M_o^j = \sum_{l=1}^{N_e} \omega_l G^j \left(T^{-1}(\boldsymbol{\xi}_l) \right) = \sum_{l=1}^{N_e} \omega_l G^j \left(T^{-1}(\tilde{\boldsymbol{\xi}}_l) \right)$$

$$= \sum_{l=1}^{N_e} \omega_l G^j \left(T^{-1}(\boldsymbol{R}_\theta(\boldsymbol{\theta})\boldsymbol{\xi}_l) \right) = \sum_{l=1}^{N_e} \omega_l G^j \left(T^{-1}\left(\prod_{e=1}^{c} \prod_{g=e+1}^{c} \boldsymbol{W}_{e,g}(\theta_{e,g})\boldsymbol{\xi}_l \right) \right) \tag{5-71}$$

由于在式 (5-65) 中，只有第 p 个随机变量为旋转后多维节点的值，其他随机变量取定值。为简化计算，将第 p 个随机变量以外的其他变量设为 0，则式 (5-65) 可表示为

$$M_{e,X_p}^j = \sum_{l=1}^{N_e} \omega_l G^j \left(0, 0, \cdots, T^{-1}(\tilde{\xi}_{l,p}), \cdots, 0 \right), \quad p = 1, 2, \cdots, c \tag{5-72}$$

比较式 (5-65) 和式 (5-72) 可以发现，随机变量积分节点在两公式中起到的作用类似，因此，可根据随机变量的边缘矩寻找最优旋转角向量 $\boldsymbol{\theta}$ 的目标函数[17]。随机变量 X_p 第 j 阶原点矩的真实值可由式 (5-73) 求得：

$$\bar{M}_{o,X_p}^j = \int_{-\infty}^{+\infty} X_p f_{X_p}(X_p) \mathrm{d}X_p \tag{5-73}$$

式中，$f_{X_p}(X_p)$ 表示随机变量 X_p 的 PDF。

寻找最优旋转角度向量 $\boldsymbol{\theta}$ 的目标函数可由随机变量 X_p 第 j 阶原点矩的真实值、旋转积分节点及其相应权重计算的边缘矩误差来表示[8]，即

$$J(\boldsymbol{\theta}) = e_{\max}(\boldsymbol{\theta}) = \max \left\{ \max_{1 \leqslant p \leqslant c} \left[e_{M_{o,p}^1}(\boldsymbol{\theta}), e_{M_{o,p}^2}(\boldsymbol{\theta}), e_{M_{o,p}^3}(\boldsymbol{\theta}), e_{M_{o,p}^4}(\boldsymbol{\theta}) \right] \right\} \tag{5-74}$$

式 (5-74) 仅考虑前四阶矩误差，$e_{M_{o,p}^1}(\boldsymbol{\theta})$、$e_{M_{o,p}^2}(\boldsymbol{\theta})$、$e_{M_{o,p}^3}(\boldsymbol{\theta})$ 和 $e_{M_{o,p}^4}(\boldsymbol{\theta})$ 均是旋转角向量 $\boldsymbol{\theta}$ 的函数，其表达式分别为

$$e_{M_{o,p}^1}(\boldsymbol{\theta}) = \frac{\left| M_{e,X_p}^1 - \bar{M}_{o,X_p}^1 \right|}{\bar{M}_{o,X_p}^1} \tag{5-75}$$

$$e_{M_{o,p}^2}(\boldsymbol{\theta}) = \frac{\left| M_{e,X_p}^2 - \bar{M}_{o,X_p}^2 \right|}{\bar{M}_{o,X_p}^2} \tag{5-76}$$

$$e_{M_{o,p}^3}(\boldsymbol{\theta}) = \frac{\left| M_{e,X_p}^3 - \bar{M}_{o,X_p}^3 \right|}{\bar{M}_{o,X_p}^3} \tag{5-77}$$

$$e_{M_{o,p}^4}(\boldsymbol{\theta}) = \frac{\left| M_{e,X_p}^4 - \bar{M}_{o,X_p}^4 \right|}{\bar{M}_{o,X_p}^4} \tag{5-78}$$

综上，旋转角向量 $\boldsymbol{\theta}$ 的优化模型可表示为

$$\begin{aligned} &\min J(\boldsymbol{\theta}) \\ &\text{s.t. } \theta_{e,g} \in [0, 2\pi] \end{aligned} \tag{5-79}$$

采用粒子群优化算法求解式(5-79)，获得最优旋转角向量 $\boldsymbol{\theta}^{[8,18]}$。由旋转后多维节点矩阵 $\tilde{\boldsymbol{\xi}}$ 及其对应权重向量 $\boldsymbol{\omega}$ 可计算功能函数的前四阶统计矩，利用功能函数前四阶原点矩拟合功能函数的概率密度函数和失效概率。具体算法流程如图 5-19 所示。

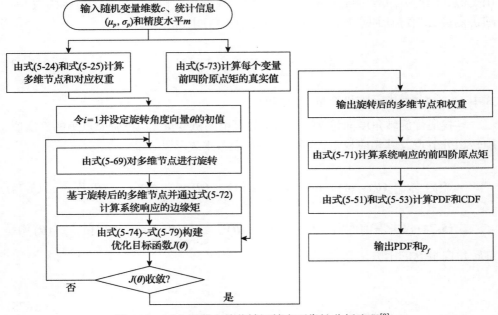

图 5-19　工业机器人关节转矩精度可靠性分析流程[8]

5.3.3　实例分析

本节以某型焊接机器人为例，详细介绍所提考虑不确定参数的工业机器人关节转矩精度可靠性评估方法的应用过程。假设该型机器人部分参数为不确定参数，其分布及统计特征如表 5-14 所示。

表 5-14　某型焊接机器人随机变量的分布及统计特征[8]

变量	分布类型	均值	变异系数
I_{my1}	对数正态分布	4.020	0.100
I_{myr2}	对数正态分布	3.210	0.100
f_{c3}	威布尔分布	15.270	0.100
f_{c4}	威布尔分布	10.000	0.100
I_{xz5}	对数正态分布	0.970	0.100
I_{xz6}	对数正态分布	0.760	0.100

以焊接机器人第一关节为例进行转矩精度可靠性分析。图 5-20～图 5-23 分别为 0～20s 内基于 SPGR 方法、MCS 方法和 R-SPGR 方法获得的该型机器人第一关节转矩的前四阶原点矩。从局部放大图可以看出，若以 MCS 方法结果为基准， R-SPGR 方法结果与 MCS 方法结果的偏差（记为 $E_{\text{R-SPGR}}$）比 SPGR 方法结果与 MCS 方法结果偏差（记为 E_{SPGR}）要小很多；从误差曲线可以看出，$E_{\text{R-SPGR}}$ 的波动幅值和波动频率均低于 E_{SPGR}，表明 R-SPGR 方法的计算精度更高，且结果更稳定。

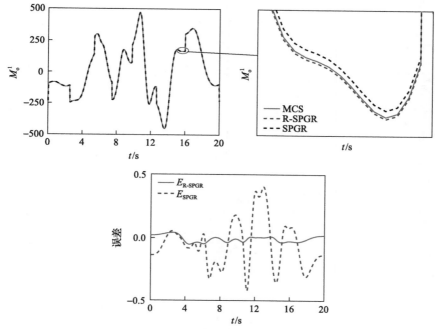

图 5-20　0～20s 内关节转矩第 1 阶原点矩[8]

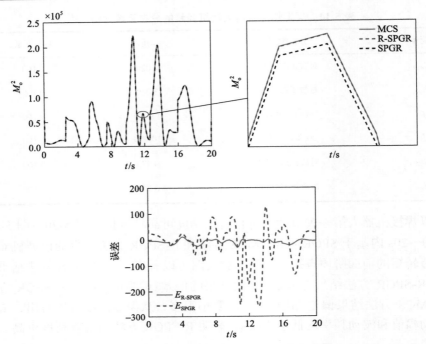

图 5-21　0～20s 内关节转矩第 2 阶原点矩[8]

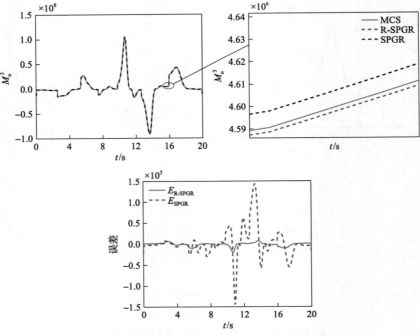

图 5-22　0～20s 内关节转矩第 3 阶原点矩[8]

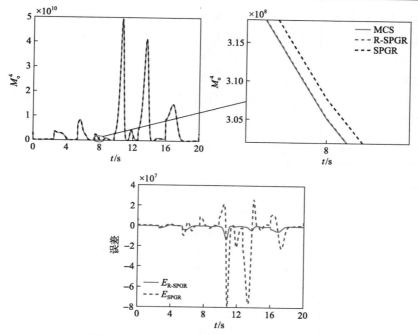

图 5-23　0～20s 内关节转矩第 4 阶原点矩[8]

机器人运动过程中第一关节实际转矩与理想转矩之间的误差可表示为

$$\Delta(t) = \tau_1^{\text{actual}}(t) - \tau_1^{\text{ideal}}(t) \tag{5-80}$$

式中，$\tau_1^{\text{actual}}(t)$ 和 $\tau_1^{\text{ideal}}(t)$ 分别表示 t 时刻该型机器人第一关节实际转矩和理想转矩；$\Delta(t)$ 表示 t 时刻实际转矩与理想转矩的误差。在 6～10s 内，该焊接机器人第一关节转矩误差的 PDF 如图 5-24 所示。

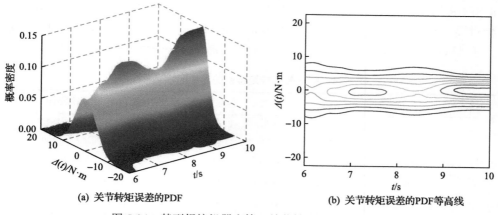

(a) 关节转矩误差的PDF　　　　　　　　(b) 关节转矩误差的PDF等高线

图 5-24　某型焊接机器人第一关节转矩误差的 PDF[8]

进一步对机器人第一关节 6s 时的转矩精度可靠性进行分析，求得 6s 时最优旋转角度为 θ=[2.1786, 6.2832, 6.2832, 6.2832, 6.2832, 6.2832, 4.6293, 3.1397, 0.6967, 0.0040, 3.1206, 0.5935, 5.1412, 3.8931, 6.2021]^T。分别利用 R-SPGR 方法与 SPGR 方法计算 6s 时的各变量边缘矩的相对误差如表 5-15 所示。从表中可以发现，R-SPGR 方法求得的各变量边缘矩相对误差较 SPGR 方法的计算结果均有明显减小。

表 5-15　R-SPGR 方法与 SPGR 方法计算的边缘矩的相对误差[8]

时刻/s	矩误差		X_1	X_2	X_3	X_4	X_5	X_6
6	$e_{M_{o,p}^1}$	SPGR	64.2476	86.2009	17.3400	27.0052	287.7147	367.4937
		R-SPGR	64.2476	78.3858	14.9580	23.3678	250.2160	319.6339
		差值	0.0000	−7.8451	−2.3820	−3.7374	−37.4987	−47.8598
	$e_{M_{o,p}^2}$	SPGR	4.2147×10^3	7.5284×10^3	332.0226	775.5186	8.2529×10^4	1.3361×10^5
		R-SPGR	4.2147×10^3	6.2394×10^3	251.1335	586.9070	6.2483×10^4	1.0116×10^5
		差值	0.0000	-1.2890×10^3	−80.8891	−188.6116	-2.0046×10^4	-3.2450×10^4
	$e_{M_{o,p}^3}$	SPGR	2.6974×10^5	6.4376×10^5	5.9922×10^3	2.1338×10^4	2.3358×10^7	4.7674×10^7
		R-SPGR	2.6974×10^5	4.8575×10^5	3.9471×10^3	1.4057×10^4	1.5388×10^7	3.1407×10^7
		差值	0.0000	-1.5801^5	-2.0451^3	-7.2810^3	-7.9700^6	-1.6267^7
	$e_{M_{o,p}^4}$	SPGR	1.7091×10^7	5.4501×10^7	1.0698×10^5	5.8164×10^5	6.5455×10^9	1.6738×10^{10}
		R-SPGR	1.7091×10^7	3.7441×10^7	6.1321×10^4	3.3340×10^5	3.7519×10^9	9.5949×10^9
		差值	0.0000	-1.7060×10^7	-4.5659×10^4	-2.4824×10^5	-2.7936×10^9	-7.1431×10^9

对 R-SPGR 方法、SPGR 方法和 MCS 方法计算得到的第一关节转矩误差 $\Delta(t)$ 的前四阶统计矩和前四阶原点矩进行比较，结果如表 5-16 和表 5-17 所示，以 MCS 方法运行 1×10^6 次的计算结果为基准。从表中可以发现，随着 $J(\theta)$ 减小，采用 R-SPGR 方法获得的前四阶统计矩和原点矩的相对误差总体上小于 SPGR 方法的相对误差，仅在计算一阶和三阶原点矩时，R-SPGR 方法计算结果的相对误差略大于 SPGR 方法计算结果的相对误差，这可能由于一阶原点矩接近于 0，此时

表 5-16　第一关节转矩误差的前四阶统计矩[8]

时刻/s	方法	$J(\theta)$	均值	标准差	偏度	峰度	函数调用次数
6	MCS	—	0.0449	4.7103	0.0354	3.0732	1×10^6
	SPGR	1.6738×10^{10}	0.0718	5.0882	−0.0000	3.1968	109
	相对误差/%	—	51.91	8.02	100.00	4.02	—
	R-SPGR	9.5949×10^9	0.0000	4.7124	0.0416	3.0472	109
	相对误差/%	—	100.00	0.04	17.51	0.85	—

表 5-17　第一关节转矩误差的前四阶原点矩[8]

时刻/s	方法	$J(\boldsymbol{\theta})$	M_o^1	M_o^2	M_o^3	M_o^4	函数调用次数
	MCS	—	0.0449	22.1888	6.6814	1.5137×10^3	1×10^6
	SPGR	1.6738×10^{10}	0.0718	25.8951	5.5804	2.1436×10^3	109
6	相对误差/%	—	51.91	16.70	16.48	41.61	—
	R-SPGR	9.5949×10^9	0.0000	22.2068	4.3556	1.5027×10^3	109
	相对误差/%		100.00	0.08	34.81	0.73	—

SPGR 方法存在奇异值，计算精度存在局限性，或在对 SPGR 方法旋转角度寻优时，三阶原点矩的精度有所牺牲。从整体上看，R-SPGR 方法对该型焊接机器人第一关节转矩误差 $\varDelta(t)$ 的前四阶统计矩和原点矩的计算精度均优于 SPGR 计算结果。

　　分别用 R-SPGR 方法、SPGR 方法和 MCS 方法计算该型焊接机器人第一关节转矩误差 $\varDelta(t)$，得到不同时刻的 PDF 和 p_f 如图 5-25 所示。可以看出，利用 R-SPGR 方法获得的结果具有更高的准确度，且计算精度明显高于 SPGR 方法。

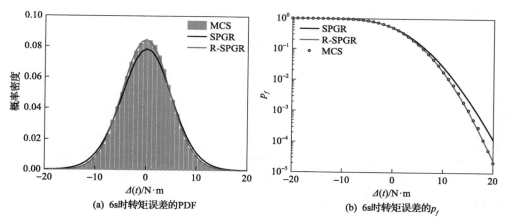

(a) 6s时转矩误差的PDF　　　　　　　(b) 6s时转矩误差的p_f

图 5-25　R-SPGR、MCS 和 SPGR 方法计算转矩误差的 PDF 和 p_f 结果[8]

　　上述分析表明，机器人关节转矩可靠性受不确定性因素作用，影响机器人末端定位精度。因此，需要将不确定参数的影响纳入工业机器人控制过程，以保障整机的运动平稳性。

5.4　工业机器人参数容差鲁棒性优化设计

　　为降低工业机器人运动精度对不确定参数的敏感性，本节基于定位误差信噪比，提出工业机器人连杆长度、关节转角、连杆转动惯量等不确定参数容差的稳健性优化方法，通过合理设计上述不确定参数的容差，降低其对机器人定位精度的影响，提升整机可靠性和稳定性。

5.4.1 末端定位点坐标求解

考虑工业机器人 4 个连杆长度 (a_1, a_2, a_3, a_4)、7 个动力学参数共 11 个不确定参数对定位精度的影响，建立工业机器人参数容差鲁棒性设计模型，各参数分布特征及统计信息如表 5-18 所示。

表 5-18　不确定参数分布特征及统计信息[19]

参数	分布类型	均值 μ_j	标准差下限 $\underline{\sigma}_j$	标准差上限 $\bar{\sigma}_j$
a_1	正态分布	0.3600	2.5000×10^{-4}	0.0020
a_2	正态分布	0.0900	2.5000×10^{-4}	0.0020
a_3	正态分布	0.3765	2.5000×10^{-4}	0.0020
a_4	正态分布	0.1190	2.5000×10^{-4}	0.0020
I_{my1}	正态分布	4.0200	2.5000×10^{-3}	0.0100
I_{myr2}	正态分布	3.2100	2.5000×10^{-3}	0.0100
f_{c3}	正态分布	15.2700	2.5000×10^{-3}	0.0100
f_{c4}	正态分布	10.0000	2.5000×10^{-3}	0.0100
I_{xz5}	正态分布	0.9700	2.5000×10^{-3}	0.0100
I_{xz6}	正态分布	0.7600	2.5000×10^{-3}	0.0100
f_{v6}	正态分布	5.0500	2.5000×10^{-3}	0.0100

表中 μ_j 表示第 j 个不确定参数的均值，$\underline{\sigma}_j$ 和 $\bar{\sigma}_j$ 表示第 j 个不确定参数标准差 σ_j 的下限和上限，各参数均值及上下限可表示为

$$\boldsymbol{\mu} = \left[\mu_1, \mu_2, \cdots, \mu_j, \cdots, \mu_{11} \right]^{\mathrm{T}}$$
$$\boldsymbol{\sigma} = \left[\sigma_1, \sigma_2, \cdots, \sigma_j, \cdots, \sigma_{11} \right]^{\mathrm{T}} \tag{5-81}$$
$$\sigma_j \in \left[\underline{\sigma}_j, \bar{\sigma}_j \right]$$

用 $-3\sigma_j$ 和 $3\sigma_j$ 表示第 j 个不确定参数在标准差为 σ_j 时的极端状态，则工业机器人 11 个不确定参数极端状态的组合有 2^{11} 种。采用正交数组(orthogonal array, OA)法构建不确定参数极端状态的所有组合，以 L_{12} 水平为例，任意一组不确定参数标准差 $\boldsymbol{\sigma} = [\sigma_1, \sigma_2, \cdots, \sigma_{11}]^{\mathrm{T}}$ 的 L_{12} OA 数组可表示为

$$X_\sigma^\mu = \left[{}^1X_\sigma^\mu, {}^2X_\sigma^\mu, \cdots, {}^lX_\sigma^\mu, \cdots, {}^{12}X_\sigma^\mu \right]^{\mathrm{T}} \tag{5-82}$$

式中，${}^lX_\sigma^\mu$ 表示 L_{12} OA 表中第 l 行所组成的矢量，$l=1,2,\cdots,12$。${}^lX_\sigma^\mu$ 中共包含 11 个元素，分别对应各个不确定参数，如第 j 个元素可以表示为 $\mu_j+3\sigma_j$ 或 $\mu_j-3\sigma_j$，此处加减号由正交数组确定。

当工业机器人运动学参数、动力学参数、各关节转矩、角位移和角速度均为已知时，式(5-57)可表示为

$$\tau(t) = Y(\rho(t))\beta \tag{5-83}$$

式(5-83)为关于工业机器人关节角加速度矢量 $\rho(t)$ 的方程组。将机器人初始运动角位移 $q_i(t_0)=0$ 和角速度 $w_i(t_0)=0$ 代入式(5-83)，可计算出角加速度 $\rho_i(t_0)$。通过数值计算可得下一时刻各关节角位移和角速度，如 t_{m+1} 时刻第 i 关节角位移 $q_i(t_{m+1})$ 和角速度 $w_i(t_{m+1})$ 可由 t_m 时刻角位移 $q_i(t_m)$、角速度 $w_i(t_m)$ 及角加速度 $\rho_i(t_m)$ 表示如下：

$$\begin{cases} w_i(t_{m+1}) = w_i(t_m) + \rho_i(t_m)\Delta t \\ q_i(t_{m+1}) = q_i(t_m) + w_i(t_m)\Delta t + 0.5\rho_i(t_m)(\Delta t)^2 \end{cases} \tag{5-84}$$

式中，Δt 为积分步长；t_m 表示第 m 个采样时刻。

根据式(5-83)和式(5-84)，依次计算式(5-82)所示 L_{12} OA 数组中不确定参数标准差样本 $\sigma=[\sigma_1, \sigma_2, \cdots, \sigma_{11}]^{\mathrm{T}}$ 的 12 种组合对应的工业机器人各关节角位移、角速度和角加速度为

$$\begin{cases} Q_i(t) = \left[q_i^1(t), q_i^2(t), \cdots, q_i^l(t), \cdots, q_i^{12}(t) \right]^{\mathrm{T}} \\ W_i(t) = \left[w_i^1(t), w_i^2(t), \cdots, w_i^l(t), \cdots, w_i^{12}(t) \right]^{\mathrm{T}} \\ \rho_i(t) = \left[\rho_i^1(t), \rho_i^2(t), \cdots, \rho_i^l(t), \cdots, \rho_i^{12}(t) \right]^{\mathrm{T}} \end{cases} \tag{5-85}$$

式中，$q_i^l(t)$、$w_i^l(t)$ 和 $\rho_i^l(t)$ 表示基于不确定参数标准差的第 l 种组合 ${}^lX_\sigma^\mu$ 计算的机器人第 i 关节角位移、角速度和角加速度组成的矢量，可用下式表示：

$$\begin{cases} q_i^l(t) = \left[q_i^l(t_1), q_i^l(t_2), \cdots, q_i^l(t_m), \cdots, q_i^l(t_M) \right] \\ w_i^l(t) = \left[w_i^l(t_1), w_i^l(t_2), \cdots, w_i^l(t_m), \cdots, w_i^l(t_M) \right] \\ \rho_i^l(t) = \left[\rho_i^l(t_1), \rho_i^l(t_2), \cdots, \rho_i^l(t_m), \cdots, \rho_i^l(t_M) \right] \end{cases} \tag{5-86}$$

式中，M 表示采样次数；$q_i^l(t_m)$、$w_i^l(t_m)$ 和 $\rho_i^l(t_m)$ 分别表示第 l 种组合 t_m 时刻工

业机器人第 i 关节的角位移、角速度和角加速度。将 $q_i^l(t_m)$ 代入式(5-2)可得工业机器人在 t_m 时刻末端定位点的实际坐标值为

$$q_{\text{actual}}^l(t_m) = \left[x_{\text{actual}}^l(t_m), y_{\text{actual}}^l(t_m), z_{\text{actual}}^l(t_m) \right]^{\text{T}} \tag{5-87}$$

将式(5-81)所示不确定参数均值代入式(5-2)能够得出工业机器人在 t_m 时刻末端定位点的理想坐标值为

$$q_{\text{ideal}}^l(t_m) = \left[x_{\text{ideal}}^l(t_m), y_{\text{ideal}}^l(t_m), z_{\text{ideal}}^l(t_m) \right]^{\text{T}} \tag{5-88}$$

5.4.2 参数鲁棒性与误差模型设计

基于 5.4.1 节工业机器人末端定位点在 t_m 时刻的实际坐标值 $q_{\text{actual}}^l(t_m)$ 和理想坐标值 $q_{\text{ideal}}^l(t_m)$，可得不确定参数影响下工业机器人定位误差 $\varDelta_q^l(t_m)$ 为

$$\varDelta_q^l(t_m) = \left[\left(x_{\text{actual}}^l(t_m) - x_{\text{ideal}}^l(t_m) \right)^2 + \left(y_{\text{actual}}^l(t_m) - y_{\text{ideal}}^l(t_m) \right)^2 \right. \\ \left. + \left(z_{\text{actual}}^l(t_m) - z_{\text{ideal}}^l(t_m) \right)^2 \right]^{0.5} \tag{5-89}$$

随机变量标准差 σ 的 L_{12} OA 数组 X_σ^u 对应的机器人定位误差可由矩阵 $\varDelta_q = \left[\varDelta_q^1, \varDelta_q^2, \cdots, \varDelta_q^l, \cdots, \varDelta_q^{12} \right]^{\text{T}}$ 表示，其中，$\varDelta_q^l$ 为随机变量标准差第 l 种组合下机器人定位误差组成的矢量，可由下式表示：

$$\varDelta_q^l = \left[\varDelta_q^l(t_1), \varDelta_q^l(t_2), \cdots, \varDelta_q^l(t_m), \cdots, \varDelta_q^l(t_M) \right] \tag{5-90}$$

采用信噪比(signal-to-noise ratio, SNR)表示机器人定位误差的平均水平，以及不确定参数引起的机器人定位误差波动情况。工业机器人定位误差的信噪比 f_{SNR} 定义为[20]

$$f_{\text{SNR}} = -10\lg\left(\bar{D}(\sigma) \right)^2 \tag{5-91}$$

式中，$\bar{D}(\sigma)$ 表示不确定参数标准差为 σ 时获得的工业机器人定位误差平均值，可由式(5-92)计算：

$$\bar{D}(\sigma) = \frac{1}{12M} \sum_{l=1}^{12} \sum_{m=1}^{M} \varDelta_q^l(t_m) \tag{5-92}$$

综上，工业机器人运动学和动力学不确定参数容差鲁棒性优化设计模型如下：

$$\max\left(f_{\text{SNR}}\right) = \max\left(-10\lg\frac{1}{12M}\sum_{l=1}^{12}\sum_{m=1}^{M}\left(\varDelta_q^l\left(t_m\right)\right)^2\right) \tag{5-93}$$

$$\text{s.t.}\quad \underline{\sigma}_j \leqslant \sigma_j \leqslant \overline{\sigma}_j$$

为提高参数容差鲁棒性优化的计算效率，基于径向基函数神经网络(radial basis function neural network, RBFNN)建立随机变量标准差 σ_j 与关节角加速度求解的代理模型。依据式(5-81)所示各随机变量标准差的上下限，均匀生成 N_σ 组变量标准差样本点如式(5-94)所示:

$$\begin{aligned}
\boldsymbol{\sigma}_{\text{RBFNN}} &= \left[\boldsymbol{\sigma}_1, \boldsymbol{\sigma}_2, \cdots, \boldsymbol{\sigma}_n, \cdots, \boldsymbol{\sigma}_{N_\sigma}\right]^{\text{T}} \\
&= \begin{bmatrix}
\sigma_1^1 & \sigma_1^2 & \cdots & \sigma_1^j & \cdots & \sigma_1^{11} \\
\sigma_2^1 & \sigma_2^2 & \cdots & \sigma_2^j & \cdots & \sigma_2^{11} \\
\vdots & \vdots & & \vdots & & \vdots \\
\sigma_n^1 & \sigma_n^2 & \cdots & \sigma_n^j & \cdots & \sigma_n^{11} \\
\vdots & \vdots & & \vdots & & \vdots \\
\sigma_{N_\sigma}^1 & \sigma_{N_\sigma}^2 & \cdots & \sigma_{N_\sigma}^j & \cdots & \sigma_{N_\sigma}^{11}
\end{bmatrix}
\end{aligned} \tag{5-94}$$

式中，$\boldsymbol{\sigma}_n$ 表示第 $n(n=1,2,\cdots,N_\sigma)$ 组标准差样本；σ_n^j 表示第 n 组标准差样本中第 $j(j=1,2,\cdots,11)$ 个随机变量的标准差。

根据式(5-81)所示不确定参数均值 $\boldsymbol{\mu}$ 和式(5-94)中 $\boldsymbol{\sigma}_n$ 构建 L_{12} OA 数组 $\boldsymbol{X}_{\sigma_n}^\mu$:

$$\boldsymbol{X}_{\sigma_n}^\mu = \left[{}^1\boldsymbol{X}_{\sigma_n}^\mu, {}^2\boldsymbol{X}_{\sigma_n}^\mu, \cdots, {}^l\boldsymbol{X}_{\sigma_n}^\mu, \cdots, {}^{12}\boldsymbol{X}_{\sigma_n}^\mu\right]^{\text{T}} \tag{5-95}$$

式中，${}^l\boldsymbol{X}_{\sigma_n}^\mu$ 表示第 n 组不确定参数标准差的第 l 种组合，对应于 L_{12} OA 数组中的第 l 行。

以 $q_i(t_0)=0$ 和 $w_i(t_0)=0$ 为迭代初始条件，基于式(5-83)与式(5-84)，依次迭代计算 t 时刻工业机器人关节角位移 $q_i(t)$、角速度 $w_i(t)$ 和角加速度 $\rho_i(t)$，结合式(5-85)和式(5-86)计算 N_σ 组随机变量标准差样本对应的 t 时刻关节角位移、角速度和角加速度为

$$\begin{cases}
{}^{\text{RBFNN}}\boldsymbol{Q}_i(t) = \left[{}^1\boldsymbol{Q}_i(t), \cdots, {}^n\boldsymbol{Q}_i(t), \cdots, {}^{N_\sigma}\boldsymbol{Q}_i(t)\right]^{\text{T}} \\
{}^{\text{RBFNN}}\boldsymbol{W}_i(t) = \left[{}^1\boldsymbol{W}_i(t), \cdots, {}^n\boldsymbol{W}_i(t), \cdots, {}^{N_\sigma}\boldsymbol{W}_i(t)\right]^{\text{T}} \\
{}^{\text{RBFNN}}\boldsymbol{\rho}_i(t) = \left[{}^1\boldsymbol{\rho}_i(t), \cdots, {}^n\boldsymbol{\rho}_i(t), \cdots, {}^{N_\sigma}\boldsymbol{\rho}_i(t)\right]^{\text{T}}
\end{cases} \tag{5-96}$$

式中，$^n\boldsymbol{Q}_i(t)$、$^n\boldsymbol{W}_i(t)$ 和 $^n\boldsymbol{\rho}_i(t)$ 分别表示第 n 组随机变量标准差 σ_n 对应的机器人第 i 关节角位移、角速度和角加速度矩阵，可表示为[19]

$$\begin{cases} ^n\boldsymbol{Q}_i(t) = \left[^nq_i^1(t), ^nq_i^2(t), \cdots, ^nq_i^l(t), \cdots, ^nq_i^{12}(t) \right]^{\mathrm{T}} \\ ^n\boldsymbol{W}_i(t) = \left[^nw_i^1(t), ^nw_i^2(t), \cdots, ^nw_i^l(t), \cdots, ^nw_i^{12}(t) \right]^{\mathrm{T}} \\ ^n\boldsymbol{\rho}_i(t) = \left[^n\boldsymbol{\rho}_i^1(t), ^n\boldsymbol{\rho}_i^2(t), \cdots, ^n\boldsymbol{\rho}_i^l(t), \cdots, ^n\boldsymbol{\rho}_i^{12}(t) \right]^{\mathrm{T}} \end{cases} \tag{5-97}$$

式中，$^nq_i^l(t)$、$^nw_i^l(t)$ 和 $^n\boldsymbol{\rho}_i^l(t)$ 分别表示第 n 组标准差 σ_n 对应的 L_{12} OA 数组中第 l 种组合计算得到的第 i 关节角位移、角速度和角加速度矢量，即为

$$\begin{cases} ^nq_i^l(t) = \left[^nq_i^l(t_1), \cdots, ^nq_i^l(t_m), \cdots, ^nq_i^l(t_M) \right] \\ ^nw_i^l(t) = \left[^nw_i^l(t_1), \cdots, ^nw_i^l(t_m), \cdots, ^nw_i^l(t_M) \right] \\ ^n\rho_i^l(t) = \left[^n\rho_i^l(t_1), \cdots, ^n\rho_i^l(t_m), \cdots, ^n\rho_i^l(t_M) \right] \end{cases} \tag{5-98}$$

式中，$^nq_i^l(t_m)$、$^nw_i^l(t_m)$ 和 $^n\rho_i^l(t_m)$ 为第 n 组随机变量标准差 σ_n 的第 l 种组合，在 t_m 时刻第 i 关节角位移、角速度和角加速度值。

将 $^l\boldsymbol{X}_{\sigma_n}^\mu$、$^nq_i^l(t_m)$ 和 $^nw_i^l(t_m)$ 作为 RBFNN 输入，$^n\rho_i^l(t_m)$ 作为 RBFNN 输出，建立 RBFNN 模型，其中 i、l、m 和 n 取值如下[19]：

$$\begin{cases} i = 1, 2, \cdots, 6 \\ l = 1, 2, \cdots, 12 \\ m = 1 : m_{\mathrm{int}} : M \\ n = 1, 2, \cdots, N_\sigma \end{cases} \tag{5-99}$$

式中，m 表示从 1 到 M 每隔 m_{int} 取一个点生成向量的编号，$^l\boldsymbol{X}_{\sigma_n}^u$、$^nq_i^l(t_m)$、$^nw_i^l(t_m)$ 和 $^n\rho_i^l(t_m)$ 组成的样本集记为 $\Omega_{\mathrm{intital}}$。根据建立的 RBFNN 模型及式(5-81)、式(5-85)和式(5-86)，依次迭代可得各 $^l\boldsymbol{X}_\sigma^u$ 对应的角位移 $\hat{q}_i^l(t_m)$，代入可得基于 RBFNN 模型预测的 t_m 时刻末端定位点的坐标值：

$$\hat{\boldsymbol{Q}}_{\mathrm{actual}}^l(t_m) = \left[\hat{x}_{\mathrm{actual}}^l(t_m), \hat{y}_{\mathrm{actual}}^l(t_m), \hat{z}_{\mathrm{actual}}^l(t_m) \right]^{\mathrm{T}} \tag{5-100}$$

由式(5-88)和式(5-100)可得工业机器人末端定位点坐标的预测精度为

$$\begin{cases} e_{\mathrm{net}_x}^l\left(t_m\right) = \left| x_{\mathrm{actual}}^l\left(t_m\right) - \hat{x}_{\mathrm{actual}}^l\left(t_m\right) \right| \\ e_{\mathrm{net}_y}^l\left(t_m\right) = \left| y_{\mathrm{actual}}^l\left(t_m\right) - \hat{y}_{\mathrm{actual}}^l\left(t_m\right) \right| \\ e_{\mathrm{net}_z}^l\left(t_m\right) = \left| z_{\mathrm{actual}}^l\left(t_m\right) - \hat{z}_{\mathrm{actual}}^l\left(t_m\right) \right| \end{cases} \tag{5-101}$$

将 $\hat{\boldsymbol{Q}}_{\mathrm{actual}}^l\left(t_m\right)$ 代入式 (5-89)，计算 t_m 时刻工业机器人的定位误差预测值为

$$\begin{aligned} \hat{\Delta}_q^l\left(t_m\right) = &\left(\left(\hat{x}_{\mathrm{actual}}^l\left(t_m\right) - x_{\mathrm{ideal}}^l\left(t_m\right) \right)^2 + \left(\hat{y}_{\mathrm{actual}}^l\left(t_m\right) - y_{\mathrm{ideal}}^l\left(t_m\right) \right)^2 \right. \\ &\left. + \left(\hat{z}_{\mathrm{actual}}^l\left(t_m\right) - z_{\mathrm{ideal}}^l\left(t_m\right) \right)^2 \right)^{0.5} \end{aligned} \tag{5-102}$$

5.4.3　实例分析

以图 5-16 所示最优激励轨迹作为工业机器人典型运动轨迹，进行工业机器人参数容差稳健性设计，并以工业机器人最小定位误差平均值、最大定位误差信噪比为优化目标，考虑加工成本的影响，对工业机器人参数容差进行优化。

选择 0~2s 内该工业机器人关节最优激励轨迹，每隔 0.002s 完成一次采样，采集 1001 个样本点分析机器人的定位精度。在各个不确定参数标准差的下限 $\underline{\sigma}_j$ 和上限 $\bar{\sigma}_j$ 之间均匀采样 30 组，取 $m_{\mathrm{int}}=100$ 生成初始样本集 $\Omega_{\mathrm{intital}}$ 用于训练式 (5-83) 和式 (5-84) 计算 $\rho_i(t)$ 过程的 RBFNN 代理模型。当样本点数量增加至 1791 个时，基于 RBFNN 模型预测的各样本点处加速度误差最大值小于 $\varepsilon=1\times10^{-4}$，此时认为建立的 RBFNN 模型能够较精确地拟合工业机器人动力学方程的求解过程。

根据式 (5-93) 和式 (5-102)，建立以最大定位误差信噪比为优化目标的工业机器人不确定参数容差鲁棒性优化模型为

$$\max f_{\mathrm{SNR}} = -10\lg\frac{1}{12M}\sum_{l=1}^{12}\sum_{m=1}^{M}\left(\hat{\Delta}_q^l\left(t_m\right) \right)^2 \tag{5-103}$$
$$\mathrm{s.t.}\ \ \underline{\sigma}_j \leqslant \sigma_j \leqslant \bar{\sigma}_j$$

根据式 (5-92) 和式 (5-102)，建立以最小平均定位误差为优化目标的机器人参数容差优化模型如下：

$$\min f_{\mathrm{mean}} = \bar{D}_{\sigma_j} = \frac{1}{12M}\sum_{l=1}^{12}\sum_{m=1}^{M}\left(\hat{\Delta}_q^l\left(t_m\right) \right)^2 \tag{5-104}$$
$$\mathrm{s.t.}\ \ \underline{\sigma}_j \leqslant \sigma_j \leqslant \bar{\sigma}_j$$

考虑该工业机器人生产成本，并用指数形式的成本模型 $f_\$ = \sum\limits_{j=1}^{11} 0.25a\mathrm{e}^{-b\sigma_j}$ 表示，其中，a=16.51，b=134.93。结合式(5-93)和式(5-102)建立同时考虑工业机器人定位误差信噪比和加工成本的参数容差优化模型为

$$\min f = -f_\text{SNR} + f_\$ = 10\lg\frac{1}{12M}\sum_{l=1}^{12}\sum_{m=1}^{M}\left(\hat{\varDelta}_q^l\left(t_m\right)\right)^2 + \sum_{j=1}^{11}0.25a\mathrm{e}^{-b\sigma_j} \tag{5-105}$$

$$\text{s.t. }\ \underline{\sigma}_j \leqslant \sigma_j \leqslant \overline{\sigma}_j$$

分别用 f_SNR、f_mean 和 $f_\text{SNR}+f_\$$ 表示基于式(5-103)～式(5-105)的工业机器人参数容差优化模型。采用遗传算法对三种模型进行求解，其优化迭代过程如图 5-26 所示，三种模型分别经过 17、20 和 35 次迭代后收敛。

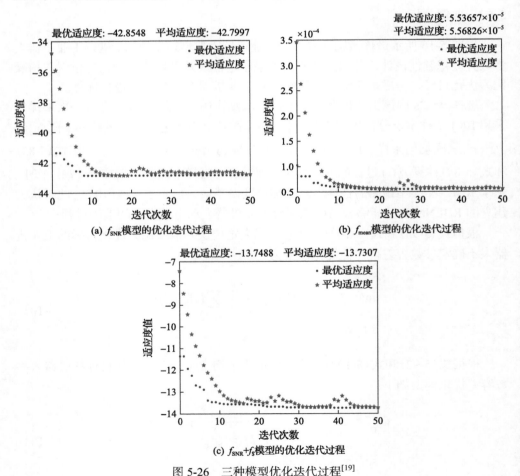

图 5-26　三种模型优化迭代过程[19]

　　计算最优解处 RBFNN 模型反映到工业机器人末端定位点坐标的预测误差，以验证所提方法的计算精度。参数容差优化的最优解如表 5-19 所示，经过 L_{12} OA 组合之后代入 RBFNN 模型和机器人运动学模型，可得工业机器人定位点 x、y、z 三个坐标方向的预测误差如图 5-27 所示。由图 5-27 可以看出，在 f_{SNR} 和 f_{mean} 最优解处各采样点三个坐标方向的最大预测误差值均小于 5×10^{-3}mm，在 $f_{\mathrm{SNR}} + f_{\mathrm{s}}$ 最优解处预测误差小于 0.01mm，说明建立的 RBFNN 模型在三种参数容差优化模型最优解处均具有较高的预测精度。

表 5-19　某型工业机器人参数容差优化的最优解[19]

变量	f_{SNR} 最优结果	f_{mean} 最优结果	$f_{\mathrm{SNR}} + f_{\mathrm{s}}$ 最优结果
a_1	3.7469×10^{-4}	6.5874×10^{-4}	8.6287×10^{-4}
a_2	3.5997×10^{-4}	2.6662×10^{-4}	5.1278×10^{-4}
a_3	2.6327×10^{-4}	3.7708×10^{-4}	4.4421×10^{-4}
a_4	3.1665×10^{-4}	3.5234×10^{-4}	5.2928×10^{-4}
I_{my1}	2.9575×10^{-3}	2.9716×10^{-3}	9.9840×10^{-3}
I_{myr2}	2.5554×10^{-3}	2.5957×10^{-3}	2.6959×10^{-3}
f_{c3}	2.7685×10^{-3}	2.7038×10^{-3}	3.2294×10^{-3}
f_{c4}	2.5431×10^{-3}	2.6330×10^{-3}	3.1167×10^{-3}
I_{xz5}	3.1538×10^{-3}	3.0116×10^{-3}	9.9694×10^{-3}
I_{xz6}	2.8152×10^{-3}	2.5504×10^{-3}	9.9869×10^{-3}
f_{v6}	2.8989×10^{-3}	2.8625×10^{-3}	9.9904×10^{-3}

　　为验证所提参数容差鲁棒性设计方法的有效性，基于样本数据和定位误差仿真模型，对工业机器人定位精度可靠性和敏感性进行分析。基于表 5-18 和表 5-19 随机生成 $N = 1 \times 10^5$ 个样本，根据式 (5-103) 计算 t_m 时刻工业机器人定位误差。各随机样本定位误差可表示为 $e = \left[e_{t_1}, e_{t_2}, \cdots, e_{t_m}, \cdots, e_{t_M} \right]^{\mathrm{T}}$，定位误差最大值为 $e_{\max} = \max(e)$。基于 MCS 方法计算机器人定位误差极值在给定精度阈值的失效概率 $\hat{p}_f$ 为

$$\hat{p}_f = \frac{1}{N} \sum_{n_{\mathrm{MCS}}=1} I(e_{\max} \leqslant e_{\mathrm{c}}) \tag{5-106}$$

式中，$I(\cdot)$ 为指标函数，当满足括号中条件时函数取为 1，否则取为 0；n_{MCS} 表示样本点总数；e_{c} 为精度阈值。工业机器人定位误差极值的失效概率对不确定参数均值和标准差的可靠性敏感性分别表示为 $\partial \hat{p}_f / \partial \mu_i$ 和 $\partial \hat{p}_f / \partial \sigma_i$。为了便于描述，将不确定参数的均值和标准差统一用 ϑ_i 表示。当精度阈值为 e_{c} 时机器人定位精度可靠性敏感性可表示为

$$\frac{\partial \hat{p}_f}{\partial \vartheta_i} = \frac{1}{N} \sum_{n_{\mathrm{MCS}}=1} \left\{ I\left[e_{\max} \leqslant e_{\mathrm{c}}\right] \cdot K_{\vartheta_i}\left(X_i\right) \right\} \tag{5-107}$$

式中，$K_{\vartheta_i}(X_i)$ 表示参数 ϑ_i 的核函数。

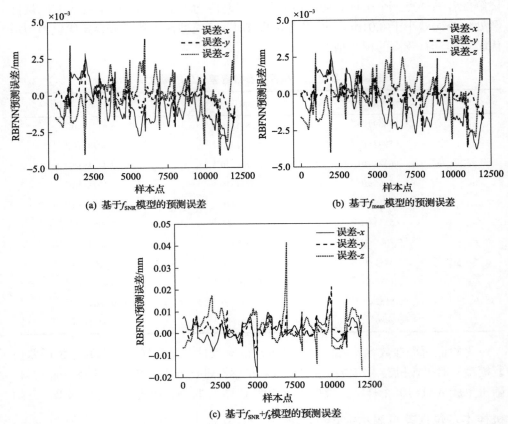

图 5-27　三种模型最优解处 RBFNN 模型精度验证[19]

采用 MCS 方法计算工业机器人定位误差极值的失效概率如图 5-28(a)所示，定位误差极值对不确定参数均值和标准差的可靠性敏感性如图 5-28(b)和图 5-28(c)所示。可以看出，以 f_{SNR} 优化结果作为不确定参数标准差，计算的工业机器人定位误差极值失效概率小于以 f_{mean} 和 $f_{\mathrm{SNR}}+f_{\mathrm{S}}$ 作为标准差的计算结果，且获得定位误差极值对不确定参数的可靠性敏感性绝对值小于将 f_{mean} 和 $f_{\mathrm{SNR}}+f_{\mathrm{S}}$ 作为标准差的计算结果。尽管以 f_{mean} 优化结果作为不确定参数标准差得到的机器人定位误差极值也在较小范围内，但其对不确定参数较为敏感，当不确定参数均值和标准差发生微小变化时，机器人定位误差会出现较大波动。

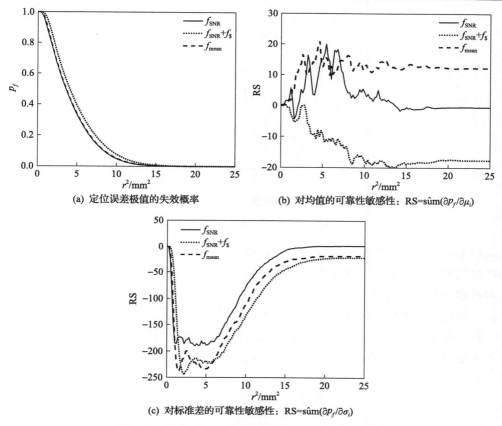

(a) 定位误差极值的失效概率

(b) 对均值的可靠性敏感性：RS=sûm(∂p_f/∂μ_i)

(c) 对标准差的可靠性敏感性：RS=sûm(∂p_f/∂σ_i)

图 5-28　定位误差极值失效概率及可靠性敏感性[19]

　　为进一步比较三种不确定参数容差优化设计模型的优化结果，对 t=1.0s 时刻工业机器人定位误差进行统计分析，其定位误差的失效概率如图 5-29（a）所示，定位误差对各不确定参数均值和标准差的可靠性敏感性如图 5-29（b）和图 5-29（c）所示。

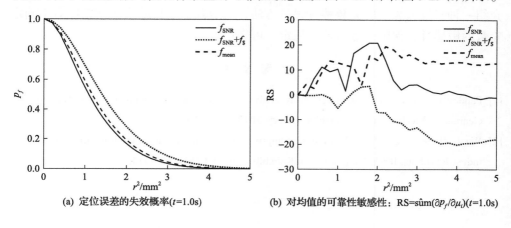

(a) 定位误差的失效概率(t=1.0s)

(b) 对均值的可靠性敏感性：RS=sûm(∂p_f/∂μ_i)(t=1.0s)

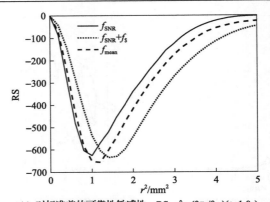

(c) 对标准差的可靠性敏感性：RS=sûm($\partial p_f / \partial \sigma_i$)($t$=1.0s)

图 5-29　1.0s 时定位误差失效概率及可靠性敏感性[19]

从图中可以看出，基于 f_{SNR} 优化结果计算的机器人定位误差失效概率小于其他两种模型的结果，其对不确定参数均值及标准差的可靠性敏感性绝对值也小于其他两种模型的计算结果。

通过对三种模型优化结果的分析可以看出，以机器人定位误差信噪比为优化目标，对工业机器人不确定参数容差进行鲁棒性优化设计更具优势，能够降低机器人定位误差对不确定参数的敏感性，提升机器人定位精度的可靠性。

5.5　本 章 小 结

本章介绍工业机器人多种运动形式下的定位精度可靠性、关节转矩可靠性评估与不确定参数优化设计方法。在建立机器人运动学误差模型和动力学模型基础上，分别研究工业机器人单点定位精度、多点定位精度、轨迹精度的可靠性评估方法，以及多源不确定参数影响下关节转矩精度可靠性分析方法；在此基础上，介绍一种机器人参数容差鲁棒性设计方法，有效降低了机器人运动精度对不确定参数的敏感性，保障工业机器人稳定、可靠运行。

参 考 文 献

[1] Pandey M, Zhang X. System reliability analysis of the robotic manipulator with random joint clearances. Mechanism and Machine Theory, 2012, 58: 137-152.

[2] Wu J, Zhang D, Liu J, et al. A moment approach to positioning accuracy reliability analysis for industrial robots. IEEE Transaction on Reliability, 2020, 69(2): 699-714.

[3] Zhang D, Peng Z, Ning G, et al. Positioning accuracy reliability of industrial robots through probability and evidence theories. Journal of Mechanical Design, 2021, 143(1): 011701-011715.

[4] Wu J, Zhang D, Liu J, et al. A computational framework of kinematic accuracy reliability analysis for industrial robots. Applied Mathematical Modelling, 2020, 82: 189-216.

[5] Zhang D, Han X. Kinematic reliability analysis of robotic manipulator. Journal of Mechanical Design, 2020, 142(4): 044502.

[6] Zhang Y, Xu J. Efficient reliability analysis with a CDA-based dimension-reduction model and polynomial chaos expansion. Computer Methods in Applied Mechanics and Engineering, 2021, 373: 113467.

[7] Huang B, Du X. Uncertainty analysis by dimension reduction integration and saddlepoint approximations. Journal of Mechanical Design, 2006, 128(1): 26-33.

[8] Wu J, Zhang D, Jiang C, et al. On reliability analysis method through rotational sparse grid nodes. Mechanical Systems and Signal Processing, 2021, 147: 107106.

[9] 吴锦辉. 工业机器人运动精度可靠性分析与稳健性设计. 天津: 河北工业大学, 2020.

[10] 中国机械工业联合会. 工业机器人——性能规范及其试验方法: GB/T 12642-2013. 北京: 中国标准出版社, 2014.

[11] Wu J, Zhang D, Han X. A novel classification method to random samples for efficient reliability sensitivity analysis. Journal of Mechanical Design, 2022, 144(10): 101703.

[12] Wu J, Tao Y, Han X. Polynomial chaos expansion approximation for dimension-reduction model-based reliability analysis method and application to industrial robots. Reliability Engineering & System Safety, 2023, 234: 109145.

[13] Swevers J, Ganseman C, Tukel D B, et al. Optimal robot excitation and identification. IEEE Transactions on Robotics and Automation, 1997, 13(5): 730-740.

[14] Jin J, Gans N. Parameter identification for industrial robots with a fast and robust trajectory design approach. Robotics and Computer-Integrated Manufacturing, 2015, 31: 21-29.

[15] Park K. Fourier-based optimal excitation trajectories for the dynamic identification of robots. Robotica, 2006, 24(5): 625-633.

[16] Chen J, Zhang S. Improving point selection in cubature by a new discrepancy. SIAM Journal on Scientific Computing, 2013, 35(5): A2121-A2149.

[17] Xu J, Kong F. An efficient method for statistical moments and reliability assessment of structures. Structural and Multidisciplinary Optimization, 2018, 58(5): 2019-2035.

[18] Eberhart R, Kennedy J. Particle swarm optimization. Proceedings of the IEEE International Conference on Neural Networks, 1995, 4: 1942-1948.

[19] 吴锦辉, 张德权, 韩旭. 工业机器人参数容差稳健性设计. 机械工程学报, 2023, 59(11): 147-158.

[20] Rout B, Mittal R. Tolerance design of robot parameters using Taguchi method. Mechanical Systems and Signal Processing, 2006, 20(8): 1832-1852.

附　　录

附录 A　故障模式风险评价指标及影响程度量化表

表 A-1　工业机器人故障影响分级表

名称	定义	作用
局部影响	故障模式对自身所在约定层次产品的影响	1. 描述故障模式对被分析系统局部产生的后果 2. 对故障后果最基本、最简单的判断
高一层次影响	故障模式对相邻上一约定层次产品的影响	描述被分析产品故障模式对相邻上一层次的影响
最终影响	故障模式对初始约定层次各方面的影响	1. 对初始约定层次的影响 2. 故障影响分析的终点 3. 是确定严酷度级别、设计改进及其使用补偿措施建议的依据

注：引自第 2 章参考文献[1]。

表 A-2　工业机器人分级严酷度 S 等级

故障模式影响的严重程度	严酷度等级	评分等级
系统运行出现严重问题，有重大安全隐患、导致重大财产损失	非常高	10
系统运行出现问题，有很大安全隐患、导致财产损失		9
系统无法运行，不能完成作业任务	高	8
系统能运行，但无法完成规定功能		7
系统能运行，勉强完成规定功能	中等	6
系统能运行，但操作方便性低		5
轻度影响系统功能	低	4
轻微影响		3
极小影响	非常低	2
无影响		1

注：引自第 2 章参考文献[1]。

表 A-3　工业机器人分级发生度 O 等级及概率

故障模式发生的可能性 P_m 参考范围(次/h)	发生度等级	评分等级
$P_m \geqslant 1/72$	非常高(几乎一定发生故障)	10
$1/168 \leqslant P_m < 1/72$		9
$1/240 \leqslant P_m < 1/168$	高(重复故障)	8
$1/360 \leqslant P_m < 1/240$		7
$1/480 \leqslant P_m < 1/360$	中等(偶然故障)	6
$1/600 \leqslant P_m < 1/480$		5
$1/720 \leqslant P_m < 1/600$	低(相对几乎无故障)	4
$1/960 \leqslant P_m < 1/720$		3
$1/1080 \leqslant P_m < 1/960$	非常低(几乎不可能故障)	2
$1/1200 \leqslant P_m < 1/1080$		1

注：引自第2章参考文献[1]。

表 A-4　工业机器人分级检测度 D 等级

故障模式检测难度	检测度等级	评分等级
无法检测	难度非常大(几乎不可能确定)	10
几乎不可能检测出		9
只有微小的机会检测出	难度大(有很小的机会检测出)	8
只有较小的机会检测出		7
可以检测出	难度中等(可以检测出)	6
基本上可以检测出		5
容易检测出	难度低(可以容易检测出)	4
很大可能检测出		3
几乎可以检测出	难度非常低(非常容易确定)	2
完全可以检测出		1

注：引自第2章参考文献[1]。

表 A-5　重要程度比较尺度量化表

尺度 a_{ij}	定义
1	i 因素与 j 因素同等重要
3	i 因素略重要于 j 因素
5	i 因素较重要于 j 因素

续表

尺度 a_{ij}	定义
7	i 因素重要于 j 因素
9	i 因素绝对重要于 j 因素
2, 4, 6, 8	相邻两判断的中间状态

注：引自第 2 章参考文献[12]。

表 A-6　一致性指标标准值

n	1	2	3	4	5	6	7	8
I_R	0	0	0.58	0.90	1.12	1.24	1.32	1.41

注：引自第 2 章参考文献[9]。

表 A-7　各因素影响效果等级划分

严酷度 S	发生度 O	检测度 D	评分等级
非常低(基本无影响)	非常低(几乎不可能故障)	非常低(非常容易检测出)	1
低(有轻微影响)	低(相对几乎无故障)	低(可以容易检测出)	2
中等(有些影响)	中等(偶然故障)	中等(可以检测出)	3
高(有较大影响)	高(重复故障)	大(有很小的机会检测出)	4
非常高(有严重影响)	非常高(几乎一定发生故障)	非常大(几乎不可能检测出)	5

附录 B　某型工业机器人 FMEA 表

表 B-1　某型工业机器人主要部件 FMEA(2.1.2 节实例分析)

产品或部件	功能	故障模式	故障原因	故障影响			检测方法	补偿措施
				局部影响	高一层次影响	最终影响		
同步带轮	传递动力	轮齿磨损	1. 过载 2. 张紧力过大 3. 异物侵入	啮合间隙增大	输出误差增大	末端传动误差	目测	1. 检查设计 2. 降低张紧力 3. 清除异物
同步带	传递动力	断裂	1. 疲劳破坏 2. 受力过大	无法传动	无传动输出	系统无法工作	目测	改进设计或更换
		磨损	1. 同步带张紧力过大 2. 两轴平行度不合格 3. 载荷过大	啮合间隙增大	增大输出误差	末端传动误差	目测	1. 改进设计或更换 2. 降低张紧力 3. 带轮校正

续表

产品或部件	功能	故障模式	故障原因	故障影响			检测方法	补偿措施
				局部影响	高一层次影响	最终影响		
螺栓	定位	出现松动	疲劳损坏	零件移位	零件出现抖动	系统无法正常工作	目测	更换螺栓
法兰	连接肘部与小臂以及腕部与手爪	出现裂纹	1. 疲劳过载 2. 强度不够	强度下降	功能下降	功能下降	无损探伤	1. 更换法兰 2. 选择高强度法兰
		出现松动	1. 法兰破损 2. 螺栓松脱	零件移位	零件出现抖动	系统无法正常工作	目测	拧紧螺栓
轴承	手爪定位	轴承间隙增大	运行磨损、润滑不良	传动轴振动	轴传动输出有误差	末端运动误差增大	无损检测	更换轴承
		保持架破坏	1. 疲劳 2. 受力过大	轴承无法工作	轴传动无输出	末端无输出	目测	更换轴承
示教器	发出信号	显示异常	电源板损坏	无法输入信号	无法传递信号	系统无法正常工作	视情检查	更换示教器
控制器	传递信号	无法下发程序	1. IPC 损坏 2. 电源板损坏	无法传递信号	电机不能正常工作	系统无法正常工作	视情检查	1. 更换 IPC 2. 更换电源板
减速器	减速增扭	断齿	1. 传动装置松动 2. 轴承磨损严重 3. 螺栓出现脱落	减速器损坏	传动装置故障	系统无法正常工作	传感器检测	1. 更换减速器 2. 检查其余部件 3. 安装检测和预警系统
		输入或输出轴异常	1.有异物侵入 2.轴承损坏 3.键连接失效	手臂振动	传动装置故障	系统无法正常工作	目测	1. 去除杂质 2. 更换轴承 3. 更换键连接件
		磨损	1. 急停急启 2. 运行载荷过大 3. 润滑不良	手臂振动	传动装置故障	系统无法正常工作	传感器检测	1. 调整负载和速度 2. 定期润滑与维护 3. 安装磨损预警与检测系统
伺服系统	提供动力驱动	制动器故障	损坏	不能负载锁定	手臂不能保持位置	末端受力移动	视情检查	功能检查或更换
		有异常振动	1. 轴承间隙过大 2. 联轴器同轴度不合格 3. 转子不平衡 4. 气隙不均匀 5. 转轴变弯曲	电机轴抖动	手臂抖动	末端抖动	传感器检测	1. 检修或更换 2. 检修或换角 3. 校正平衡 4. 调整气隙 5. 功能检查或换轴

续表

产品或部件	功能	故障模式	故障原因	故障影响			检测方法	补偿措施
				局部影响	高一层次影响	最终影响		
伺服系统	提供动力驱动	编码器损坏	1. 机械碰撞，振动过大 2. 长期高温运行 3. 沉积物和污染	电机无法正常工作	驱动系统无法正常工作	系统无法正常工作	目测接触	1. 更换编码器 2. 检查电缆和连接器 3. 定期维护和保养
		绝缘老化	1. 电机过热 2. 化学腐蚀 3. 电压或电流过载	电机损坏	驱动系统无法正常工作	系统无法正常工作	绝缘电阻测试	1. 更换绝缘材料 2. 优化工作环境 3. 提高检修质量
末端执行机构	执行各种操作	定位精度下降	1. 齿轮滞后和滞后损耗 2. 伺服误差 3. 振动冲击	无法准确执行动作	生产工作效率降低	设备损耗加剧停机	人工测量	1. 重新校准机器人 2. 优化机器人编程 3. 检查更换关键部件

附录C　某型工业机器人故障树 T-S 门规则表

表 C-1　T-S 门 1 规则（2.2.2 节实例分析）

序号	Y_2	Y_3	Y_4	Y_5	Y_6	Y_1		
						0	0.5	1
1	0	0	0	0	0	1	0	0
2	0	0	0	0	0.5	0	1	0
3	0	0	0	0	1	0	0	1
4	0	0	0	1	0	0	0	1
5	0	0	0	1	0.5	0	0	1
6	0	0	0	1	1	0	0	1
7	0	0	1	0	0	0	0	1
8	0	0	1	0	0.5	0	0	1
9	0	0	1	0	1	0	0	1
⋮	⋮	⋮	⋮	⋮	⋮	⋮	⋮	⋮
108	1	1	1	1	1	0	0	1

表 C-2　T-S 门 2 规则（2.2.2 节实例分析）

序号	Y_7	Y_8	Y_2 0	0.5	1
1	0	0	1	0	0
2	0	0.5	0	1	0
3	0	1	0	0	1
4	0.5	0	0	1	0
5	0.5	0.5	0	0.8	0.2
6	0.5	1	0	0	1
7	1	0	0	0	1
8	1	0.5	0	0	1
9	1	1	0	0	1

表 C-3　T-S 门 3 规则（2.2.2 节实例分析）

序号	Y_9	Y_{10}	Y_{11}	Y_{12}	Y_{13}	Y_{14}	Y_7 0	0.5	1
1	0	0	0	0	0	0	1	0	0
2	0	0	0	0	0	1	0	0	1
3	0	0	0	0	1	0	0	0	1
4	0	0	0	0	1	1	0	0	1
5	0	0	0	1	0	0	0	0	1
6	0	0	0	1	0	1	0	0	1
7	0	0	0	0.5	0	0	0	1	0
8	0	0	0	0.5	0	0	0	0	1
9	0	0	1	0	0	0	0	0	1
10	0	0	1	0	0	1	0	0	1
⋮	⋮	⋮	⋮	⋮	⋮	⋮	⋮	⋮	⋮
324	1	1	1	1	1	1	0	0	1

表 C-4　T-S 门 4 规则（2.2.2 节实例分析）

序号	X_1	X_2	X_3	Y_9 0	0.5	1
1	0	0	0	1	0	0
2	0	0	0.5	0	1	0
3	0	0	1	0	0	1
4	0	0.5	0	0	1	0
5	0	0.5	0.5	0	0.8	0.2
6	0	0.5	1	0	0	1

续表

序号	X_1	X_2	X_3	Y_9		
				0	0.5	1
7	0	1	0	0	0	1
8	0	1	0.5	0	0	1
9	0	1	1	0	0	1
⋮	⋮	⋮	⋮	⋮	⋮	⋮
27	1	1	1	0	0	1

表 C-5　T-S 门 10 规则(2.2.2 节实例分析)

序号	Y_{15}	Y_{16}	Y_{17}	Y_{18}	Y_8		
					0	0.5	1
1	0	0	0	0	1	0	0
2	0	0	0	1	0	0	1
3	0	0	1	0	0	0	1
4	0	0	1	1	0	0	1
5	0	0.5	0	0	0	1	0
6	0	0.5	0	1	0	0	1
7	0	0.5	1	0	0	0	1
8	0	0.5	1	1	0	0	1
9	0	1	0	0	0	0	1
⋮	⋮	⋮	⋮	⋮	⋮	⋮	⋮
36	1	1	1	1	0	0	1

表 C-6　T-S 门 11 规则(2.2.2 节实例分析)

序号	X_{18}	X_{19}	X_{20}	X_{21}	Y_{15}		
					0	0.5	1
1	0	0	0	0	1	0	0
2	0	0	0	0.5	0	1	0
3	0	0	0	1	0	0	1
4	0	0	0.5	0	0	1	0
5	0	0	0.5	0.5	0	0.8	0.2
6	0	0	0.5	1	0	0	1
7	0	0	1	0	0	0	1
8	0	0	1	0.5	0	0	1
9	0	0	1	1	0	0	1
⋮	⋮	⋮	⋮	⋮	⋮	⋮	⋮
81	1	1	1	1	0	0	1

表 C-7   T-S 门 15 规则(2.2.2 节实例分析)

序号	Y_{19}	Y_{20}	Y_{21}	Y_{22}	Y_3		
					0	0.5	1
1	0	0	0	0	1	0	0
2	0	0	0	1	0	0	1
3	0	0	1	0	0	0	1
4	0	0	1	1	0	0	1
5	0	1	0	0	0	0	1
6	0	1	0	1	0	0	1
7	0	1	1	0	0	0	1
8	0	1	1	1	0	0	1
9	0.5	0	0	0	0	1	0
⋮	⋮	⋮	⋮	⋮	⋮	⋮	⋮
24	1	1	1	1	0	0	1

表 C-8   T-S 门 16 规则(2.2.2 节实例分析)

序号	X_{33}	X_{34}	X_{35}	X_{36}	X_{37}	Y_{19}		
						0	0.5	1
1	0	0	0	0	0	1	0	0
2	0	0	0	0	0.5	0	1	0
3	0	0	0	0	1	0	0	1
4	0	0	0	0.5	0	0	1	0
5	0	0	0	0.5	0.5	0	0.8	0.2
6	0	0	0	0.5	1	0	0	1
7	0	0	1	0	0	0	0	1
8	0	0	1	0	0.5	0	0	1
9	0	0	1	0	1	0	0	1
⋮	⋮	⋮	⋮	⋮	⋮	⋮	⋮	⋮
243	1	1	1	1	1	0	0	1

表 C-9   T-S 门 34 规则(2.2.2 节实例分析)

序号	Y_{35}	Y_{36}	Y_{37}	Y_6		
				0	0.5	1
1	0	0	0	1	0	0
2	0	0	1	0	1	0
3	0	0.5	0	0	0.8	0.2
4	0	0.5	1	0	0	1
5	0	1	0	0	0	1
6	0	1	1	0	0	1

序号	Y_{35}	Y_{36}	Y_{37}	Y_6		
				0	0.5	1
7	1	0	0	0	0	1
8	1	0	1	0	0	1
9	1	0.5	0	0	0	1
⋮	⋮	⋮	⋮	⋮	⋮	⋮
12	1	1	1	0	0	1

附录 D　某型工业机器人各子系统
故障时间及故障率历史数据

表 D-1　某工业机器人各子系统故障时间向量(2.3.2 节实例分析)

子系统	故障时间向量/h
控制器 t^1	[8760, 4800, 10205, 10200, 240, 5904, 6096, 3264, 13584, 8040, 5016, 1445, 1920, 2013, 2376, 3984, 13392, 1659, 4848, 1440, 2016, 6912, 16224, 2568, 7752, 5832, 5400, 2880, 5616, 8424, 7680, 11016, 11040, 8184, 9888, 8808, 7344, 6720, 4944, 5184, 4656, 11616, 9816, 6480]
驱动器 t^2	[8664, 3096, 480, 8760, 2280, 1440, 720, 11600, 4608, 3984, 11256, 9168, 6792, 8184, 2400, 7752, 6096, 7572, 7512, 408]
电机 t^3	[6096, 2285, 2280, 1440, 4152, 4752, 6744, 5304, 15240, 6792, 6912, 7752, 11040, 8640, 11160, 7920]
减速器 t^4	[6800, 2280, 8640, 360, 3000, 2016, 8765, 12000, 11256, 5136, 5616, 1200, 8768, 12520, 4800, 9800, 7200, 6400, 9600, 4000, 8808, 5520, 8760]
机器人本体 t^5	[13080, 17520, 14612, 2280, 121, 18096, 221, 1920, 6744, 4848, 7104, 7200, 120, 8640, 5664, 6114, 5904]

表 D-2　某工业机器人各子系统故障时间对应故障率向量(2.3.2 节实例分析)

子系统	故障率向量/h^{-1}
控制器 λ^1	[9.47×10^{-5}, 3.16×10^{-5}, 4.72×10^{-5}, 5.48×10^{-5}, 5.92×10^{-5}, 6.77×10^{-5}, 7.89×10^{-5}, 7.65×10^{-5}, 7.97×10^{-5}, 7.89×10^{-5}, 7.66×10^{-5}, 6.85×10^{-5}, 6.35×10^{-5}, 6.63×10^{-5}, 7.03×10^{-5}, 7.36×10^{-5}, 7.7×10^{-5}, 7.89×10^{-5}, 8.0×10^{-5}, 8.09×10^{-5}, 8.18×10^{-5}, 8.47×10^{-5}, 8.57×10^{-5}, 8.42×10^{-5}, 8.46×10^{-5}, 8.55×10^{-5}, 8.36×10^{-5}, 8.29×10^{-5}, 8.5×10^{-5}, 8.48×10^{-5}, 8.61×10^{-5}, 8.63×10^{-5}, 8.56×10^{-5}, 8.77×10^{-5}, 8.1×10^{-5}, 8.27×10^{-5}, 8.24×10^{-5}, 8.46×10^{-5}, 8.05×10^{-5}, 8.23×10^{-5}, 8.02×10^{-5}, 7.13×10^{-5}, 7.19×10^{-5}, 6.16×10^{-5}]
驱动器 λ^2	[1.23×10^{-4}, 2.08×10^{-4}, 2.08×10^{-4}, 1.39×10^{-4}, 1.1×10^{-4}, 1.25×10^{-4}, 1.13×10^{-4}, 1.0×10^{-4}, 9.77×10^{-5}, 8.2×10^{-5}, 8.1×10^{-5}, 7.99×10^{-5}, 8.58×10^{-5}, 9.03×10^{-5}, 9.16×10^{-5}, 9.23×10^{-5}, 9.7×10^{-5}, 9.82×10^{-5}, 8.44×10^{-5}, 8.62×10^{-5}]
电机 λ^3	[4.34×10^{-5}, 5.48×10^{-5}, 8.21×10^{-5}, 6.02×10^{-5}, 6.58×10^{-5}, 7.07×10^{-5}, 7.18×10^{-5}, 7.41×10^{-5}, 8.28×10^{-5}, 9.04×10^{-5}, 8.87×10^{-5}, 9.47×10^{-5}, 9.4×10^{-5}, 7.93×10^{-5}, 8.4×10^{-5}, 6.56×10^{-5}]
减速器 λ^4	[1.21×10^{-4}, 7.25×10^{-5}, 6.47×10^{-5}, 7.63×10^{-5}, 7.25×10^{-5}, 6.52×10^{-5}, 6.34×10^{-5}, 6.77×10^{-5}, 7.09×10^{-5}, 7.74×10^{-5}, 7.47×10^{-5}, 7.67×10^{-5}, 7.85×10^{-5}, 7.05×10^{-5}, 7.44×10^{-5}, 7.94×10^{-5}, 8.43×10^{-5}, 8.89×10^{-5}, 8.61×10^{-5}, 8.87×10^{-5}, 8.11×10^{-5}, 7.97×10^{-5}, 7.99×10^{-5}]
机器人本体 λ^5	[4.9×10^{-4}, 9.72×10^{-4}, 7.99×10^{-4}, 1.23×10^{-4}, 1.29×10^{-4}, 7.28×10^{-5}, 7.27×10^{-5}, 7.97×10^{-5}, 8.66×10^{-5}, 8.72×10^{-5}, 9.11×10^{-5}, 9.8×10^{-5}, 8.85×10^{-5}, 6.3×10^{-5}, 6.04×10^{-5}, 5.37×10^{-5}, 5.53×10^{-5}]

附录 E　专家影响因素评分方法

表 E-1　专家影响因素评分准则

影响因素	评级	评分标准
设计水平	L	具有 3 年工作经验的工程师，在设计时需要参阅 10 种以上的设计资料，单元的复杂性和精密性不高
	M	具有 5 年工作经验的工程师，在设计时需要参阅 30 种以上的设计资料，单元的设计具有一定的复杂性和精密性
	H	具有 8 年工作经验的工程师，在设计时需要参阅 50 种以上的设计资料，单元的设计具有较高的复杂性和精密性
	VH	具有 10 年工作经验的工程师，在设计时需要参阅 100 种以上的设计资料，单元的设计具有非常高的复杂性和精密性
制造水平	L	具有 3 年工作经验的技师，在加工过程中不需要参照设计说明书即可独立完成，零件的尺寸适中，加工精度要求较低，单个零件的加工时间较短
	M	具有 5 年工作经验的技师，在加工过程中需要参照设计说明书才能独立完成，零件的尺寸稍小或稍大，加工精度要求一般，单个零件的加工时间一般
	H	具有 8 年工作经验的技师，在加工过程中需要设计人员提供帮助才能完成，零件的尺寸较小或较大，加工精度要求较高，单个零件的加工时间较长
	VH	具有 10 年工作经验的技师，在加工过程中需要设计人员提供大量帮助和指导才能完成，零件的尺寸很小或很大，加工精度要求很高，单个零件的加工时间很长
故障后果	L	轻微影响工业机器人的正常运行，不需要进行零件替换或专业技术人员的技术支持，短时间内即可排除故障
	M	影响工业机器人的正常运行，不需要专业技术人员的技术支持，经过简单的参数调整或非核心零件的替换即可继续工作
	H	严重影响工业机器人的正常运行，通过专业技术人员的现场排查和维修才能继续工作，需要对核心部件进行维修或替换
	VH	导致工业机器人长时间不能正常运行，需要返厂经过专业技术人员维修才能继续工作，可能造成工业机器人报废或人员伤亡
故障损失	L	对工人的工作时间几乎没有影响，不会造成较大损失，几乎不影响工厂的整体产出，维修成本很低
	M	工人的工作时间轻微增加，会造成轻微损失，对工厂的整体产出和生产线的正常运行造成小幅度影响，维修成本较低
	H	工人的工作时间显著增加，会造成较大损失，对工厂的整体产出和生产线的正常运行造成较大影响，维修成本较高
	VH	工人的工作时间大幅增加，会造成很大损失，对工厂的整体产出和生产线的正常运行造成很大影响，维修成本很高

影响因素	评级	评分标准
零件数量	L	组成单元的零件数量少，且单元中不包含机械系统
	M	组成单元的零件数量较少，单元不包含机械系统或有少量机械结构
	H	组成单元的零件数量较多，或单元中的机械结构占比较大
	VH	组成单元的零件数量多，或单元中的机械结构占比很大且精密性很高
维修难易度	L	维修简单，在生产车间中仅需 1 名操作工人即可完成
	M	维修难度中等，在生产车间中需要多名操作工人配合完成
	H	维修难度较大，需要专业技术人员到生产车间中指导工人进行维修
	VH	维修难度很大，需要返厂经过专业技术人员修理
拆装难度	L	质量小于 0.1kg，连接点数量较少，拆装无视觉障碍和定位
	M	质量大于 0.1kg 且小于 1kg，连接点数量中等，有视觉障碍或空间障碍，需要定位
	H	质量大于 1kg 且小于 2kg，连接点数量较多，有视觉障碍和空间障碍，定位数较多
	VH	质量大于 1kg 且小于 2kg，连接点数量很多，有视觉障碍和空间障碍，定位数很多，需要专业人员操作
运行环境	L	载荷小而平稳，无冲击，无粉尘或油液，运行时无振动
	M	载荷适中，无冲击，少量粉尘或油液，运行时有轻微振动
	H	载荷较大，柔性冲击，与粉尘或油液直接接触，有较大振动和噪声
	VH	载荷大且变化频繁，刚性冲击，温差巨大，与粉尘或油液直接接触且需要定期保养，运行时有很大振动和噪声
运行时间比	L	小于 25%
	M	大于等于 25% 且小于 50%
	H	大于等于 50% 且小于 75%
	VH	大于等于 75%